Advertising Design

廣告設計

管倖生 著

三民書局

國家圖書館出版品預行編目資料

廣告設計 / 管倖生著.－－初版七刷.－－臺北市；三
民, 2011
　　面；　公分

ISBN 978-957-14-1936-7　（平裝）

1. 廣告—設計

497.2　　　　　　　　　　　　　　81004380

© 　廣　告　設　計

著作人　　管倖生
發行人　　劉振強
著作財
產權人　　三民書局股份有限公司
　　　　　臺北市復興北路386號
發行所　　三民書局股份有限公司
　　　　　地址／臺北市復興北路386號
　　　　　電話／(02)25006600
　　　　　郵撥／0009998-5
印刷所　　三民書局股份有限公司
門市部　　復北店／臺北市復興北路386號
　　　　　重南店／臺北市重慶南路一段61號
初版一刷　1993年10月
初版七刷　2011年1月
編　　號　S 491460
行政院新聞局登記證局版臺業字第○二○○號

ISBN　978-957-14-1936-7　（平裝）
http://www.sanmin.com.tw　三民網路書店

自　序

　　這是一個傳播的時代，也是一個廣告的時代。

　　廣告有如蝴蝶，翩翩地拜訪一朵朵不同的花，將花粉一路傳送過去。廣告為平凡的產品，枯燥的政令，乃至道德說教，披上了美麗的外衣，使所有的宣傳活動變得多采多姿，吸引了人們的注意，在訊息的傳播上，扮演主動出擊的角色。

　　從廣告裡，人們可以獲知最新的上市產品消息，潮流的走向，並從中選取自己喜歡或對自己有利的訊息，照之去買或去做，來改善生活環境，增進樂趣。

　　隨著時代的進步，商品種類愈益增多，消費者區隔更加細密，市場的競爭也越形激烈，不但人們的眼光隨著見識的增長而愈形挑剔，廣告主的要求也越來越多，廣告的數量與質量俱進，變化又快，如何做出一個好廣告，已不再為個人所能主控，還要與媒體配合，並充分利用各種新的設計技巧與工具。設計者不再一日學成即可終身受用，而必須時時研習，以免被時代淘汰。廣告已成為從事設計工作者最大的挑戰。

　　作者從事設計教學多年，深覺廣告設計為一門相當有趣且實用的科目，但學生們在鑽研之餘，其成品往往與商業廣告有段差距。為了改正這種缺失，作者認為研習時首先要對廣告產生熟悉的感覺，可經由廣告歸類，培養出掌握廣告目標，抓住廣告特點的敏銳眼光。其次應在腦海裡建立明晰的廣告設計觀念，如此設計過程中方不致忽略先前準備工作，而產生行銷策略與廣告目標的偏差。第三，專業的設計技巧必須熟習，除了平面設計之外，製作上的技術亦應有相當的認識，才能在設計時預為設想，並充分發揮其功能，所以學習範圍應擴及廣告設計相關行業知識的心理認知，才能奠立深厚設計根基。

　　重畫面表現而忽略了廣告行銷上的功能，乃學生設計上的通病，本書內容因此注重對廣告正確的整體概念之建立；而設計技巧的傳授，本書限於篇幅無法歷述，但在實務上應具備的技巧，及可能碰到的疑難之處，本書均詳予解釋說明，希望讓研習者不局限於僅知其然，而能知其所以然，如此日後面對其他廣告設計問題，便能自行舉一反三，推理應對。

　　是故本書以培養設計者作業能力為出發點，依照整個廣告設計過

程編排，採用大量的實例爲旁證，並以深入淺出的方式，穿插説明廣告設計理論。

　　本書編撰過程中，承蒙師長許勝雄教授，及成大工業設計系師長與友人之鼓勵，南一設計公司、南一資訊企管顧問公司、東方廣告公司、聯廣廣告公司提供資料，學生王力平、馬志朋、劉懿元、陳肇杰，協助蒐集整理及翻拍資料與校對，愛妻阮綠茵潤稿修飾，隨時上機支援，深表感激。由於本書選錄國內優良廣告圖面範例甚多，其來源廣泛，難以向原創之設計製作者一一知會周全，深感歉疚，並致上再三之謝意。

管倖生　1993 年 8 月

寫在出版之前

感謝三民書局的劉董事長振強先生，因爲他的支持與鼓勵，本書才能順利完成。

感謝三民書局曾經支援這本書的人員，對這本書誕生過程所盡心付出的努力。尤其是爲本書作第一線編輯工作的人員，他們的創意與審慎的編校，使本書得以美好的版面呈現給讀者。

感謝讀者提供本書寶貴意見，與學生試用反應狀況，及諸多熱心建議和鼓勵，讓本書能據以針對實況參考編訂，使内容更臻完善。

廣告之多變正如湯之〈盤銘〉：「苟日新，日日新，又日新。」這也是有志者對廣告創作與個人生命所應持有的觀念。人非聖賢，但人可勵志；書非經典，而書可修訂。人生有起有伏，正如廣告設計之途，雖顛仆險阻，競爭激烈，但也充滿獎賞與收穫，只要勇敢面對考驗，必能一一突破，邁向成功。

《易經》曰：「天行健，君子以自強不息。」願在此以之與讀者諸君共勉，並希望本書能有助於各位。

管倖生　1993 年 8 月

目錄：

廣告設計

廣告設計

內容大意

一、本書旨在指導學生明瞭廣告設計原理，掌握設計過程，並研習設計製作技巧。

二、本書內容共十四章，依照廣告設計進行過程編排：第一～三章為廣告設計概論、廣告類型及廣告組織；第四、五章說明廣告策略、表現計畫及表現方式；第六～八章講述媒體計畫，並介紹大眾媒體與小眾媒體；第九章為廣告文案；第十一～十二章進行平面設計與製作實務；第十三章說明重要媒體廣告製作要點；第十四章為廣告企劃製作實例，將所學作一全面的回顧。

三、廣告設計牽涉廣泛，為求學生能在授課時數內建立完整概念，並習得設計技巧，本書盡量以文字及圖面範例說明。

四、本書力求精簡扼要，但勢難包羅詳備，有何重要失誤遺漏之處，尚請各校教師隨時提供意見，俾於再版時補正。

1

廣告設計概論

第一節　廣告設計的定義

「我有話要説」只是一個意念；將之説出來，是「演講」；在演講前，經由媒體向大衆廣泛告知將舉行演講的訊息，就是「廣告」。

設計（Design）一詞源自拉丁文之 Designare。《大英百科全書》對設計的解釋爲：「設計是某種行爲的創造方法；在美術方面，設計是一種創造過程，並特別指記在心中或製成草圖與模型的具體計畫。」

美國的《廣告時代》雜誌（*Advertising Age*）於 1932 年徵求廣告定義，篩選所得如下：「廣告是指廣告主付費，以印刷、撰寫、講述或圖畫之表現方式，爲個人、商品、服務、運動作公開的宣傳，以達到促銷、使用、投票或認同之目的。」我國廣告學者樊志育教授的定義爲：「所謂廣告，乃以廣告主的名義，透過大衆傳播媒體，向非特定的大衆，傳達商品或勞務的存在、特徵和顧客所能得到的利益，經過對方理解、滿意後，以激起其購買行動，或者爲了培植特定觀念、信用等，所做的有費傳播。」

學者們對於廣告的定義中是否包括付費並無定論，但如自行撰寫的啟事，張貼於公用佈告欄無需付費，公益廣告也有免費刊播者，因此付費與否應非廣告之必要條件，只能説製作、刊播廣告會有人力、物力、金錢的支出。

早年有布行橫寫「包不褪色」作廣告，客戶買回布下水即褪色，而與店家爭論，店家指區説，寫的是「色褪不包」，客戶惟有自認倒霉。類似這樣以掉弄文詞或畫面的手法來欺瞞消費者，表面上似乎並非廣告不實，實際上仍有違誠信原則，且會觸犯「公平交易法」規定，所以廣告應合於事實，內容清楚，不可含糊、作假。
在此綜論出廣告應具備以下條件：

⑴有廣告主（客戶）。
⑵有擬定訴求對象。
⑶經過規劃與設計製作過程。
⑷選擇特定時段。
⑸利用傳播媒體。
⑹發佈訊息。
⑺用來宣揚某種觀念，推銷產品或服務。
⑻以誠信爲原則。

根據這些要件，現代廣告可定義爲：「廣告是廣告主基於誠信的原則，經過有系統的規劃與設計製作，將訊息於選定的時間，經由媒

體對特定的訴求對象，所進行的告知遊說活動。」

　　由於現代人每日面對的傳播訊息量太大，爲了提高廣告的效力，有必要爲廣告作精心的設計，以吸引人們的注意。早在十九世紀，廣告設計即與插畫同樣是報紙、雜誌之美工人員設計工作之一。二十世紀初羅特列克爲巴黎紅磨坊所作的多幀演出海報，更成爲美術史上的名作。電視開播之後，廣告費動輒十萬、百萬，廣告主更不可能以未經細心設計的廣告來上檔，廣告設計因此成爲一個重要的行業。

◎面紙已取代昔日火柴盒廣告贈品地位，將廣告訊息傳播給許多人◎

第二節　廣告的演進

　　人類很早便有宣揚自我主張，廣而告諸大衆的欲望。在古巴比倫建築物上即刻有屋主或建築師的名字。大英博物館收藏有一張埃及底比斯出土的莎草紙，係西元前十世紀時的告示，内容爲請大家協尋緝捕哈普店裡逃走的女奴，爲已知之最早的紙面廣告。西元前 79 年被火山灰掩埋的龐貝古城，挖掘出屋牆上漆有紅黑色的廣告，乃戶外廣告之遺跡。希臘、羅馬時代有職司宣佈政府命令與各種公衆活動消息之人員；1142 年法王路易七世准許酒商以叫賣方式售酒，至十二世紀時並明訂有關叫喊人職務的法令，是爲廣播廣告之前身。這些都屬於不同形式的廣告活動。

　　廣告之迅速發展肇因於印刷術的普及。1450 年日耳曼人顧騰堡（J. G. Gutenberg）發明英文活字版，活字版印刷技術隨即在歐洲流傳。1476 年英國人卡克斯頓（William Caxton）在倫敦設置印刷機印書，爲招攬顧客，他印了一張廣告説明印刷機功能，將之貼在教堂門口，係歐洲最早的印刷廣告。法國於 1612 年創刊之官辦《公報》（*Journal General d'Affiches*），率先刊登廣告，爲大衆媒體廣告之濫觴。十九世紀時，在英國刊廣告需繳稅金，每篇爲 3 先令 6 便士，至 1853 年才停徵。最早的付費廣播廣告，爲 1922 年紐約 WAVE 電臺播出 10 分鐘的房地產廣告。在二十世紀中期，廣告隨著電視的發明更成功地成爲生活環境中與人共存的一部分。

廣告在我國歷史悠久。古時流行的廣告標語是「貨真價實，童叟無欺。」藥鋪前掛葫蘆，酒店前插「聞香下馬」旗幟，店名匾額請名家書寫，各方賜匾更是絕佳廣告，騷人墨客酒足飯飽之餘，提筆爲文寫下讚語，若爲名人墨寶，店方無不高高懸掛，以廣招徠。至於街頭小販，更是各行有各行的代表性發聲器，如梆子、銅鑼、搏浪鼓，各以獨特的腔調高喊廣告詞令，形成特色分明的廣播廣告。

　　清朝末年外國人來華者衆，也將報紙與廣告觀念引進我國。最早在傳播媒體上刊播廣告的均爲外國商店。1858 年香港的《孖剌報》增設中文版，稱爲「中外新聞」，爲我國最早的中文報紙，隨即刊載外商廣告。1872 年《申報》在上海創刊，廣告主亦多係外商。外商又採用油漆招牌、電化招牌、窗飾等戶外廣告。民國 11 年美商亞蓬在上海創辦中國無線電公司，設立廣播電臺；美商新孚洋行隨即跟進；民國 13 年美商開洛公司更設立較具規模的廣播電臺，均用來廣播廣告。我國商人鑒於再不使用傳播媒體廣告，根本無法與外商競爭，遂開始爭相加入廣告行列。

　　臺灣第一分定期出版的刊物是《臺灣教會公報》，於清光緒 11 年（1885 年）在臺南創刊，以羅馬母拼音的閩南語印刷，第一期就刊登了一則「中學」創校招生啓事，詳述學費及師資、課程內容，以後年年刊登，直到今日。「中學」即今之長榮中學，是臺灣利用廣告最久的廣告主。

　　政府遷臺後初期，臺灣的廣告以報紙和電臺廣播爲主。民國 48 年，溫春雄先生創立臺灣第一家廣告代理商——東方廣告社，並加入亞洲廣告協會。從此企業界也漸漸開始重視媒體的選擇。

　　我國第一家電視臺——臺灣電視公司於民國 51 年開播，「黑人牙膏」爲我國第一部電視廣告片。電視挾其聲色魅力，逐漸成爲最具影響力的廣告媒體。由於視聽媒體和印刷媒體特點不同，因而在社會上並存，成爲廣告中的兩大主流。

　　現代的廣告採取有系統的計畫，將仔細設計好的內容，經由各種傳播媒體，以有系統而大量的方式傳達給訴求對象，深入社會各階層，使廣告在社會環境裡無所不往，無時不在。

Lūn Siat-lip Tiong-ôh.

Siat-lip Tiong-ôh ê ì-sù sī chái-iūⁿ?
Sī in-ūi lâng tī hiah-ê Sió-ôh thak
bô lōa chhim, iā sī kan-ta thak-jī nā-
tiāⁿ, bô sím-mih ôh pat-hāng; só-í
goán ·siūⁿ ·tī Hú-siàⁿ tiòh siat chit-ê
Tiong-ôh hō͘ lâng thang siu tak-hāng
ê kà-sī, chhin-chhiūⁿ Sèng-chheh ê
tō-lí, Thak Péh-ōe-jī Tn̂g-lâng-jī, Sia-
jī, Tē-lí, Tak-kok ê kí-liok, Sǹg-siàu,
Thian-bûn, hit-hō. Só-í ū chhiàⁿ chit-
ê Eng-kok ê Sian-siⁿ kòe--lâi sī tiàu-
kang beh liáu-lí chit-hō ê tāi-chì.
Lâng nāⁿ beh chhe i-ê hāu-siⁿ lâi chia
thak. i tiòh kià-phoe hō͘ goán chai, á-
sī tiòh thong-ti Thóan-tō-lí ê lâng,
hō͘ in thang thong-ti goán. Sian-siⁿ
ê sin-kim goán lóng chhut; put-kò
tak-lâng tiòh tam-tng ka-kī hóe-sit ê
só͘-hùi nā-tiāⁿ, chit goéh jit chha-put-
to chit-ê gîn-chîⁿ. Chit-ê Tiong-ôh
tiòh 8 goéh chhe--nih chiah ū khui;
hit-tiap Tōa-ôh thak-chheh ê hak-
seng beh koh-lâi Hú--nih chū-chip,
chīu hiah ê Tiong-ôh ê hak-seng
thang kap-in saⁿ-kap lâi. Beh lâi
ê hak-seng, chí-chió tiòh chap-jī hòe
chiah thang.

◎臺灣第一分刊物上的啓事
以臺語寫出◎

◎從前風行的化妝品，至今僅餘當年
的廣告◎

第三節　廣告的功用

　　廣告的目的既然在推銷某種商品或理念，有必要瞭解廣告在訴求對象上可能引起的一系列心理歷程，就心理學而言，這些作用的進行大致有以下四個步驟：

　　(1)認知：知道廣告物的存在。

　　(2)理解：明瞭廣告物的特性。

　　(3)確信：相信擁有或使用廣告物對自己具有利益。

　　(4)行動：採取廣告中要求訴求對象所進行的行為，例如消費。

　　上述作用的發生有固定次序，沒有前面的作用，後面的就不會產生，廣告最終目的在於銷出廣告物，而惟有四個步驟都完成，廣告才算完全達成效果。

　　廣告可以促成以上消費者心理歷程，並使生活隨之改變，一般而言，廣告的功用可歸為下列五項。

一、提供新知

　　廣告大大增加了人們能接觸到機能更好、造形更新穎的產品、以及更周到的服務與新理念的機會，這些產品的設計原理、功能優點，可能是人們未知或未曾注意到的，而廣告以最精簡的內容，最淺明的詞語，為訴求對象作重點說明。

　　例如，經由洗衣機的廣告，人們知道了迴轉盤洗衣機、滾筒式洗衣機洗濯方式的差別。洗衣棒洗衣機會搓揉衣物而不打結；Fuzzy 洗衣機的出現，使一個新興的數學理論進入了人們的生活，成為流行的新語彙；而由清洗、脫水到烘乾三合一的洗衣機，更意味著多機洗衣時代的終結。人們由廣告中獲取新知，已經成為不自覺的習慣，而人們在接受廣告的同時，其實已將新產品與新知帶入了生活。

二、教育群眾

　　為了表現廣告物的真實感，或展現廣告物優越的性能，廣告時常以文案或畫面展示出廣告物實況，在廣告中說明廣告物特性，或示範其使用步驟與用後效果時，若加上圖形不但清楚而且容易明瞭，同時也較容易讓訴求對象信服，無形中使人們對此商品有了更多的了解。

　　例如，經由洗衣劑的廣告，人們知道肥皂絲與洗衣粉的差別，天

◎藉由人們對美化環境的期盼來促進
銷售◎

◎在廣告中教導民眾維護肌膚的原理◎

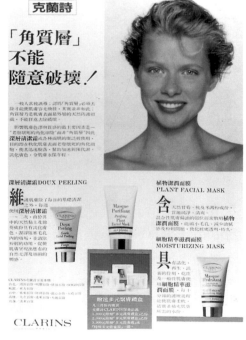

◎告訴主婦使用商品的方法◎

然成分、不含磷對環保的重要；濃縮洗衣粉與洗衣精之爭，使人們突然對洗前浸泡時間長短與去污力的關係，和溶解度高低與漂洗後洗衣粉殘留情形的關聯性有了概念。由於廣告物往往與生活有關，廣告又會再三刊播，所以對廣告中所強調的重點會比較注意，其吸收力也自然比經由其他管道得知者來得強。政府常常利用廣告來推展政令，如提醒繳納稅金期限、推行各種優良產品標誌等等，都得到很好效果。

三、激發認同

廣告常藉著人們對過去生活中共同的回憶，引起訴求對象的認同感，雖然其主要目的是為了行銷，但有時候也會激發人們對社會的責任感，進而產生廣泛的效果。

例如黑松汽水年輕人在加油站打工的廣告，張雨生高唱著：「我的未來不是夢。」不但讓年輕人產生認同，所宣揚腳踏實地的精神，與對未來充滿希望的憧憬，更在海峽兩岸引起熱烈反應，一時全民意志昂揚地全體向前走，產生了非常大的激勵作用。

1992 年英國民間環保團體控訴臺灣為犀牛終結者的廣告，加上黑面琵鷺被獵殺事件引起喧然大波；公賣局公開說明虎骨藥酒瓶上廣告標示中並無虎骨藥材；伯朗咖啡保護野鳥系列廣告再度推出新篇；好以野味進補的臺灣人，在 1992 年連續的廣告衝擊之下，賞鳥、護生人士激增，對野生動物的保護觀念，終於有了全面而明顯的認同。

◎以惜物的觀念推廣再生紙，喚起世人認同◎

四、提升欲求

　　絕大部分的廣告，其實可說是物質的誘惑，華屋美食、渡假旅遊、新奇產品，訴說了各種花錢的好處，提供了多樣化的選擇機會。由於人們都希望生活水準日益提昇，但如果沒有廣告，就無從得知世上有那麼多更美好、更新穎的事物，更不會想到去追求。廣告使人們對自己原本沒有或不大了解的欲望，有了具體的形象目標，增加了人們欲望的強度，使人們益加努力奮發，來獲取廣告物，進而實現而改善了生活品質。

　　廣告既然是引起欲望的關鍵，為了將廣告物最美好的一面呈現出來，廣告的設計愈趨精緻，使廣告賞心悅目而具可看性，及欣賞價值，無形中也提升了人們的美感。

◎附贈品有助於增加消費量◎

◎利用人們貪便宜的心理，以送項鍊
激起購買欲望◎

五　促成消費

　　經由傳播媒體，人們在家裡、辦公室、車中，隨時隨處都可接收到大量的廣告訊息，電視、報紙、雜誌、廣告單，以及在街上的招牌、櫥窗、海報等，讓人們能輕易地掌握新產品上市的消息，及購買地點的資訊，在選購時增加許多便利。藉由廣告內容，人們即可先行仔細比較廣告物之間的差別，而斟酌個人情況，再前往選購，既省時又省事。在選購昂貴、大型產品如房屋、汽車時，蒐集廣告預作評估，可先篩除不作考慮者，免得四處奔波尋覓，並有助於作出最佳抉擇，而促成消費。

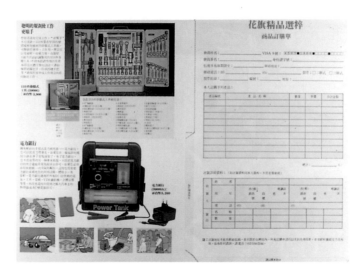

◎從郵寄廣告中即可得知商品形狀及
　內容，附有訂購單方便訂購◎

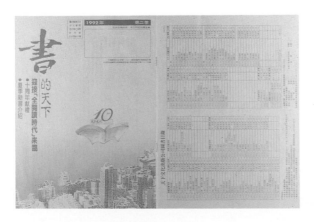

◎目錄是選購新書者最方便的索引◎

第四節 廣告設計的功能

　　廣告要能產生作用需要有誘因才能產生，所以廣告的內容有必要加以設計，以便讓刊播出的商品訊息，能引發訴求對象的需求欲望，並進而採取行動。如今市場競爭激烈，爲求在眾多廣告中脫穎而出，得到訴求對象的注意，廣告設計的重要性更與日俱增。

　　設計廣告時能採用的方法很多，由文案、畫面到聲音、立體造形，都可加以組合運用，但設計廣告與一般的美術創作不同之處，在於它的目標是使廣告能發揮促銷作用，一般而言設計在廣告上的功能可概括爲以下四項。

一、美化商品

　　多個同樣或近似性質的商品擺在一起，最美麗搶眼的一個，總是最容易得到人們的注意；在功能相同而價錢相近時，外表顯現的價值感，更是被選購與否的最後關鍵。廣告設計能爲廣告物披上美好的外表，替產品加上美麗的訴求，在服務業所強調完善親切的服務，與救災勸募時宣揚行善美德，都提高了廣告物的價值。廣告本身的畫面、聲音、型態，也力求顯現出廣告物最佳的一面，使人們能看到、聽出廣告物的價值所在。

◎強調商品能增添佩戴者獨特風采◎

◎強調商品出色的表現◎

二、加強說服

　　再好的商品，也要人們相信擁有它就會獲得某些好處，才會去購買，或去進行廣告所建議的行動。一般人只在個人有需要時，會主動去尋找合用的商品，其他時候絕大多數人只是潛在的消費者，很少刻意去想自己有何未知的需求，或去挖掘某商品的特點，進而去購買。所以廣告主透過廣告提醒人們自己生活中欠缺什麼，告訴人們為何應該擁有它，甚至引誘人們產生原來所沒有的需求，而促成消費行為。

　　比如家裡已經有很好用的冰箱，這時電視播出一種新冰箱的廣告，它的容量更大，可裝一週的菜；有三個門，冷氣不外洩；門能左開也能右開；看了廣告，消費者才知道所擁有的已經落伍，不夠便利，而想到或許該換一臺。恰巧廠商舉辦舊換新折價優待，於是決定趁機選購。到了店裡，店員取出廣告小冊，原來在臥房放一臺迷你冰箱好處多，是最新流行趨勢。結果接受遊說，買了兩臺冰箱。如果未曾看到廣告，可能仍覺得舊冰箱還很好用，根本不會想到換新甚至買兩臺。

　　廣告經過設計，藉著不同的表現手法，可提高說服力，不但能增進人們對廣告物的了解，還能突破封閉的心態，降低人們對廣告物的抗拒力，而促成銷售。

◎強調商品好吃到不吃不可，
不送不可◎

可口企業股份有限公司
LUCKY ENTERPRISES CORPORATION
台北市南崁北路3段276號5F
消費者免費服務專線：(080)221060

是全面透氣性◎的
新紙尿褲

◎以產品功能吸引消費者◎

三、建立形象

　　人們不喜歡某一產品，會使該產品滯銷；若人們不喜歡某一企業，則該企業全部產品都會受到抵制。如果對某一國家有不良印象呢？比如國際上普遍認為臺灣產品便宜而粗糙，其結果是臺灣的產品品質再好，也得不到應有的好評，賣不到應有的高價，無形中減少了許多利潤。我國於 1992 年設立國家形象獎，在國外以大量的廣告作宣傳，目的就在於希望逐漸改變國際上對我國整體性的次貨印象。

　　若企業能擁有良好的形象，在商品行銷上則如虎添翼。例如日本產品精緻為世所公認之後，各國想要抵制日貨就非常困難。

◎以回饋與感謝系列廣告，強調企業正派經營，
欣榮共享◎

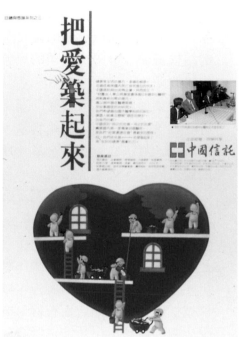

鐘錶界百年老店名錶輩出，但在臺灣只有勞力士錶成爲高身分地位的表徵，原因是勞力士鐘錶公司不時獎助大型探險活動，刻意造成走在時代前鋒、精密高科技的聯想；其廣告內容始終是由各行業頂尖人士配戴，發表莊重的讚揚言詞，從而建立了名廠名錶名士的企業形象。如果其獎助改爲頒給優良勞工，廣告改爲基層人士長年堅守崗位的純樸畫面，勞力士公司的形象依然良好，但其崇高身分地位象徵將很快改變。

企業形象建立或轉變的關鍵，在於以大量廣告告知大眾。沒有廣告，就沒有隨之而來的銷售量，即使信譽優良的百年老店，也只是一個小店，無法成長爲大企業。所以企業需要塑造形象，並經由有計畫的廣告設計，來完成在大眾心目中的定位。

四、輔助銷售

廣告設計可以輔助行銷，利用主要的傳播媒體如電視、廣播、報紙、雜誌，作全面性的廣告，以打開廣告物的知名度；並爲經銷商作區域性的廣告，如店面布置、櫥窗擺設、海報設計、信函廣告等，加強店內的商品指引功能，激發購買欲望，而促成消費。商品既然容易銷售，經銷商銷售的意願就會提高；該廣告物在市場上到處都有，購買就方便，銷售量自然增加。

銷售量增加，使生產量變大，成本隨之減少，利潤就會提高，價格也會下降，人們就能以較少的花費購買到同樣的商品。啟動這種良好的連鎖反應之推動力，就是經過謹慎計畫，所設計執行的廣告。

◎徵求加盟店，向經銷商表明廣告主
使商品易於銷售的意願◎

◎以最適合現代人的能源飲料，告訴
消費者有需要時應優先選擇◎

◎以「任試、任換、任勞」，主動替
經銷商爲商品打廣告◎

習　　題

1.何謂廣告？何謂廣告設計？
2.廣告應具備那些條件？
3.廣告的特性爲何？
4.試簡述中國廣告的歷史。
5.廣告的作用爲何？
6.廣告的功能爲何？
7.廣告設計的功能爲何？

2

廣告類型

第一節　廣告的種類

由於市場競爭激烈，爲了能在衆多產品中，贏得消費者的注意，廣告主不得不投下經費做廣告，並要求搶眼特出，廣告遂採取多種不同的製作技巧及傳播方式，而產生多重的面貌。

絕大部分的廣告爲商品廣告，但隨著商品同質性的提高，企業形象與品牌成爲消費抉擇時的決定因素，使品牌廣告、企業廣告日增。

隨著社會的進步，人們開始關心周圍的環境，加上消費者意識提高，企業回饋社會的觀念興起等原因，公益廣告隨之興起，許多企業都贊助刊播，順便爲企業建立良好形象。而利用廣告發表政見、宣傳政策效果好，也使得政治廣告倍受重視。

廣告因此從局限於商業性而擴展至公益性、政治性，廣告主由企業擴及社會團體、政治團體、政府機構，廣告傳播的訊息亦趨多樣化。

依據廣告性質，可經由不同方式將廣告分類。一個廣告常同時並具多類特性，例如既是企業形象廣告，也是公益廣告；廣告目標對象有時候也不僅止於廣告商品的消費者，而擴及其他大衆；例如形象廣告不只向消費者促銷商品，還希望非消費者認知其形象。茲就六種常見的廣告分類方式，概述如下。

一、依廣告主分類

廣告主包括政府、個人、企業與財團法人，其廣告可分爲數種：

(1)商業廣告：營利的商業機構所作的商品廣告，服務業廣告亦屬於此類。

(2)私人廣告：私人廣告主多刊登分類廣告，如遺失證件作廢、租售房屋等。

(3)政府廣告：廣告主爲營利及非營利的政府機構，如法令、法院拍賣房地、高普考的公告、國家建設工程招標廣告等。

(4)政治廣告：政黨或政治人物爲廣告主，招募黨員、競選宣傳的廣告等。

(5)財團法人廣告：廣告主爲社會服務團體，各種基金會、社團等，如徵義工、勸導戒菸、防癌廣告等。

◎廣告主爲企業的商業廣告◎

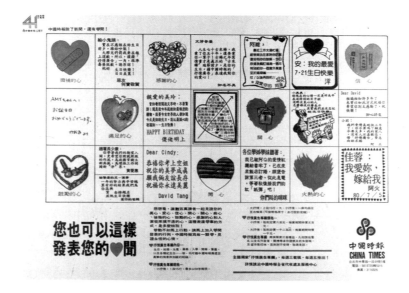

◎《中國時報》首創的心情廣告，爲新
型態之個人啓事廣告◎

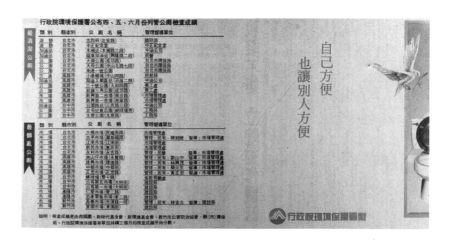

◎政府機構透過廣告讓民眾了解施政成績◎

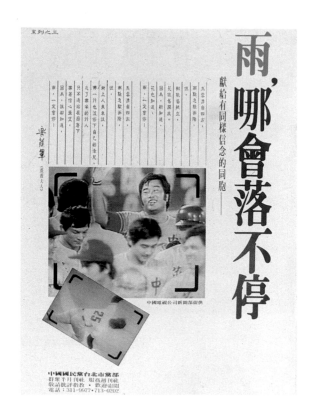

◎以諷刺語調激起大眾同樣信念的政治廣告◎

◎紅十字會救災勸募啓事◎

二、依訴求對象分類

(1)消費廣告：以消費者或使用商品的人爲對象的廣告。

(2)工業廣告：對購買材料以加工生產的企業而作的廣告。

(3)團體廣告：廣告對象爲特定團體內人士，如同業刊物、校刊、會訊。

(4)公告廣告：對象未設限，將傳播訊息讓衆人知道的廣告，如法令、婚喪啓事。

◎鼓勵餐飲消費的廣告◎

◎給願意投入便利商店業人士
看的廣告◎

三、依廣告用途分類

　　廣告最常見也最實用的分類方式，是依據其用途來劃分，類別爲：
(1)商品廣告。
(2)人物廣告。
(3)形象廣告。
(4)服務廣告。
(5)事件廣告。
(6)公益廣告。
(7)促銷廣告。
(8)其他廣告。

四、依傳播媒體分類

　　廣告依傳播媒體分類，可分爲
(1)報紙廣告。
(2)雜誌廣告。
(3)電視廣告。
(4)廣播廣告。
(5)郵寄廣告，如信函廣告。
(6)交通廣告，如公車廣告。
(7)其他傳播媒體廣告，如看板、氣球、飛船、人物（例如麥當勞叔叔）等。

五、依刊播範圍分類

　　廣告依刊播範圍之不同，可分爲：
(1)全國性廣告：如電視廣告，作全國性播出。
(2)地區性廣告：如報紙登在北部版的廣告，供北部發行區內人士看。
(3)機構性廣告：只給特定單位的人看，如校刊、班刊。

六、依廣告地點分類

　　廣告依擺設地點之別可分爲：

(1)戶外廣告：空中廣告如飛船、氣球廣告；交通廣告如車體廣告；水上廣告如船舶廣告；道路旁的招牌、布告欄上的紅單廣告等。

(2)戶內廣告：公共設施內的廣告，如戲院內的電影廣告、車站裡的燈箱廣告等。

　　廣告的分類方式不止以上六大項。第四至第六項將於其他章節講解，以下各節僅就用途分類一項詳加說明。

第二節　商品廣告、人物廣告

一、商品廣告

　　以商品為廣告標的物的廣告稱之為商品廣告，此為最常見的廣告。它與日常生活有密切關聯，廣告物函括產品、銷售產品的場所、人物，其種類包含食、衣、住、行、育、樂，而以消費性產品最多。在廣告中產品廣告型態變化多端，製作手法——聲、色、嗅、用無所不包，設計方式從平面到立體，充分發揮感官刺激之效能。

　　產品廣告的特點為：

(1)介紹商品外觀及功能，或附有外觀圖。

(2)強調商品的優點與特色。

(3)標示廣告物的品牌與名稱。

　　茲將商品廣告分成產品廣告、房地產廣告加以說明。

㈠產品廣告

　　產品廣告即是以產品為廣告物的廣告，此類廣告的產品可分為消費材、耐久材、文化材三類：

1.消費材

　　容易消耗的產品，例如食品、文具、日用品、化粧保養品、服飾、藥材等。這類廣告由於銷售量大、價格低，產品同質性高，廣告主都設法利用廣告來加以區隔產品，建立差異性，而創作出許多別出心裁的廣告名作，例如：

(1)好東西要與好朋友分享：麥斯威爾咖啡。

(2)擋不住的感覺：可口可樂。

(3)有翅膀的：好自在蝶翼衛生棉。

(4)男人的刀：舒適牌刮鬍刀。

(5)吃這個也癢，吃那個也癢：敏肝寧藥丸。

2.耐久材

較不易損耗，使用期限長的產品，如汽車、家具、攝影機、家電用品、樂器等。廣告範例如：

(1)學琴的孩子不會變壞：山葉鋼琴。

(2)飛利浦之後一路平坦：飛利浦蒸汽熨斗。

(3)不滴水：歌林冷氣。

3.文化材

使用期限不定，有收藏價值之產品，如古董、藝術品書籍、錄影帶等。1992 年蘇富比拍賣公司進入臺灣，其拍賣藝品目錄也是文化材廣告。

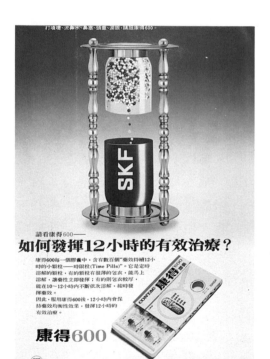

◎藥品廣告◎

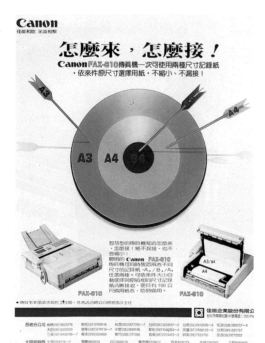

◎傳真機廣告◎

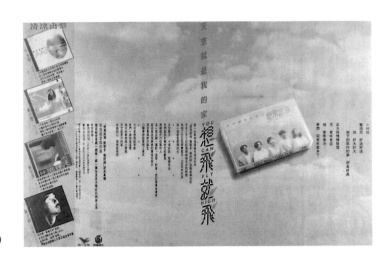

◎錄音帶及 CD 廣告◎

(二)房地產廣告

　　擁有一個自己的家,是許多人共同的夢想,而房地產買賣價格高昂,幾乎均以貸款方式分十數年付清,因此對絕大部分消費者而言,購屋置產是人生大事。

　　欲置產的消費者,都會從各種媒體廣告上設法取得許多房地資訊,並親臨現場探視比較。如今預售屋盛行,如何讓購屋者單憑一塊空地,或各種平面、動態媒體或立體模型,乃至購買者發表證言就樂意購買,都是一門學問,房地產廣告除了租屋或二手屋以外,新建屋的廣告是所有廣告中最講究且最精美的,一律彩色印刷。房地產廣告多採用大眾媒體與小眾媒體雙管齊下方式,所以廣告花樣極多。以平面廣告而言,可概分以下數種:

1.報紙分類廣告

　　空地、出租屋、二手屋、整批新屋中賣餘的數間,或小批興建的新屋。

2.報紙彩色廣告

　　通常採用全批或半批廣告。

3.單張廣告

　　可分為兩種,其一為小開數,夾在報紙中分送;另一為大開數,如海報般大張而折起,但雙面印刷,兼具說明書功能,印有房屋外觀圖及平面隔間設計圖。常以郵寄方式投遞給可能客戶。

4.海報

　　房地產廣告很少用海報,常以大開數的單張廣告代替。

5.說明書

　　一批新屋中如包括多種型式,例如店面、公寓、別墅型住家,而

各種型式房屋隔局與大小又各分數種時，說明書會就房屋型式類別加以分類，所以每種說明書內會包括數種隔局設計，往往成爲一本，以銅版紙精印。

　　房地產賣場常不與工地爲鄰，所以廣告也並不局限於工地附近，在工地數公里方圓以內，乃至鄰近都市都有可能設立看板、道路指標等，也有其廣告功效。

　　由於每個建築的功用互異，廣告上強調的賣點，因銷售對象之購買目的而異。大體而言，住宅廣告以鄰近市場、接近學校爲重點；店鋪廣告要項爲交通方便、人潮所在，適合文、武市；辦公大樓強調位於交通要道、規劃完善、警衛森嚴、智慧型大樓、有多部電梯等。

　　臺灣房地產的銷售，多是整批大量房屋推出的個案，且幾乎全是預售屋；新房屋完工再打廣告的情形很少，因此廣告以整案推出的預售廣告爲主。整批興建的新屋，由於買賣金額龐大，房地產廣告多半委託專業的企劃銷售公司做全面的規劃，非一般公司所能輕易承攬。中古屋則是房屋仲介業的天下，其廣告大都採分類廣告型態，或多屋共用同一廣告。

◎房屋仲介業業者的知名度及形象，與業績息息相關，需要廣告宣揚◎

二、人物廣告

此類型廣告的特色，在於以人物為主題，加以包裝，廣為宣傳，塑造個人形象。一般人物廣告可概分為以下兩種：

(一)表演人物

唱片公司、電影公司或表演團體代理商，最擅長利用此種廣告方式，打開欲栽培的歌手、演員或表演團體的知名度，常投下鉅資，以規劃周密的各種宣傳攻勢，將新人或未紅的歌手、演員、表演團體捧成偶像級人物。在競爭激烈又現實的娛樂界想鞏固歌迷、影迷，不斷推出表演人物廣告有其必要性。

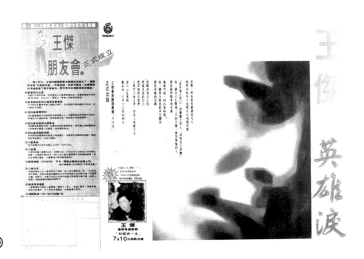

◎知名歌手成立朋友會的廣告◎

(二)政治人物

政治人物常需要凸顯個人特色，在投入選戰前，常已開始進行廣告宣傳工作，如刊登問政成績等，到選舉期間，候選人更盡力規劃妥善形象來包裝自己，利用各種宣傳攻勢打擊對手，同時將個人優良形象深印選民心中，以爭取認同。

第三節　形象廣告

由於生活水準提高，加上產品日趨同質化，消費者會為了對某店

或某企業的好惡，選擇特定品牌進行消費，因此形象廣告應運而生。

　　形象廣告藉著廣告創意，塑造出企業、品牌獨特的風格，以良好形象爭取人們的認同。形象廣告不限於生產業，服務業、政黨等以人為對象的行業，在大眾心目中印象的好壞，更攸關業務良窳，與政治實力的消長，尤需仰賴形象廣告來加強。

　　形象廣告中商品並非主題，而是強調團體、公司或品牌名稱，廣告上通常會闡述該企業、團體的特質，說明其歷史、文化、理念、精神，與對未來的期許。形象廣告可概分為以下四類：

一、品牌形象廣告

　　品牌形象廣告著重於品牌定位，希望藉著良好廣告形象，提高產品對消費者的親和力。消費性產品對品牌廣告依賴性大；例如舒潔衛生紙、黑人牙膏。有時為便於傳達企業的理念與精神，品牌名稱與企業名稱相同，將企業形象與品牌形象合而為一；如大同公司廣告以愛用國貨為重點，總是強調大同為國人自製的家電，另外以廣告歌曲及大同寶寶玩偶，於廣告中反覆運用，在人們心目中建立優良的品牌形象。宏碁電腦為了拓展國際市場，不惜鉅資更換品牌名稱，為配合新品牌 Acer 的推出，從公司門面到信函規格與廣告方式，作整體的規

◎專一而鮮銳之品牌形象◎

劃，短期內就建立 Acer 知名度與高科技形象，爲成功品牌形象廣告
範例。

二、企業形象廣告

◎以誠信可靠之企業理念爲素材◎

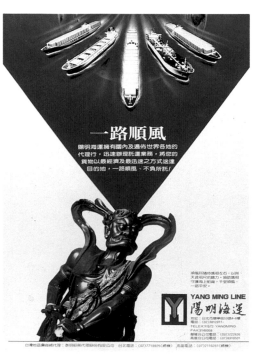

◎企業形象廣告能宣揚企業精神，也
能激勵員工◎

現代企業既需承受產品開發與行銷競爭之生存壓力，又需面對消費者運動、環保運動等外界要求，為了突破困境，企業形象廣告益受重視。

企業形象廣告的目的在於宣揚企業經營理念，建立明確企業定位（例如長榮原屬海運業，後亦加入空運業），提高企業知名度與員工向心力，增進消費者對企業的好感，並可藉以吸引到較多人才。企業並可經由廣告與民眾溝通，建立良好的社會關係，必要時可化解大眾對企業的誤會，而能避免消費者的排斥。

企業形象廣告必須以事實為基礎，以誠信原則設計製作，才能贏得人們長久的信任。企業形象廣告舉例如下：

⑴震旦行以刊登「永字八法」一系列平面廣告，逐一帶出企業「永續經營」的企業文化與經營理念，為多角化經營的企業塑造出整體形象。

⑵統一企業以「邁向健康的二十一世紀」為主題製作廣告，強調統一健康形象，及共創美好未來的誠意，博取消費者好感。

⑶中華航空以「相逢自是有緣，華航以客為尊」為主題製作的廣告，建立極佳的口碑。

三、團體形象廣告

凡是學校機構、宗教團體、政治團體、民間社團等為塑造團體本身的形象而刊登的廣告，均可歸類為團體形象廣告。

實踐家專改制為設計管理學院，及世界新聞專科改制為專業的新聞傳播學院，均刊播團體形象廣告，昭告世人學校新型態。

黨禁開放後，政黨競爭愈趨激烈，國民黨、民進黨及其他政黨無不盡心規劃，以形象廣告凸顯自己的特色與優點，以求得選戰勝利。

宗教團體方面，基督教的形象廣告最活躍，由於經常舉辦事件活動，如送炭到蘭嶼、1992 年的飢餓三十，無不成果斐然，也建立極佳公益口碑與形象。佛教團體如今也重視文宣工作，如慈濟功德會大陸賑災勸募，在社會上激起廣大回響；預約人間淨土活動，倡導環境保護，許多人紛紛響應；慈濟醫院及醫學院的設立，各媒體爭相報導，實已為其作了最佳的形象廣告。

四、國家形象廣告

良好的國家形象，可以獲得國際人士的支持與幫助，而且能吸引國際觀光客上，國家也應像大型企業般，利用形象廣告在國際社會中

◎推展優良品質標誌，塑造臺灣產品
品質優良形象◎

建立知名度。

　　80 年 4 月起新聞局在紐約時報刊登一系列的國情廣告，以「加入 GATT 爲會員」爲首，其後陸續刊出六年國建、中止動員戡亂時期、慶祝建國 80 年等一系列廣告，引起國際關注，爲國家塑造了良好的國際形象。82 年 1 月外貿協會舉辦國家產品形象獎大展，各媒體系列稿亦是國家形象廣告之佳例。

第四節　服務廣告

　　現今社會經濟繁榮，消費水準提昇，事事講求服務，各種服務的行業遂紛紛出現，迅速成長。服務業賣的不是實質的商品，而是其所提供的服務能爲消費者帶來某些的利益。例如金融業協助顧客投資理財；旅遊業代爲安排旅遊事宜；企管顧問業提供企業管理上的指導與支援。各種服務業常藉由廣告作宣傳，此種類型的廣告稱之爲服務廣告。

　　服務廣告已進入大眾生活中，使消費形態和觀念爲之改變。人們常藉服務廣告，比較不同業者所提供的服務利益多寡，而決定最終消費方向，沒有服務廣告，服務業的業務就不易拓展。

　　服務廣告內容強調其所提供的服務項目，及其會帶給消費者的利益，廣告上廣告主名稱及企業標誌通常很明顯。茲就服務對象與服務場所之別分類説明如下：

一、服務對象

　　依服務對象，可分爲針對一般大眾與針對特定對象所作的廣告。

㈠一般大眾

　　所有的民眾不分階層，都爲此類廣告可能的客戶，較無訴求對象

◎以兒童的感受讓消費者覺得
服務眞正好◎

之限制。此種服務廣告以旅遊業爲大宗。由於國民所得提高,人們重視休閒生活,加上大陸探親開放,出國手續簡化,使航空公司、旅行社業務競爭劇烈,廣告舉目皆是。

各航空公司努力開闢新航線,增加班機,以加入會員可累積飛航里程數獲贈機票等優惠招徠乘客,例如華航增闢高雄直飛吉隆坡、普吉島航線;各旅行社亦分別設計不同的旅遊行程,如歐州半月遊、海外夏令營等,全年不停刊登廣告吸引顧客。1992 年長榮航空包攬馬爾地夫旅遊航線,由各旅行社相繼推出創新之休息性旅遊行程,加上電視節目推波助瀾,竟炒熱一個原本沒沒無聞的小島,是極特殊而成功的服務廣告手法。

證券商開放設立及銀行開放民營時,爲取得競爭優勢,大量廣告在所難免。前幾年股票飆漲之際,證券商廣告連綿不絕;新銀行如寶島銀行開幕時,以金黃的稻田襯托櫃檯笑盈盈的女服務員,在各傳播媒體上密集廣告,迅速打開知名度。

著重便利、效率之新興服務業紛紛崛起,例如彩色快速沖印業,強調 25 分鐘交件,讓顧客很快欣賞到自己的傑作,使緩慢的傳統洗相成爲歷史;中興保全公司推出家庭自動化管理系統服務,擴大營運空間。這些新興的服務方式,均藉由廣告的推動而爲民衆迅速接受。

(二)特定對象

有些服務只針對某些特定對象而提供,最常見的特定對象服務廣告爲信用卡、會員卡。這類廣告常強調會員卡之便利性,但他們不是

賣卡片，而是賣服務。信用卡申請者有條件上的限制，使用時亦有消費場合及金額的限制，但因方便，頗受歡迎。目前常見者為 VISA 卡、Mastercard 卡、美國運通卡等，均採用大篇幅的平面廣告或大量郵寄廣告或電視廣告來吸引客戶。

　　高爾夫俱樂部會員卡極昂貴，卻備受環保人士與反奢侈論者之排斥；近年盛行的各種休閒俱樂部，內部均以多樣化之運動與休閒娛樂設施，提供會員憑卡優惠使用，如惠光休閒俱樂部、華平俱樂部等；汽車公司為購車客戶提供服務，如國產公司推出行遍天下卡，憑卡可享有全天服務；這些服務均利用廣告推銷，並建立知名度。

◎專門從事產物保險的服務
　廣告◎

只有綿密的網路，才有完善的服務

富邦產物保險公司
（原國泰產物保險）

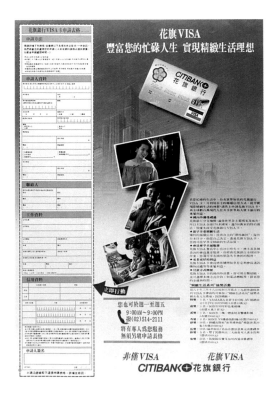

◎直接將申請表格發出，便利
　服務對象◎

二、服務場所

服務場所廣告以場所爲訴求重點，如百貨公司、餐廳、遊樂園、銀行，推銷的是場所內的服務。由於消費時除非郵購，必定要到消費場所去，現代人日愈講究生活品味，高級的消費場所也成爲一種襯托身分地位的表徵，對消費者而言，有時候比商品本身更重要。銷售同質產品的商家例如百貨公司，也希望人們想要購物時，不僅想買到就好，而是非到該店去買不可，因此服務場所廣告蓬勃發展。

基於服務場所性質的差異，可分爲三種：

㈠商品餐飲類

消費者選購物品及飲食的場所，如超商、百貨公司、速食店、餐廳、鐘錶行、服飾店、糕餅店等皆屬之，市面上此類廣告常見者例如統一超商、遠東百貨、麥當勞、香雞城、海霸王、寶島鐘錶、嘉裕西服、超群蛋糕等。同類商店販賣的商品雖然近似，經由廣告可塑造出獨特的風格，而吸引消費者注意，並強化他們購買的意願。

㈡休閒旅遊類

休閒旅遊已廣爲大眾重視，是生活中重要的一環，休閒娛樂場所或旅遊觀光地點之廣告已相當普遍。休閒娛樂場所廣告如人禾保齡球

◎休閒中心以完美之服務項目招徠消費者◎

館、錢櫃 KTV；旅遊觀光地點之廣告如峇里島、亞哥花園、九族文化村、翡翠灣。節慶假日前或當天，尤爲此類廣告熱烈刊播時期。

㈢專業顧問類

以專業性服務爲銷售重點，其專業服務項目與服務態度是廣告訴求的重點。例如：蔡燕萍自然美護膚、鐘安蒂露減肥中心、曼都髮型設計、超群整型醫院、南一企管顧問公司等，都常以廣告宣傳其特色，來吸引消費者的認同。

◎以專業形象吸引客戶認同◎

第五節　事件廣告

事件廣告的主題是宣傳一個事件或活動，以引人注意，並吸引大眾參與，如其題材富於創意或具有爭議性，往往在短期內媒體即爭相報導，成爲眾所共知的新聞，而達到廣告目的。由於事件廣告講究新聞性，有些廣告遂利用爭議性話題，引導出成功的事件廣告。例如斯迪麥口香糖電視廣告「都市叢林野獸派」、「貓在鋼琴上昏倒了」；維力清香油與沙拉油公會辯論清香油、沙拉油熟優熟劣的廣告戰，都是廣告帶出新聞事件的成功案例。

此類型廣告主要在傳達一個事件，但並非所有的廣告都能背動地引發一個事件，所以亦可經由有計畫的設計，來安排製作事件廣告，以產生最高的廣告效益。最佳的事件安排爲舉辦活動，如體育競賽、商展、表演等。活動舉辦前召開記者會公布活動訊息，讓群衆欣然參與；同時在大衆媒體上刊播活動廣告，使之與品牌和企業形象產生聯結；活動本身可收費或免費，其入場券能作爲贈獎獎品之一，如購買指定商品達某數額即贈一張；又可製作活動相關商品，例如在服飾上印活動標誌，現場販賣，若廣告主剛好生產該類商品，更可藉機銷售；而活動場所也應張掛企業與商品的廣告，如有電視轉播，鏡頭攝入，還能得到額外之電視廣告機會。因此近來事件廣告風行，已成爲重要廣告方式。茲就較常運用的事件廣告手法説明如下（注①）：

一、體育活動

　　舉辦體育活動，最能塑造出健康、明朗的形象，對企業及商品均具有正面意義，與運動結合的事件廣告，因效果良好而廣受歡迎。
　　國際上最盛大的體育活動，首推四年一次的奧林匹克運動會，除

◎由企業舉辦之體育活動，有助於塑
　造健康形象◎

---

①莊麗卿，《如何進行廣告》，pp.63～73，臺北，遠流出版社，民 80 年。

了奧委會製作的廣告外，各國新聞媒體無不主動報導，替奧運宣傳。

奧運會場內不准進行廣告活動，但奧運會在奧運期間使用的用品，每屆會於各行業中選一家廠商供應，因此大廠商無不極力爭取，如亞米茄錶、可口可樂均曾獲選。膺選奧運供應廠商，不只是爭取到一筆大生意，還代表企業地位與商品品質受到肯定，因此獲選廠商不但會在廣告中強調，新聞往往也會報導。

節慶舉行的體育活動，以端午節龍舟賽為著，由於參觀者眾，正是免費廣告大好時機，許多企業團體均踴躍參與。運動器材、飲料、服裝、球鞋等廠商，經常贊助舉辦各種體育競賽，捐贈器材、獎品，或自行組隊參賽。聯合報系贊助乃慧芳、王惠珍等運動健將；多家企業成立籃球隊；國際性大車廠如法拉利、豐田等，均有車隊定期參加各種車賽。只要所屬人員在運動場得勝，便等於為企業作了好廣告。

二、競賽活動

競賽是具有挑戰性及競爭性的活動，參加者因獲勝而得到肯定，觀眾也得到參與或觀賞的樂趣。每逢節慶舉辦各種競賽，趁機炒熱新聞，可以得到免費宣傳。

例如元宵的燈謎大會，既具民俗樂趣，又富文化氣息；再者如選美活動、才藝選拔亦是另一種競賽方式，雖然選美活動飽受爭議，喜

◎卡拉 OK 歌唱比賽，是時興的活動◎

看美女為人的天性，中國小姐選拔及世界小姐選美仍為許多企業、團體熱中贊助。近年國人喜唱卡拉 OK，使伴唱帶與伴唱機大為暢銷，主辦卡拉 OK 歌唱比賽成為熱門活動，1992 年的計程車司機卡拉OK 歌唱比賽，即吸引上千人報名，以致 1993 年又有美聲運將（司機）卡拉 OK 歌唱比賽之舉行。其他競賽如味全食品在母親節舉辦媽媽烹飪比賽，雄獅蠟筆在兒童舉辦兒童寫生比賽，觀光遊樂園區內的攝影比賽，乃至花樣百出的趣味競賽等，各種型態活動都為相關業者或感興趣的廠商視為廣告良機，常踴躍贊助或派員參賽。

三、展覽活動

由於展覽會具有新聞性及可看性，宣傳效果很好，舉辦展覽會既可建立企業知名度，又可將新產品介紹給參觀者，參觀者會因展覽主題的不同而自然產生區隔，企業主較能掌握特定的目標消費群。因此有些展覽定期舉辦，已成年度盛事，是廠商、消費者蒐集新資訊的場所，如德國科隆的家具展，巴黎每季一次的時裝發表會。國內舉辦者有外貿協會每年定期安排的各種專題展覽，如電腦展、燈飾展、玩具禮品展等，均極為轟動。

一些較特殊、不定期舉辦的展覽會，如家用產品展、電影海報展、郵票展等，也各有其特定目標消費群。此外由廠商與官方合辦的

◎由政府單位來舉辦展覽會，能對工商界產生鼓勵作用◎

展覽，例如遠東百貨的德國商品展、南非珠寶及農產品展等，消費者經常可在廣告與新聞中見到此類訊息。

以國家立場舉辦之展覽會，在國際間每每造成重大新聞，如配合1992年奧運會舉辦之巴塞隆納萬國博覽會，吸引大批人潮。為增加觀光資源以廣招徠而策畫的節慶展覽，如中華民國觀光節的元宵花燈展，在國際間享有盛名，各企業、團體亦視共襄盛舉為廣告良機。

四、表演活動

表演團體如舞蹈團、劇團、合唱團、馬戲團、管絃樂團等，各有表演活動檔期，演出成本高昂，所以一定要廣告宣傳，以提高賣座率。知名表演團體一般都會在公演前邀請記者前來採訪，讓消息上報，利用新聞做免費的事件廣告。

舉辦偶像級明星演唱會，是最具視、聽娛樂效果及衝擊性的事件廣告，在年輕消費群尤其具有感染力，對產品的銷售、品牌知名度之建立，有很好效果。

例如點將唱片公司協力舉辦「四兄弟」合唱團巡迴演唱會，以塑造其專業品牌形象，而受邀請當做特別來賓之「優客李林」，亦可藉機加強聲勢。又如小虎隊於1989年舉行之逍遙遊巡迴演唱會，轟動歌壇，全省歌迷為之狂熱，各媒體均大幅報導，唱片銷量大增，將小虎隊推上歌唱高峯。

為產品或企業造勢的活動，或大型公益活動，亦常集合多位廣受

◎國外藝人來臺演出的活動更是絕佳
　的造勢機會◎

歡迎的歌星，舉辦演唱會，如 1993 年的反毒公益活動聯歡晚會即很成功。房地產業者常以工地秀促銷，如能請得影壇巨星露面，即使只作短短訪談，也能招徠擁擠人潮，廣告效果不輸開演唱會。

五、集會活動

集結一群人，就某種主題、理念發表意見，或進行研究，稱之為集會活動。廟宇的迎神賽會、廣場上的靜坐抗議、各種說明會、政見發表會皆屬之，只要規劃得當，就能吸引大批人參加。

例如以歡樂著稱首推巴西嘉年華會，不僅當地民眾狂歡達旦，還從世界各地湧來大量觀光人潮。各基金會舉辦之演講會，例如資生堂公司「圓一個人生的夢」1993 年輕人生涯發展系列講座，邀請各界知名人士至各地舉行演講，除了演講造成轟動效果，也為公司塑造良好企業形象。宗教性團體常藉集會方式傳達宗教信仰，如基督教的福音布道大會，佛教的消災祈福法會，以吸引民眾信教。

說明會是很重要而有效的廣告手法，代辦留學移民業者與海外房地產行銷業者常集合可能的客戶，向他們作直接而詳盡的說明，以錄影帶、幻燈片等輔助工具使說明更具可信度。由於現場答覆聽眾疑問，參加者即使問不出口，也可由別人問答而獲得更多資訊，並和其他與會者交換意見，對行銷有很大助益。

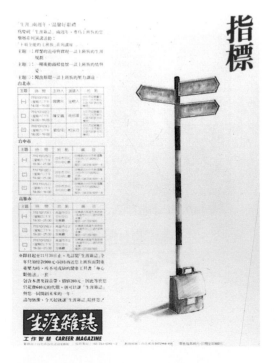

◎知識團體藉由系列講座的方式來傳達理念◎

集會活動若延伸為社會運動，更具話題性，如民進黨以發起萬人大遊行方式，向社會宣揚自己的理念；無殼蝸牛夜宿忠孝東路，以抗議高房價，而促使部分業者降低屋價等，都是具震撼性的案例。

六、藝文活動

舉辦藝術、文化活動，能提昇人們的精神素養，建立優良文化形象，具有文化傳承意義，是極佳的事件廣告。

奇美企業成立奇美文化基金會，典藏藝術品，收購名琴供國內外小提琴家使用，在社會上為奇美塑造了很好的企業形象。建設公司售屋現場請明華園表演，不僅能引來人潮，企業對文化下鄉的努力亦有助於形象提昇。

1991年莫扎特誕生兩百週年與梵谷誕生百週年紀念，在奧地利與荷蘭分別舉辦一連串音樂會、畫展，吸引大量藝術愛好者與觀光客前往參觀，各行業無不設法與莫扎特、梵谷帶上關係，以擴展其業績，例如 Mirabell 公司推出莫扎特巧克力，被新聞界視為趣聞刊播全球，竟因此知名度高漲而暢銷，是利用藝文事件做廣告之好範例。

◎請外國知名團體來臺表演，能建立
　優良的文化形象◎

第六節　公益廣告

　　無論個人、企業、團體或政府製作之廣告，祇要是以促進公共利益、關懷大眾、回饋社會為目的，都可稱為公益廣告。

　　公益廣告係為推動公益活動而訴諸於廣告宣傳，運用上以電視媒體最具效力，通常同時也在報章、雜誌上刊登。若公益活動具有特色，發起者又有知名度及影響力，往往引發媒體作後續報導，更引人注目。

　　公益廣告內容以公眾利益為主題，一般與商品或企業並無直接關聯，純粹是基於愛心關懷，傳播增進民眾福祉的訊息，例如宣導正確的生活行為，廣告助人活動，或說明政令、理念等。在廣告上通常不出現商品，即使有也居於次要地位，並簡單帶過廣告主名稱。

　　公益廣告主題的選擇非常重要，應考慮到廣告內容合乎生活經驗，以影響層面廣且程度高者為優，讓社會大眾產生與自己關係密切的感覺，並且每次看都再次加強這種感覺時，廣告的效果會很好。

　　茲將公益廣告方式分類說明於下：

一、依廣告主分類

　　基於廣告主的不同，可將公益廣告分為三大類：

㈠企業公益廣告

　　企業常基於回饋社會、建立良好形象的理念，製作公益廣告。由於時代的變遷，現代社會對企業的要求，與企業主對自我成功的定義，和以往已不大相同，因此有愈來愈多的企業為了爭取大眾好感，以在各廠商廣告間凸顯自己，提高競爭力；或企業主為了行善積福，回饋社會，而製作公益廣告。例如：

　　⑴伯朗咖啡以用相機攝取野鴨鏡頭，取代以獵槍射獵野鴨，宣導愛護野生動物。

　　⑵統一飲料紙盒上都印有「舉手之勞作環保」的小圖，並註明：「為開創健康快樂明天，使用後請壓平，再投入可燃物收集筒。」教育民眾垃圾分類及減小垃圾體積觀念。

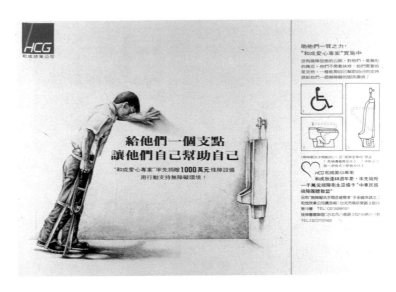

◎關懷並率先幫助殘障人士，能普遍
　獲得響應◎

㈡團體公益廣告

　　由公益團體或社團法人基於關懷社會而製作的公益廣告，其內容
不帶任何商業氣息，例如：

◎提醒人們共同維護環境潔淨◎

◎統一募款並合理的分配，以全面提
升社會福利機構之品質◎

(1)陶聲洋防癌基金會：提醒婦女定期做抹片檢查，以及早發現治
　　療子宮癌。
(2)捐血協會：提醒人們捐血一袋、救人一命，由孫越在廣告中呼
　　籲大眾成為快樂的捐血人。
(3)董氏基金會：以健康社會為號召，告誡人們抽菸有害健康，勸
　　導人們戒菸、拒菸，鼓吹拒抽二手菸。
(4)工商普查：政府以廣告呼籲民眾接受普查，與普查員充分配
　　合，以便獲得正確之國力數據，供政府推行社會建設參考。
(5)慈濟功德會：「預約人間淨土」活動，以為老樹搬家，讓老樹
　　存活下去的廣告，提倡人人動手做綠化及環境保護工作。

(三)聯合公益廣告

　　由主辦單位策劃活動，而由其他企業團體贊助協辦，此種結合多
家機構共同舉行的活動，所刊播的廣告即聯合公益廣告。例如：
(1)今天不吸菸：民國 81 年 5 月 31 日是 1992 年世界禁菸日，由
　　衛生署、董氏基金會等多家公、私機構團體聯合舉辦之戒菸宣
　　導活動，有許多廠商、學校單位贊助實行。
(2)反毒品：廣告中由成龍提倡不吸毒、戒毒，為內政部與公益團
　　體於 1993 年共同舉辦之大規模活動。

二、依活動性質分類

依公益活動的性質，可將公益廣告分爲以下四種：

(一)愛心關懷式

愛心關懷式公益廣告，以協助社會上弱勢族群爲目的，例如濟助災荒、拯救雛妓與受虐兒童等，其製作方式常訴諸於感性，以激發大衆同情心，引起社會關注。

兒童燙傷基金會曾製作一系列「被火紋身的小孩」廣告，提醒家長注意居家安全，以防孩童因一時的疏忽而被燙傷，造成難以彌補的創痛。畢竟誰也不願意自己的孩子被火紋身，高昂的醫療費使一些遭遇不幸的兒童失去復健機會，更令人同情。這個募款廣告因內容感人，順利募得千萬基金。

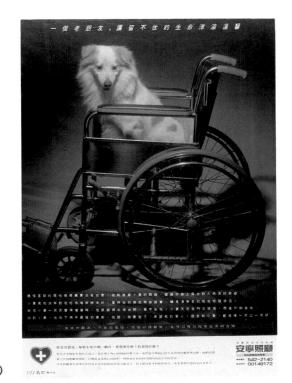

◎以比喻性的圖片，發人深省◎

(二)政令宣導式

　　政府常藉著大衆傳播媒體的力量，以政令宣導式公益廣告宣傳法令，希望能獲得大衆瞭解與認同，而做到全民遵守。

　　例如衛生署爲降低出生率而推出「一個不嫌少，兩個恰恰好」家庭計畫廣告；臺北市交通局爲了改善交通狀況，減少交通意外，特別推出一系列交通安全卡通廣告與廣播廣告；中油也曾爲了提倡共乘制而提出「乘公車，省汽油，免塞車，少浪費。」之宣導節約能源廣告。

◎提倡共乘制◎

(三)優良模範式

　　優良模範式廣告以特定人物良好形象爲訴求特點，強調他喜歡做的事，或不去做的事。例如董氏基金會推出的拒菸、戒菸廣告，由偶像明星及備受尊重的領袖人物，親口說「我是某某，我不抽菸。」廣告詞，期望青少年及癮君子因崇拜仿效，而遠離菸毒。

㈣警告嚇阻式

此種廣告以警告或嚇阻之表現方式為訴求重點，例如政府機關與民間企業聯合推出「我們只有一個臺灣──還我美麗寶島」系列環保公益廣告，從空氣污染、野生動物、環境污染、噪音到地層下陷，以環境惡化事實，讓國人心生警惕。又如衛生署所製作之「安一下，死於非命」系列平面廣告，吸毒者的骷髏癱在廁所裡的畫面令人觸目驚心，極具警告力。

第七節　促銷廣告

廣告主為提昇銷售業績、或吸引消費者轉移品牌，常舉辦促銷活動，是最直接而有效的方式。為提高促銷活動參與率，所進行的各種媒體宣傳攻勢，稱為促銷廣告。

由於促銷活動能在短期內提高銷售額，所以業者樂此不疲，每逢節慶、換季，或商品新上市時，均為舉辦促銷活動好時機，以廣告大大肆宣揚，以求促銷成功，收穫豐碩。

廣告主在舉辦促銷活動時，運用的媒體多樣化而且廣告手法極花俏，常組合各種方式，利用多重促銷手法增加吸引力。一般促銷廣告上要詳盡說明所有關於促銷活動的訊息，包括：

(1)促銷商品。
(2)主辦業者。
(3)活動名稱。
(4)活動時期。
(5)活動進行程序。
(6)參加活動方法。
(7)獎品內容、給獎方式及日期。

促銷廣告的內容和表現方式隨促銷手法而改變，因其類型與活動方式密不可分，茲介紹幾種較常見的促銷方式，並說明如下：

一、減價優待

業者將商品以低於平時售價之價格販賣，讓消費者可以用較少的金額，買到同等貨品，此種促銷手法稱為減價優待。一般會在標籤上保留原價，將之畫掉，但仍可清楚辨明原價，再書寫減價後之金額，讓消費者覺得佔到便宜而購買。由於方法簡便，效果又佳，因此在促

銷活動中最常應用。減價優待廣告最常用的主題是：

(1)節慶優待：週年慶或逢年過節，都是舉辦減價優待促銷的好理由，新舊商品通常全部打折。

(2)換季拍賣：新款式推出都在過年與換季時，一旦新款式出來舊貨就很難賣，所以換季大拍賣促銷活動有其存在必要。

(3)每日特價品：平時商品都以正常價格販賣，如果每日選擇不同種類的商品或定量商品，輪流打折販賣，來維持對顧客的吸引力，如此也能在其他商店全面促銷時，仍保有競爭力。

(4)結束清倉：許多公司在每隔一段時日會暫停營業重新裝潢，或者結束營業轉手他人，均會做清倉式大拍賣，出清全部現貨，而且常隨著貨品的出清越賣越便宜。

◎精品服飾之降價最引人注目◎

二、加量優待

不減價優待而增加產品的數量或容量的促銷手法，稱為加量優待。消費者能以同樣的價錢買到較多的東西會覺得划算，而一次買了較多的分量，短期內不太可能再購買相似產品，業者銷量增加，同時防止消費者轉移品牌，買賣雙方均蒙其利。

加量優待在日用品和食品業運用得相當廣泛。例如純潔抽取式衛

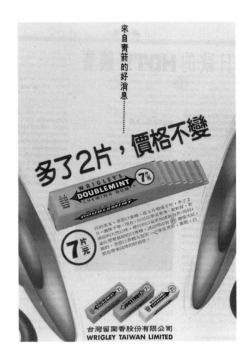

◎加量不加價優待◎

生紙促銷推出「多一包不加價」，買一袋六包送一包；箭牌口香糖「多了2片，價格不變」；克寧奶粉推出 2.35 公斤大罐裝，賣 1.8 公斤價格，免費送 550 公克，吸引力非常大。

三、折價優待

消費者至某店消費購買某種商品時，可享受折扣，或抵用某些數額金錢的優待，此種促銷手法稱為折價優待。折價優待可附在商品上贈出，或由零售店贈送，一般贈送方式概分為有條件贈送及無條件贈送兩種。

有條件贈送係需購買某物，或以某物交換，或至某店消費達特定金額時，才可獲贈折價優待。如百貨公司常以買 1,000 元送 100 元的、方式，鼓勵顧客多次前來消費，積存折價券，以享用優待。餐廳也常舉辦消費滿 5,000 元以上，送優待券一張或下次用餐九折，或贈送甜點、水果等。

無條件贈送通常在報紙、雜誌廣告上，印商品折價優待券，尤其超市的特賣廣告，列出各種商品及其折價券，供消費者剪下使用；有時折價優待券附在郵寄廣告內；商店、髮廊、護膚中心等區域性業者，也常向鄰近住家投遞折價優待券促銷。

◎同時結合有條件與無條件贈送方式
　者也愈來愈常見◎

　　折價優待方式一般習見者爲以下兩種：

㈠舊換新折價優待

　　以舊品換新品是有條件的折價優待促銷方式，既可用以攻佔其他

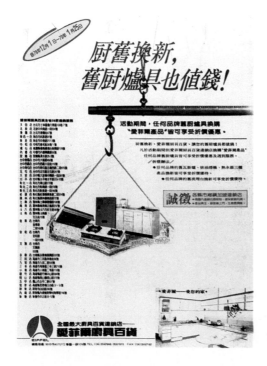

◎以舊品換新品是有條件的減價促銷
　方式◎

品牌的市場，亦可防止原有市場被攻佔。

　　家電業者每逢歲末，常以高折價來吸引消費者購買大型家電。由於家中舊電器收藏佔空間，以舊換新既可折價，廠商又會代為處理舊貨，消費者為圖方便，有時候很容易改買促銷品牌的產品。

　　華歌爾首先推出無縫胸罩時，以任何廠牌舊胸罩均可折價換購新無縫胸罩，由於只需剪下舊貨品牌名布標作為證明，成效卓著，其他廠商多有仿效。理想牌彩色鍋亦曾以舊鍋換新鍋，每個折價50元。

㈡隨貨附贈折價優待

　　係無條件的折價促銷方式，消費者購買商品時最直接的收益，常在促銷期間建立銷售佳績，且不受商品限制各種商品均能採用，因此相當流行，常用方式如下：

　　⑴產品包裝上：將贈品放在產品外，以收縮膜或膠帶紮在一起，隨貨附贈。日用品廠商最喜運用包裝上附贈，如洗髮精附贈小瓶沐浴乳，衛生紙送面紙。若以新產品樣品當贈品，更可為新產品促銷鋪路。

　　⑵產品內：將贈品放在產品內部，或與產品結合。一般贈品和產品結合不容易，所以較不普遍。例如兒童零食包裝附小玩具、小貼紙、汽車送車內高級音響；咖啡壺附贈濾紙、奶粉附量匙等。

◎咖啡送同一品牌奶精◎

(3)產品外：贈品與商品分開，另外贈送。處理上較麻煩，但因消費者可選擇贈品，單價也較高，甚受消費者青睞。房屋業者與家電產品包裝外贈送的比率最高。廚具、衛浴設備已成購屋必送的贈品；家電業如買國際合歡冷氣，送蒸汽整髮組、收錄音機、青花瓷餐具組任擇其一；買尚朋堂電磁爐，送鍋寶超熱三用鍋等。

四、摸彩

　　摸彩活動常準備多項獎品，以激起消費者參與興趣，常能在短期內達成促銷目的，許多廠商均喜採用。摸彩方式可分為二種：

(1)無條件摸彩：抽獎參加方式較簡單，只要將主辦單位要求的截角印花寄至收件處，即可參加摸彩。例如黑松汽水廣告，凡是拉到「黑松不平凡大出擊」的拉環或瓶蓋，寄至聯廣公司參加摸彩，第一特獎送現金 1,500,000 元。

(2)有條件摸彩：參加者需先回答問題或作答，再附上主辦單位要求的截角印花，才可以參加摸彩。此種促銷活動答案都極簡單，由於目的在於提高廣告閱讀率，答案常在廣告上，以誘使猜獎者詳閱內容。

　　電視節目為了提高收視率，也常舉辦有獎徵答，例如「繞著地球

◎寄就送的方式，加強了消費者的參與意願◎

跑」要觀眾將每週題目答案寫在明信片上，寄回可參加抽獎。「小燕有約」抽取來函電話號碼撥出，接到者先說「小燕有約」才可得獎。

政府機構為宣揚某些觀念或規章，喜歡以測驗卷方式，出十題、二十題相關法令的是非題或選擇題，只要填寫回答，寄回參加摸彩，環保局、衛生署、交通部都曾以此方式，得到民眾廣大回響。

五、立即對獎

立即對獎綜合摸彩和隨貨附贈兩者促銷手法精神相結合，習見方式是飲料的瓶蓋對獎及拉環贈獎，民國 79 年百事可樂開罐拉環首獎提高至 500,000 元，可口可樂以首獎 1,000,000 元與之競銷，震驚業界。再者如舒跑舉辦拉環贈獎，首獎送轎車對消費者亦相當具有吸引力。

近年來「刮刮樂」風行，運用範圍更廣，任何商品皆可隨貨送彩券，彩券印上贈品或獎金，以銀粉蓋住，選對刮出者可立即得獎，如速食餐飲店給消費者刮刮樂彩券，刮中者送雞腿；底片盒外附送刮刮樂，刮中者送底片；洗衣粉盒內附送刮刮券，刮中送獎金等。

◎刮刮券刮中就送，還能繼續
參加抽獎◎

六、免費樣品

　　免費樣品係業者將商品免費提供消費者使用之促銷手法，雖是一種直接且有效的促銷廣告手法，但運用時卻有其限制。一般採用免費樣品促銷者，均為廉價的日用品，或能少量分別贈送的物品，例如洗髮精、熟食、飲料。舊產品改換新口味、新包裝、新功能，或推出具有獨特特色的新產品時，適合贈送免費樣品促銷，其促銷方式如下：

(1)定點分送：在百貨公司門口或超級市場內，以專人持免費樣品，如面紙、洗髮精、羊乳片等小包裝，選擇特定對象送出。

(2)逐戶投遞：雇人將樣品逐戶投入信箱，或將樣品夾在報紙、雜誌中，送給潛在的消費者試用。

(3)郵寄方式：附隨郵寄廣告將樣品寄給消費者，或消費者剪下印花填妥回郵信封即可獲得樣品。

(4)當場試吃：食品才用此方式。在銷售點現場，將促銷產品分成小量盛裝，供經過的人試吃，試吃期間該產品常以優惠價供應。

(5)來店贈送：消費者剪下贈品印花，至各零售點，換領樣品。

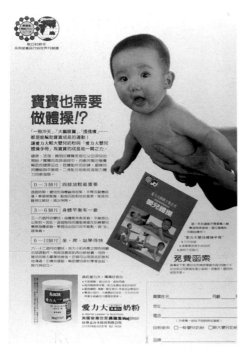

◎函索資料同時，廠商也能直接掌握消費者資料◎

七、集點贈送

　　集點贈送通常採用隨貨或廠商依購買金額多寡贈送積分點券，讓消費者憑所集點券的數量，選擇兌換所要的贈品，此種促銷手法稱為集點贈送；要發揮廣告效果。贈品的種類要多，集點的期間不能太短，以免消費者失去興趣。

　　例如廠商在產品包裝內附送積分點券，如集二十、五十、一百點寄回公司，送不同贈品。或集規定之某組字，即可得到贈品；如富士軟片集印有「富」、「士」字樣之盒蓋，可兌換一卷軟片。

　　商店為吸引顧客再上門，有時候消費金額達某一數目時即送積分點券，再以不同點數兌換不同贈品。例如良美百貨購物滿百元送十點，五十點以上即可就規定點數以超低價限量選購某些物品。

◎收集商品包裝來兌獎，更是直接促
　請消費的作法◎

八、聯盟促銷

　　聯盟促銷由多家相同產品或不同產品廠商聯合舉辦，聯合團體之力共同造勢，因可提供較多優惠，能吸引更多消費者，提高銷售率。

◎聯合多家同類廠商舉辦促銷，能製造強大聲勢◎

聯盟促銷參與的廠商常在廣告中相互呼應，業者以自己的商品為廣告主題，再帶出其他相關的廠商或產品。結婚攝影禮公司最常使用此方法，不但提供結婚攝影，還出租新娘禮服、安排新娘化粧、更可代為印製喜帖、訂酒席、結婚錄影、訂蜜月旅社，各結盟商家並可提供消費者特別折扣。消費者只需去一家，即可解決多樣需求，省錢省事；而各家商店亦可增加顧客，共蒙其利。各業界公會也常以聯合名義為共同產品打廣告。

九、優惠卡

優惠卡又稱貴賓卡，通常是商店新開幕時，為吸引顧客，針對可能的顧客群主動贈送，為了拉攏大額消費者，也會設定在某時限內，通常是一個月，在該店消費金額累計超過某一數量時，顧客可憑發票換取優惠卡。

優惠卡一般在持卡者前往該店消費時，可予九折至八折優待。消費者為了省錢，有需要時多半會前往自己持有優惠卡的商店進行消費，尤其是精打細算的家庭主婦，百貨公司、超市、量販店的優惠卡，已成為購物必備法寶。對商家而言，太多持卡者請求優待，無異終年打折，但能掌握長期固定顧客，薄利多銷還是划算。

第八節　其他廣告

其他見諸報章，不需要繁複之設計製作技巧的廣告，皆歸於此類，列舉如下：

(1)啟事廣告：結婚、公祭、遷移、道歉、警告等啟事。

(2)公告廣告：政府法令公布、採購物料招標工程、股票上市公司增資募股廣告等，內文常採條列方式，其中有些資料非常多而政府又規定必須公布，便以小字體密密麻麻擠在版面上。

(3)意見廣告：用來表達廣告主對特定主題的立場與看法，以爭取大眾支持，甚至影響政府立法或施政措施的廣告。如民間個人、團體之陳情文，企業對法令的意見等，因多涉及複雜主題，內容長篇大論，應將之盡量簡化，並抓出重點做小標題，以協助讀者了解。

(4)分類廣告：為小型廣告，內容短，通常無圖片，只有文字，如求才廣告、房屋租售廣告、借貸廣告等。

由於任何廣告分類方式均難完備，而且常有可能互相重疊，有時不易明確區分，如企業製作的公益廣告，常順便為該企業產品帶上一筆，因此混合不同類型手法表現的廣告不少，而這也是一種好很的廣告手法，例如：

(1)伯朗咖啡 1980 年所推出的廣告片，是以一群野鴨觀賞族為主角，碰巧發現有人持槍要獵殺野鴨，於是高喊「Mr. Brown」驚走野鴨，將商品廣告與保護野生動物的公益概念緊緊密結合，是一個含有濃厚公益色彩的商品廣告與品牌廣告。

(2)黑松汽水這幾年的電視廣告主題，都以一群年輕人為主角：他們在加油站服務，認真盡責；他們上山碰到森林起火，眾人共同撲滅火勢；他們過河發現木橋枯朽，搭建新橋；不小心碰倒了整排腳踏車，他們協助扶起；制止違法人們偷撈河魚，他們將捕的魚送回清澈的溪流中。忙完汗流浹背之餘，他們飲用黑松汽水或沙士。這些廣告都維持共同的主題與拍攝基調，倡導奮發向上、行善助人、保護生態等正面的人生觀，是具有公益色彩的商品廣告，同時為黑松建立良好企業形象。

(3)「愛到最高點，心中有國旗。」、「好還要更好」等政治廣告，也同時具有公益廣告的性質。

習　題

1. 廣告依廣告主不同，可分成那幾類？
2. 廣告依廣告用途不同，可分成那幾類？
3. 產品廣告又可細分成那幾種廣告？說明其特性。
4. 減價優待與折價券之促銷廣告有何不同？請各舉一實例說明。
5. 隨貨附贈有那三種方式？請各舉一實例說明。
6. 何謂聯盟促銷？何謂加量優待？請各說明其特點。
7. 何謂形象廣告？試說明品牌形象廣告與企業形象廣告之異同。
8. 何謂事件廣告？可概分成那六種？請各舉一實例說明。
9. 何謂公益廣告？依活動性質可分成那幾類？試說明其特點。
10. 以一分當天之全國性日報上的廣告，試就廣告對象及廣告內容予以分類。

3 廣告組織

第一節　廣告業

一、廣告相關業者

進行廣告活動需有三種機構，才能完成，那就是廣告主、廣告業者與媒體機構。

廣告主係基於行銷目的或其他因素，出資製作廣告以宣揚某主張者，廣告主來自許多不同行業的公司、團體，包括商品製造商、經銷商、零售店、政府機構、民間團體，乃至於個人等。

廣告的刊播必須經由媒體，廣告主向擁有這些媒體的機構，以付費方式租用媒體，來刊播廣告，向大眾宣揚，最常被利用的媒體稱為大眾媒體，即電視、廣播、報紙、雜誌，其他媒體稱為小眾媒體，如交通工具、郵寄、戶外廣告之類等，擁有媒體的機構則有電視臺、廣播電臺、報社、雜誌社、交通公司……等。

在廣告主與媒體間規劃製作廣告並執行一切事宜者，則屬於廣告業者的工作範圍，一般包括以下三種業者：

(1)廣告代理商：製作廣告並提供相關服務之組織，包括廣告公司、傳播公司、企劃公司、個人設計工作室、廣告主所屬公司之廣告部門等。

(2)行銷公關業者：協助廣告主規劃行銷計畫與廣告計畫，提供市場、消費者與媒體現況資料之機構，如公共關係公司、企管顧問公司、市場調查公司、收視率調查公司，或廣告主之公關部門等。

(3)後勤業者：廣告製作過程所需要的支援行業，包括影視公司、攝影公司、演員、打字行、製版社、印刷廠等。

二、廣告機構類別

廣告機構依其組織型態而言，可以分為三種：

㈠廣告部門

若廣告目標消費群之分布有特定範圍，廣告需要量大又頻繁，廣告時效短，內容又多變，例如常採用大量 POP 廣告、郵寄廣告，又

有換季需求的大百貨公司等機構，以及不願委託代理商製作廣告的公司，可成立廣告部門，自行運作。當有廣告需求時，交由廣告部門辦理即可。

(二)廣告公司

若廣告主希望廣告效果容易掌握，或為了省事方便，尤其是大型的廣告案件，常委託給廣告公司辦理，進行行銷研究、廣告策略、廣告設計製作、刊播，到廣告效果評估等一系列廣告事務。

(三)設計工作室

專業人員成立個人之設計工作室，為注重個人生活及個性化時代特質下之必然趨勢。專業人員就個人專長，成立如動畫、插圖、包裝、攝影、編輯之類設計室，專責從事某一工作，由於成員少，所需資金少，專業人士創業容易，沒有大公司或廣告部門繁重之人事與財務負擔，工作時間較自由，也可依照個人意願，發展獨特風格，因此成立者眾。對廣告主與廣告公司而言，廣告製作某些階段委由設計工作室包辦，可借重其專長將廣告製作得更好，亦可於廣告工作量大時機動運用，疏解工作壓力。

但設計工作室因規模小，除非負責人專業表現出類拔萃，具有名望，且該項目難度高、人才少又需求量大，例如電腦動畫製作，否則難以接到附加價值高的大案件，而多為金額較低之小案，且案源端視負責人人脈關係而定，負責人身兼業務與製作，工作沈重，雖然因人員少，開銷少，案件不必多即可維持工作室運作，但營業額也不容易高。

廣告活動的進行，其途徑為從廣告主開始，經廣告人員設計製作，再交給媒體刊播，此過程方向固定且缺一不可；由於這三者的工作性質差異極大，所以廣告主打算採取廣告活動時，會依據企業現況，並斟酌成本，採取不同方式進行廣告案。小型的廣告案因較簡易，廣告主常由公司內一、兩位人員規劃廣告事宜，再找個人工作室或後勤業者，分別去做撰稿、設計、攝影、完稿各階段工作，而製作完成廣告。較繁複的廣告案，則委由專業的廣告設計機構去進行。

廣告主打算進行廣告案時，亦可混合運用上述三種機構，例如成立小型廣告部門，部分工作如市場調查、刊播安排等仍委託廣告代理商去做；或者小案子自行以分段交辦方式完成，大案子外包。為了因應業務或經營策略上需求，又不想成立廣告部門者，亦可投資設立廣告公司，作為關係企業。其優點同設立廣告部門，卻無管理上的問題，但因需接別家廣告案以生存，有時難以全力投入母公司廣告事

務，在廣告規劃與執行時也有所顧忌而不易客觀盡心。若要進行大型的廣告案，還是交由組織嚴謹而有信譽的廣告公司，由專業人才製作，對於廣告活動效果較有保障。

第二節　廣告設計製作人員

廣告之設計製作，由專業之廣告人員進行，就其工作內容，可分為三個層次：

一、設計製作指導人員

藝術指導（Art Director，簡稱A.D.）、創意指導（Creation Director）（簡稱C.D.）均屬之。設計製作指導人員負責廣告創意設計工作之規劃與決策，需擁有傑出的創意與優秀的判斷力，具備豐富的廣告設計製作相關專業知識，及良好的溝通、協調能力，才能統籌創意設計工作，並與行銷單位及其他外包工作組織順利折衝往來。

設計製作指導人員工作內容為：

(1)參與廣告企劃工作，探討市場環境與消費者特性，明瞭行銷管道，研究競爭者現況，瞭解商品特性，並規劃廣告執行進度，分配工作負責項目及範圍。

(2)制訂廣告策略與表現方式。

(3)主持創意會議，決定廣告創意構想。

(4)審核廣告文案與畫面設計稿，督導設計工作進行，對廣告設計人員說明廣告表現方式與技術上配合之可行性，使之順利完成可行之設計稿。

(5)主持對廣告主進行之廣告提案，並說服廣告主採納。

(6)檢驗完稿，督導印刷、錄製與打樣校對及試播驗收等製作事務。

(7)媒體刊播廣告後，主持廣告效果檢討。

二、創意設計人員

創意設計人員可分為文案撰寫與美術設計兩類，但在工作上，係在設計製作指導人員帶領之下，構成一個團隊，共同進行創意構思，再由撰文人員撰寫文案，美術設計人員設計畫面以及完稿。基本上創意設計人員包括撰文人員與美術設計人員，其應具備條件與工作內容

如下：

1.撰文人員

負責文案撰寫的廣告人員通稱爲廣告撰文員（Copy Writter）（簡稱C.W.）。撰文員必須擁有良好的想像力，與優秀的語文能力，能想像出歷歷如繪的場景，並將之描述下來。撰文員應能寫作各種文案，如對話式的劇本、散文式的旁白、辯論式的條文例證，隨表現形式之需，將内容極盡可能寫得聳動、刺激、模糊、清晰或其他表現方式，而且還必須控制在合法範圍内，不可觸犯「著作權法」（内容不可抄襲）、「公平交易法」（即商品描述不可不實）、妨礙名譽（以言詞惡意攻擊別人）……等。

撰文員應擁有無止盡的好奇心，不斷吸收新知，具有廣泛而多方面的知識，對人性心理要有深厚的認識，且能掌握廣告策略重點，將廣告策略中的資料如消費者問題、廣告目的、目標視聽衆、廣告主張及其支持點、品牌個性，與期望的消費者反應等全部消化，而反映在所撰寫的文案中。

除了廣告文案中的標題、内文、標語之撰寫，商品、品牌命名亦爲撰文員常需做之事。

2.美術設計人員

美術設計人員負責廣告圖面之規劃與設計，需與撰文員密切配合，有時候就創意先行設計，再由撰文員寫出正式文案；有時候文案完成後才交付圖面設計。一個廣告案需設計多幅圖面，經議決選取其中最佳之一組或兩、三組，製成半正稿，提交廣告主挑選。

美術設計人員需具備優秀的圖面創意設計能力，熟悉媒體特性，擁有良好的手工繪圖技巧，最好兼具電腦繪圖能力，精通版面編輯專業知識，有良好的色彩配色觀念，熟知印刷過程，並能將之運用於廣告畫面設計上。美術設計人員亦需預估廣告製作成本，對媒體刊播之版面大小及尺寸，與製作上之特別要求等均需瞭若指掌。

三、製作技術人員

廣告成品之製作，可分爲完稿製作，與印刷製作或錄製影片、音效兩階段，其負責人員與工作内容如下：

1.完稿人員

完稿人員將廣告主選出之色稿或半正稿，繪製成可供印刷製版用之黑白稿，此工作通稱完稿。完稿人員要具有描繪稿件的能力，更需要細心的工作態度，並且熟悉各種印刷知識。廣告設計人員有時也會兼爲所負責廣告案進行完稿，如此更易於注意到設計細節的表達。

2.攝影人員

大廣告公司才聘有攝影人員，一般會將需要拍攝為幻燈片或影片之部分，委由專業之攝影工作者拍攝。

3.印製人員

通常廣告公司不附設印刷廠，而由特約之製版社、印刷廠負責印製事宜。

4.錄影、錄音人員

一般廣告影片及錄音帶製作亦多委由專業之影視公司或工作室製作，而由廣告人員監製。

第三節　企業廣告部門

一、廣告部門特性

隨著企業的擴大與多角化經營，企業產品種類日益增多，當廣告量增加到某一程度，設立廣告部門以統籌廣告工作遂有其必要，由於廣告部門與行銷關係密切，又需隨時蒐集業者動向與市場概況，並能掌握公司之最新動向，會逐漸成為企業的資訊處理中心，與傳播資訊的樞鈕。

設立廣告部門的優點是廣告人員對本公司廣告主張容易掌握，製作上可配合行銷需要機動出擊，且保密性高；缺點是廣告人員只做公司本身的廣告，範圍狹小，創意容易枯竭，而且公司有薪資負擔，在廣告淡季時未必合算，且因廣告人員作業方式與公司其他部門差異大，有時會造成管理上的困擾。

二、組織結構

企業廣告部門組織編制，因企業規模、產品性質、消費者特性、行銷管道與市場競爭狀況而定，其結構可依業務或依權力範圍之別來架設，茲說明如下：

㈠依業務特性分類

廣告組織依業務特性，可依職務、地區、產品、媒體區分成四種形式，其組織結構參見**表 3-1、表 3-2、表 3-3、表 3-4**。

1. 職務型

此爲最常採用的組織結構，係就廣告人員之職務，分設媒體組、文案組、設計製作組,廣告工作依設計製作過程,由三組輪流負責。

表 3-1　職務型廣告組織

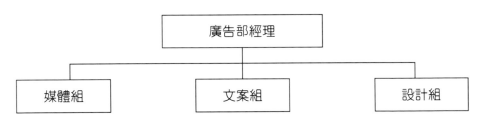

2. 產品型

此組織方式用於具有多種商品的企業，當一個企業或企業集團之子公司，各生產性質不同的商品，可由總公司統籌廣告事宜時，於總公司設廣告部門，經理之下爲負責各不同產品廣告事務之小組。

表 3-2　產品型廣告組織

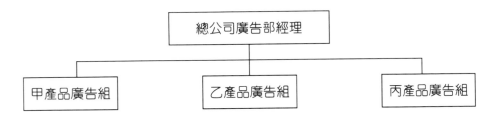

3. 地區型

一個企業若在各地區有不同行銷據點，且各地區行銷特性差別大時，則在總公司廣告部門之下，於各地區設廣告小組或分部，例如跨國企業的廣告部門。

表 3-3　地區型廣告組織

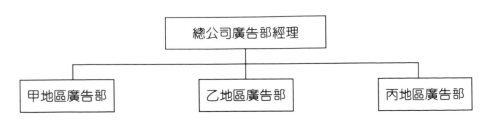

4.媒體型

廣告量很大，使用媒體種類多時，才會採用此組織方式，依據電訊媒體、平面大眾媒體、其他媒體分設廣告組。

表 3-4　媒體型廣告組織

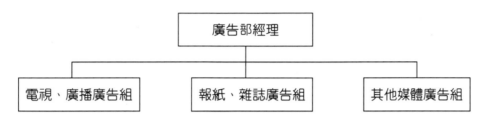

㈡依權力範圍分類

廣告組織依負責廣告部門之位階層次分類，有以下三種形式：

1.統籌式廣告組織

企業的廣告業務集中於廣告部門，企業集團之廣告業務則集中於總公司之廣告部門，是為統籌式廣告組織。其優點為權責集中，廣告活動可統一規劃實施，易於發揮整體效果，比單打獨鬥更具事半功倍之效，且無廣告重複，浪費資源之虞。缺點為各商品市場變化較難兼顧，設計出的廣告因注重統一性，較難發揮獨特訴求，而使廣告效果降低；再者因工作型態與內容與各事業部門迴異，容易形成公司管理上的問題；廣告預算也常會因集中力量於主打商品，而刻意疏忽弱勢商品，使廣告資源分配不平均。統籌式廣告組織如**表 3-5**。

表 3-5　統籌式廣告組織

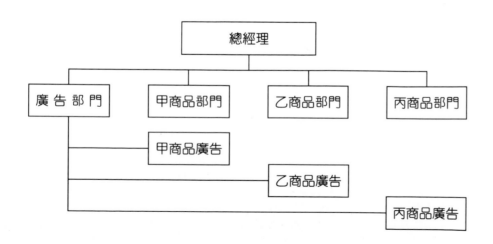

2. 分權式廣告組織

在企業各部門下分設廣告組，或於子公司分設廣告部門，是爲分權式廣告組織。優點爲廣告組對各自產品特色瞭若指掌，能直接掌握市場動向與消費需求；各部門廣告事務獨自作業，能產生良性競爭，可提昇企業廣告品質及效益。缺點爲各部門廣告競爭，容易導致部門間不和諧，廣告人員太多增加人事負擔，廣告分開規劃製作易失去企業廣告的統一性與整體性。由於分權式組織人事費龐大，只能用在大企業，尤其是具有多家關係企業的集團。分權式廣告組織如**表 3-6**。

表 3-6　分權式廣告組織

3. 矩陣式廣告組織

矩陣式廣告組織指在企業設立與各業務部門平行之廣告部，但各業務部門亦設有直屬之廣告人員，而形成縱橫結構之矩陣式組織，各業務部門之廣告各自製作，而整體性的廣告由廣告部門負責。此方式企圖結合統籌式與分權式廣告部門之優點，故二者並用，做得好確可如此，但如實施不當則後果嚴重，重點就在廣告部門與業務部門之廣告人員職務範圍必須清楚劃分，各司其職，廣告部門亦需能善盡統籌之責，與協調工作，才能截長補短。矩陣式廣告組織如下表。

表 3-7　矩陣式廣告組織

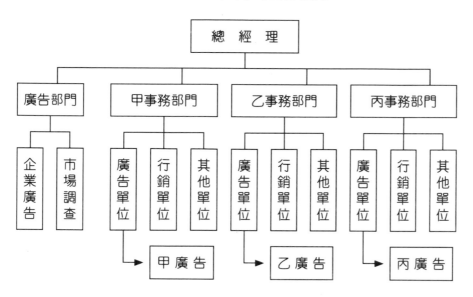

第四節　廣告公司

表 3-8　職務式廣告組織

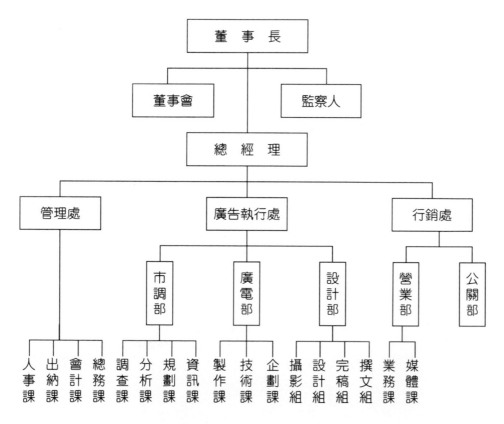

表 3-9　專戶式組織

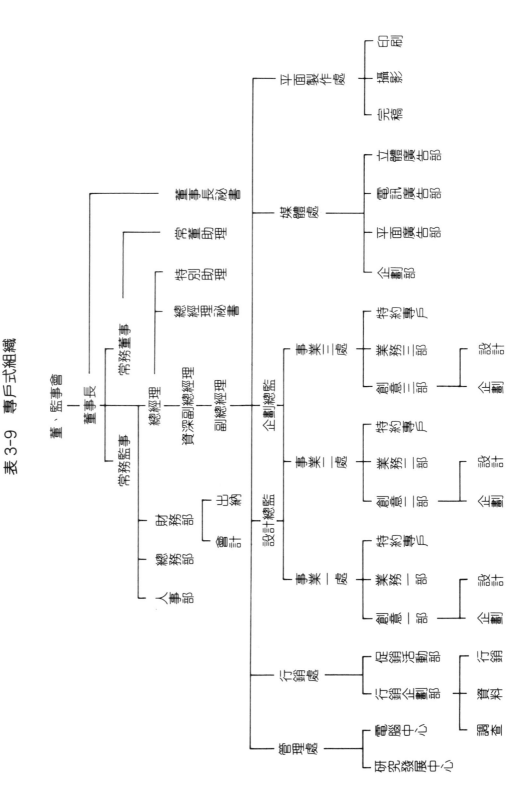

一、組織結構

廣告公司作爲廣告主與媒體間之橋樑，其工作性質屬服務業，組織型態依公司規模大小與實際作業需求而有很大變化，小者如個人工作室，人員僅一名至數名；大者可上百，其作業分工精細。在大型的廣告公司，其部門劃分方式較常採用以下兩種：

1. 職務式

依職務性質分部門，如管理部、企劃部、廣告部、美術部、業務部等部門，組織結構參見**表 3-8**。

2. 專戶式

大型廣告公司在公司組織中設立多個廣告小組，各組均可獨立作業，分別負責不同客戶之全部廣告事宜，如同多個個人廣告設計工作室之集合體，組織結構參見**表 3-9**。

二、公司類型

廣告公司爲適應社會環境變遷，及社會大衆各方面的需要，其發展日益專業化、多元化，而各有不同業務範圍，可概分爲五類：

1. 綜合廣告商

所有商品的廣告與所有媒體的廣告均代理，知名的大型廣告公司皆屬之。臺灣業者如聯廣公司、奧美廣告、東方廣告、華懋廣告等。綜合廣告公司組織結構參見**表 3-10**。

2. 單一行業廣告商

只代理某行業或某種類商品的廣告。例如太平洋建設、信義房屋僅從事房地產代銷。

3. 單一媒體廣告商

只代理某種媒體的廣告，例如只代理電視媒體廣告，或交通廣告，也有只代理報紙媒體的分類廣告者；又有些專門代理牆壁廣告，例如大大科技代理臺南市東門路與中華路口 LED 看板廣告、泛宇廣告公司代理臺南客運車體廣告。

4. 廣告工程商

承製廣告招牌、慶典活動之牌樓，或商場攤位專櫃等之製造商。

5. 廣告影片商

從事錄音及錄影作業，又稱爲「視聽製作業」，在電視、電影所放映的廣告影片，均由此類公司製作而成。

表 3-10　國內某綜合廣告公司組織

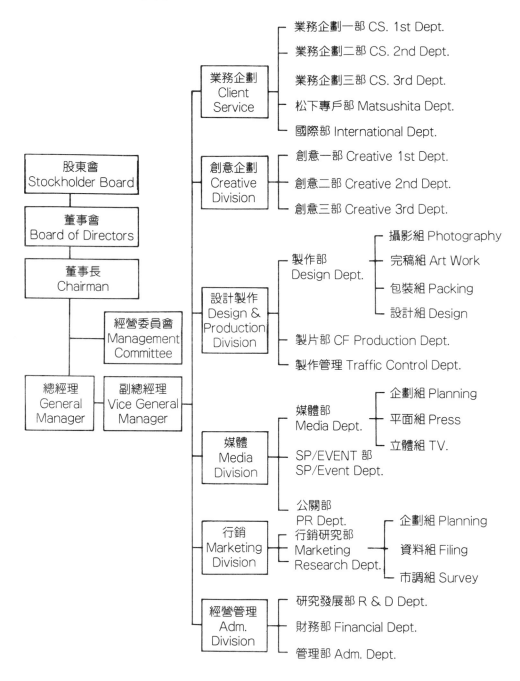

第五節　工作範圍

　　廣告機構無論是企業的廣告部門或廣告公司，其工作範圍大致可可分爲以下四項：

一、擬訂廣告計畫

　　廣告計畫的擬訂，需與廣告主行銷部門共同進行，包括擬訂廣告策略與表現計畫，編列廣告預算並決定各媒體廣告經費比例及金額，排定廣告上檔時間及版次。

二、設計製作廣告

　　負責廣告設計與製作之執行，包括構思創意表現，撰寫廣告文案，執行圖面設計，與所需圖片拍攝，製作設計稿，向廣告主提案，製作完稿，並監督印刷及廣告片、錄音帶製作。

三、支援行銷活動

　　行銷活動需要廣告才能吸引人潮，促進銷售，其工作內容包含參與行銷活動之企劃，設計與布置活動會場，店面展示設計，郵寄廣告、POP 廣告之寄發與張掛等。

四、參與管理事務

　　由於廣告機構具備資訊中心特質，因此需進行各種資訊蒐集與評估工作，如市場現況調查、消費者調查、競爭者調查，及其結果之評估與解釋，此等工作有時亦委由其它調查機構進行。另外廣告的進行需與廣告主協調，並主動聯絡廣告事務，控制廣告製作進度，發布廣告主相關新聞，刊播之後並需作廣告效果調查及檢討。

習　　題

1. 廣告機構有那幾類？試說明之。
2. 廣告設計人員可概分為那三種？試說明其工作職責。
3. 企業廣告部門組織結構依業務特性分類，可分成那幾類？試說明之。
4. 企業廣告部門組織結構依權力範圍分類，可分成那幾類？試說明之。
5. 廣告公司類型有那幾種？試說明之。
6. 廣告機構其工作範圍大致可分為那幾項？試說明之。

4

廣告策略

第一節　廣告策略綱要

廣告策略是廣告創意發展的基礎，廣告作品評估的原則。進行廣告創意前，需先擬訂廣告策略，以界定廣告目標範圍，才能掌握廣告製作之各項限制條件與背景資料，而發展出威力強大的廣告。

廣告策略具有三個功能：(1)明示廣告主的意願，以界定廣告工作範圍；(2)提供背景資訊讓廣告設計運用參考；(3)作爲評估廣告創意發展是否偏離策略之標準。

對於廣告策略的規劃，5W2H具有提綱挈領之效，其內容爲：

(1)爲何製作廣告？（Why?）

(2)廣告預算多少？（How Much?）

(3)傳播對象是誰？（Whom?）

(4)傳播訊息爲何？（What?）

(5)廣告如何表現？（How?）

(6)廣告於何時段在何媒體、版面刊播？（When & Where?）

找出以上 6 個問題的可行解答，對往後推動廣告作業相當有利。

一、爲何製作廣告

廣告爲行銷中重要的一環，製作廣告必有其目的，例如建立產品知名度，因此希望廣告在行銷上負擔何種任務？發揮何種功能？達到何種效果等都應先加考慮，以協助達成銷售目標。

二、廣告預算多少

廣告預算的多少依就廣告目標而定。廣告目標大則需要較多的經費，目標小則費用少。在可爭取到的經費之情況下，制定廣告預算的方法有許多種，目前尚無法完全以科學化的方法處理，因爲其中的影響變數太多，牽涉到的項目相當複雜，所以負責制定預算之決策者的經驗與智慧相當重要。

三、傳播對象是誰

廣告需經要傳播後才能發揮功效，所以先要界定出明確的傳播對象，才能找出他們對何種訊息較有興趣，用何種方式溝通較爲有效。

在對目標視聽者進行廣告說服時，自吹自擂式的成效並非最好，應就傳播對象身分與特性，採用適宜的溝通語言，才能發揮廣告效力。

◎針對想移民的人所做的廣告◎

四、傳遞什麼廣告訊息

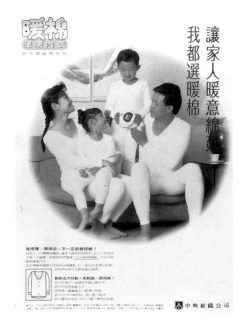

◎以標題內容強調品牌名及其產品特性◎

廣告所要傳遞的訊息，也許是產品所能帶給消費者的實質利益、心理上的利益，或強化品牌在消費者心目中的印象，無論為何，均需找出廣告對象最易接受的訊息內容為何，斟酌運用於廣告中，才容易達到廣告目的。

廣告所傳達的訊息比廣告表現方式來得重要，因為若廣告訊息本身缺乏吸引力，即使廣告表現再精采，也難以打動消費者的心。

五、廣告如何表現

廣告表現是廣告作業中最容易讓人注意到，並激起大家接受的部分，廣告表現手法與訴求方式非常多，採用前宜先評估何種方式對廣告物最適合，刊播效果會最好。例如找出商品在消費者生活中所扮演的角色，或消費者對商品的關心度，有助於廣告表現方式之取決。

創意提出時篩選評估所依據的重要的因素之一，就是創意本身是否符合廣告策略。廣告策略是創意表現的指導原則，凡是不符合廣告策略的創意表現方式均應刪除，以免廣告流於為創意而製作。

六、於何時段、版面在何媒體刊播

經過媒體規劃之後，廣告要安排在什麼時段推出，要採用何種媒體刊播，登於什麼版位，一般廣告主只能提出一些原則性的看法，而由廣告人員在媒體計畫中排定。

第二節　廣告策略法則

雖然廣告策略之擬定並無一定的標準，但是仍有一些基本法則可以參考運用。一般廣告策略運作之基本法則可以包括以下八項工作：
(1)廣告背景分析。
(2)廣告問題分析。
(3)廣告目標擬定。
(4)廣告預算編列。
(5)目標消費群設定。
(6)廣告主張確認。
(7)廣告要素擬定。
(8)其他策略法則。

一、廣告背景分析

進行廣告背景分析時應先收集與廣告物有關的資料,資料力求詳盡、分明;如作市場調查亦需在廣告設計進行前先完成,將結果以精簡的文句重點式列出。

一般廣告背景分析可細分為:(1)市場分析;(2)消費者分析;(3)商品分析;(4)競爭者分析;(5)企業分析;(6)廣告分析;(7)消費者認知分析等七項,說明如下:

㈠市場分析

找出現在與未來市場上的機會點與問題點,包括整體市場銷售量、主要品牌佔有率、該產業成長趨勢、產品季節性、產品生命週期,及現有銷售通路等資料。市場分析是為了對整個市場作全盤性了解,因此相關的市場資料,在分析時均應以重點摘錄。

㈡消費者分析

針對消費者行為加以解析,例如消費動機、決定消費的因素、消費地點;消費者使用商品的時間、地點、場合、頻率、使用方式與數量;影響消費行為進行之推荐者、決策者、購買者、使用者,及他們之間的關係;消費者對商品的評價;滿意度、認同度與重複購買意願程度等,均宜加以探討。

進行消費者分析時,往往需借重市場調查及統計分析,這方面的分析愈詳細,廣告作業愈順利。

㈢商品分析

商品分析包括量的分析與質的分析兩部分:

1.量的分析

分析商品過去幾年內市場上營業額、市場佔有率等有關量的變化,分析檢討成長或消退之原因。

2.質的分析

從商品的特質進行分析,找出產品所具有的獨到特色、所能提供給消費者之功能上或心理上的利益、可在消費者生活中扮演的角色、屬於高關心度或低關心度產品、會精挑細選的奢侈商品或是不大計較商品間差異的便利品;其他如商品價格高低與行銷通路等資料亦應收集分析。應採用表格分析以重點記錄方式逐條填寫,分析其優缺、點,如此亦可在競爭者分析時與競爭者商品特點並列互相比較。

藉著商品分析可以了解商品整個發展過程，及其本身的優、缺點，而能看清目前廣告上的機會點與問題點所在。

㈣競爭者分析

　　針對主要競爭產品之企業和商品的弱點與優勢，以及其在消費者心目中的地位與形象進行了解，分析項目包含競爭者之企業規模、企業形象、行銷策略、商品特質、消費者的認同度、市場銷售情況等，做全盤性探討，以全面掌握對方強弱優劣點所在，再將它與自己的商品加以比較，找出己強彼弱之處，應用於廣告上。

㈤企業分析

　　針對企業發展的過程、企業具有的功能、對社會所擔負的責任、在社會上的地位、聲望與形象、企業經營理念與發展方針等進行了解。如今企業形象好壞已成為影響消費決策的一項重要因素，因而逐漸變成行銷上的競爭利器之一，在廣告運用上佔有相當大的比例。經由企業分析，能找出企業體的特色，供廣告設計時擷取運用。

㈥廣告分析

　　針對廣告主與競爭者在過去一段期間裡廣告運用情況，及市場上對廣告的反應，包括廣告費用、媒體運用策略、刊播時段與版面、表現手法、訴求重點，及消費者對廣告了解的評價等進行分析比較。此外，目標視聽者對廣告的理解度、記憶度作進一步的檢討，亦有助於決定新廣告中應予改善或維持的設計製作方向；好的廣告可以延用，或以同樣基調、手法繼續製作。

㈦消費者認知分析

　　針對目標市場上消費者對商品的認知與態度，及他們對商品的正面、反面看法，以明瞭消費者對商品了解程度，是否有誤解，進而消除溝通障礙為何，可利用的廣告機會，以利後續作業進行。

　　這部分與消費者分析的分析重點不同；消費者分析著重消費者全面性的描述，而在此則從溝通的方向去採討消費者對商品認知狀況。

　　進行消費者認知分析可以採用以下項目加以稽核：⑴本商品能提供消費者那些利益？⑵這些利益消費者是否清楚？或有誤解？⑶消費者認為本商品是怎樣的商品？⑷在消費者心目中本商品居何地位？對於消費者認知狀況應不時蒐集、整理，並加以分析，只要消費者認知與事實有所所差異即需進一步加以檢核，以供廣告運作時加以應對。

二、廣告問題分析

　　經由消費者認知分析，可明瞭消費者對商品的認知，發現消費者需求的與廣告主所認定之消費者需求兩者間之差異，進而找出導致產銷者與消費者間溝通障礙因素所在。找出真正問題所在，是整個廣告運作成敗之關鍵，因爲它會導引廣告運作的方向。許多廣告活動失敗並非廣告本身不好，而是問題界定錯誤；消費者與廣告主認知有差異，廣告核心問題並無解決，徒然虛擲廣告經費。

　　欲找出消費者所在意的問題，可由廣告背景分析，獲得足夠的基本資料，再加上客觀的輔助資料如市場調查結果等，便可經由邏輯思考方式，從中找出問題所在。研判資料時，可先用歸納法找出一些關聯性相當高的問題，以減少問題的數量與種類；再按照解決時間優先順序，排列這些問題；然後就問題的嚴重性與急迫性調整先後次序，便可獲知消費者心目中最重大的問題，然後予以條件再交由廣告創意人員參考。

　　廣告問題係指現況與期望間有差距，所以問題本身未必不利於行銷，也可能是有利的機會點，所以應視爲廣告重點方向，以廣告加以克服或利用。例如據調查消費者冬天想吃熱飲而非冷飲，但經由廣告義美冰棒成功地打開冬天冰品市場。

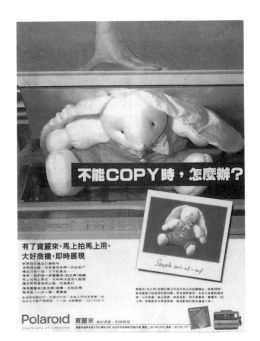

◎以影印機的代用品爲賣點，彰顯商品解決問題的額外用途◎

三、廣告目標擬定

廣告的目的在於促銷或讓人們接受某種觀念，廣告目標是廣告進行的指標，若廣告目標不明確，則廣告的執行作業，將難以做好。擬定廣告目標應注意如下要點：

㈠說明清楚

針對消費者問題，重點式條列出希望廣告解決的問題及程度，或其他附帶成果，說明要具體，最好能以數字表達，例如知名度提高多少比例、市場佔有率提高多少百分比、銷售量提高多少百分比等。

㈡目標集中

一次廣告活動所能發揮的功能有限，廣告目標如太多項，可能達成率都會很低；同次廣告活動之目的最好勿超過三個，集中廣告資源全力以赴，效果才會佳。

㈢目的合理

廣告目標應具有可行性，只要努力必能達成。廣告目標不可訂太高，若在有限資源之下難以完成，即使廣告人員草草完成全部作業，廣告品質也無法顧及，廣告目標不但無法達成，甚至成效極差。所以擬定廣告目標時宜參考各種輔助資料，合理訂定。

擬定廣告目標項目包羅萬象，常見者如下：
(1)引起消費者注意與興趣。
(2)創造或提高商品知名度。
(3)讓消費者相信廣告所顯示的商品優點。
(4)改變消費者對商品的認知。
(5)增強消費者對本商品的好感。
(6)引誘消費者由別品牌轉換至本品牌。
(7)鼓勵非使用者採用。
(8)增加現有使用者購買量與頻率。
(9)增加商品使用頻率。
(10)增強銷售管道配銷力。

四、廣告預算編列

廣告預算為商品成本的一部分，所以會轉嫁到消費者身上，如果

商品成本不高，而廣告費用高時，商品訂價中會有較大部分爲廣告費用，這意味著若能以較低的廣告費用達到相同廣告效果，廣告主的利潤會提高，或者可將價格降低，增加市場上的競爭力，而消費者亦蒙其利。但如果廣告做得不好，也可能使業績下降。所以廣告預算編列時，需考慮所佔商品成本比例不可太高，又需考慮能做到所期望的廣告效果。

編訂廣告預算必須掌握兩個重點：⑴包括哪些費用？⑵真正可運用的廣告費多少？例如廣告效果測試列入廣告費內，或歸入另外的市場調查費？贈送樣品算廣告支出或促銷支出？廣告部門薪資算一般人事費，或納入廣告費中？它們歸納的方式，依公司政策與會計方式而定。所以廣告預算並不等於廣告費，編列時需多注意。

㈠廣告預算制訂方法

廣告預算擬訂方法較常用者有下列數種，依容易度分述如下：

1.主觀判斷法

依個人經驗擬訂廣告預算，是最簡單的方法，通常就公司年度預算金額，或往年廣告費用推估，由於缺少事實依據，造成錯誤的風險很大。

2.單位分攤法

係先決定每單位產品可花多少廣告費，將它乘以今年預估總銷售單位，就成爲今年廣告預算。家電業者有的以臺爲單位估算，例如要賣出一臺電視需花多少廣告費；亦有日用品業者以箱爲單位估算；如此再求出全年廣告預算。

3.銷售百分比法

以前一年銷售額或今年預估銷售額爲預算制訂基礎，乘上某一個百分比，而推估出廣告預算金額。百分比之多寡依據業界計算標準、公司過去經驗，或公司政策而訂。此法估出的廣告預算常隨銷售額的高低而增減，有時不大合理。

4.銷售目標法

詳列爲了達成預定銷售目標需做多少廣告工作，預估各廣告工作執行時所需費用，以全部費用總和作爲廣告預算。此方法似乎最合理，但要詳列需執行工作及費用則很費事。

5.競爭對手法

將本身市場狀況、競爭者廣告支出、業界整體廣告量率，與競爭者保持某種程度的動態平衡。例如先估算出此商品市場上的總廣告量，再依據預估之市場佔有率，決定廣告量與費用。由於估算方式實用而合理，頗受競爭激烈的企業之重視。

廣告預算的訂定，尚未出現人人滿意之既合理又簡單的方法，制訂者的經驗與直覺仍相當重要。因此通常制定廣告預算時，會以上述方法為基礎，再參考一些重要的輔助資訊，謹慎地訂出廣告預算金額。

㈡編列預算考慮因素

一般編列廣告預算時，應考慮因素如下：

1.產品在生命週期中的位置

新產品在上導入期，常需要以大量的廣告，來迅速提升知名度。若產品已上市多時為眾所週知進入在成熟期，則祇要維持一定的廣告量使消費者不忘即可，所需廣告費較少。根據派克漢法則（Peckham's Law），在推出新產品時，其廣告量在業界總廣告量中所佔百分比，最好是市場預估佔有率的 1.5 倍至 2 倍。

2.廣告對象

如果是新消費群，若欲開拓新市場，因對新市場並不熟悉，新消費群對本產品也不了解，則需要較多的廣告費用。如果是既有顧客群，他們對本產品已相當了解，且相當具有信心，只要適度提醒他們即可，廣告費用較省。例如對專業人士作廣告可能只需在雜誌上登廣告；對全民作廣告則要用電視廣告，兩者費用相差很大。

3.競爭者對策

如果競爭激烈，對手攻勢太強，則廣告預算必須調高，以保衛既有市場，並擴大業績。

4.廣告目標

如果廣告目標大，廣告預算自然要跟著提高，才能達成，反之則適度即可。

訂定廣告預算後，根據實際需求，可提出一些媒體運作原則，以供廣告人員參考。好比媒體經費，如電視、報紙、雜誌各分配多少；媒體時間，如淡季、旺季、節慶各分配多少等，廣告人員再以之算出各廣告工作可運用之經費金額。

五、目標消費群設定

廣告所要說服的對象是目標消費群，廣告內容應針對他們的喜好而設計，才容易被接受。所以目標消費者必須清楚界定，明確條列出其特質，以便於找出共同點，讓廣告就這些共同點去發揮創意。一般對目標消費者的分析應包括以下項目：

(一)居住特性

包括居住地點、住宅類型、住家環境……等，例如住在臺北或臺南，市區或郊區；住的是大樓、公寓或透天厝等；居住特性分析能顯示出目標消費者的區域特性。

(二)個人資料

包括性別、年齡、教育程度、婚姻狀況、家庭狀況、職業、所得、社會階層……等，例如男性、17 歲、高職、未婚、每月有 1,000 元零用金、家境富裕等。個人資料分析能顯示出目標消費者的生活背景。

(三)生活形態

包括起居習慣、嗜好、喜好色彩、個性、娛樂方式、崇拜人物……等，例如早睡早起、喜歡集郵、綠色、個性開朗、愛看電影。生活形態分析能顯示出目標消費者的好惡傾向。

衡量生活形態的方法，市面上以 AIO（Activites Interests & Opinions）架構與 VALS（Values and Life-Style）架構最常用。AIO 以個人所從事的活動、對外在事物的興趣，及對特定事物的意見做爲衡量基礎；VALS 加入個人的價值觀判斷，做爲衡量基礎。

(四)消費行為

包括購買頻率、商品使用情況、對商品的認知、品牌偏好程度……等，調查時通常針對廣告主的商品之同類品去詢問。例如所採用之洗髮精屬於高價位、中價位或低價位；在何處購買；多久用一次；選購該品牌的原因；產品特性中認爲什麼較重要等。消費行爲分析能顯示出目標消費者使用商品的狀況與原因。

(五)媒體習慣

說明目標消費者的媒體使用習慣，包括平時常看何報紙、愛看的雜誌、愛看的電視節目、幾點看電視、看多久、搭公車或計程車…等。由媒體習慣分析可得知目標消費者平時接觸的媒體種類、頻率與時間。

以上資料能協助廣告人員了解目標消費者，找出最容易爲他們所接受的廣告表現方式及播出時段。

六、廣告主張確認

(一)何謂廣告主張

　　在廣告策略裡，廣告主張為中心重點，其内容是要給予目標消費者的特定承諾或利益。廣告訊息給予消費者的利益，無論為實質上或心理上的，有形或無形的，必須具有不同於其它廣告所給予的特色。

　　廣告主張應從產品可給予消費者的利益點切入，畢竟消費者購買產品並非為了產品本身，而在於其所帶來的好處；例如買音響的原因不在於其大小豪華，而是為了想聽高品質的音樂；使用遙控器並非嫌電線多餘或選擇功能較多，而在於操作時不必走到電視前。

(二)廣告主張的基本原則

　　廣告主張必須是消費者感興趣且認為重要的事項，才能吸引消費者的注意，並説服他們接受。

　　正如父母認為對子女好的，子女未必認為好一樣，消費者也常與廠商的意見不同；所以廣告人員在擬訂廣告主張時，不要以廠商的立場，提出廠商所認為對消費者重要的利益，而應站在消費者的角度，找出消費者想要的利益。這可以從尋訪經銷商反應、直接問消費者，或進行市場調查而得知。

　　廣告内容應盡量單純化，才能發揮效果。通常一篇廣告只提出一個主張，給予消費者一種利益。不同的訊息最好不要併在同一個廣告裡表達，若必須在同一個廣告活動中傳播不同的訊息，應該於相同的主題下，用不同的廣告篇章來區隔，以保持廣告活動的整體性，並避免廣告效果減弱。

(三)如何擬訂廣告主張

　　欲擬訂廣告主張時，可由四個方向著手：

1.獨特的銷售主張

　　羅瑟・李福（Rosser Reeves）倡導「獨特的銷售主張」（注①），他認為：

---

①蕭富峯，《廣告行銷讀本》，pp.182～183，臺北，遠流出版社，民80年。

(1)每個廣告都必須對消費者提出一個銷售主張，明確地對目標視聽眾指出：「購買本產品將會得到某個好處或利益。」

(2)此主張須為競爭對手提不出或未提出的，即須具有獨特性。

(3)主張內容須強勁有力，能吸引大量消費者。

　　例如柳橙汁市場原本由香吉士獨霸，味全推出鮮果粒果汁，其獨特的銷售主張為「含有果粒」，而攻下部分市場。好自在衛生棉以「有翅膀的」標榜與眾不同之處，而風靡婦女界。

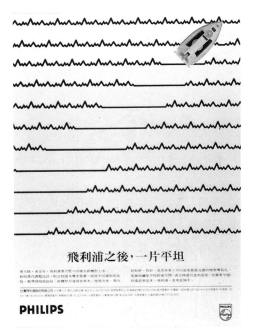

◎廣告主張強而有力，且明確指出消費者利益◎

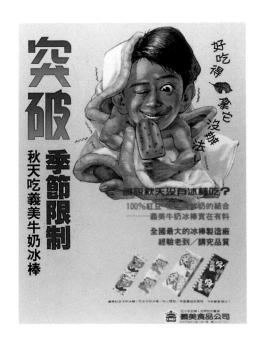

◎吃冰棒突破季節限制，廣告主張新穎有力◎

2.塑造認知差異

(1)建立理性上認知差異：對於同質化程度高，產品差異性小之產品，可藉由廣告理性的分析與強調，使消費者有所產生認知上的差異，認為與其他不同品牌之相同產品有差別，而與競爭者有所區隔。新產品上市時，如具有新功能，更需以理性手法讓消費者了解產品的新優點。

例如日立冷氣機多年來一直強調「無聲」，並提醒消費者「聽了再買」，事實上各廠牌冷氣機低噪音程度相似，但因日立廣告在先，且持續採用同一廣告主張，使大眾產生日立冷氣最無聲的印象。後來歌林冷氣機遂避開無聲，以「不滴水」為廣告訴求，藉由另一種認知上的差異開拓市場。

(2)建立心理上認知差異：廣告從消費者的心理層面切入，攻其心而動之以情，使消費者心理上產生偏好，而與競爭者區隔。例如奇檬子愛情飲料廣告說：「只要我喜歡，有什麼不可以？」讓青少年及判逆小子心生認同；李立群柯尼卡軟片廣告，使消費者覺得柯尼卡軟片「抓得住我。」在繁多的同類產品中，形象格外鮮明。

◎以生根比喻擁有自己的房子，讓人產生歸屬感◎

(3)建立一般性認知差異：對於大眾化產品，可利用一般性利益，使之與其他同類產品區隔。方法是賦予商品一般性利益，只要找出消費者主要購買動機及原因，例如用來做家務、消遣、解

渴止飢等，再將之與品牌緊密結合即可。關聯性愈強，消費者購買時愈易想到此商品。

例如旺旺仙貝利用人們求興旺的心理，以「生意興隆，拜拜獻禮。」深獲準備拜拜供品之消費者青睞。許多人吃口香糖來除口臭，箭牌口香糖廣告詞：「青箭口香糖，使你的口氣清新自然。」歷久不改，深入人心，雖各品牌口香糖均具同樣功能，但人們想要口氣清新很容易就想到箭牌口香糖。義美夾心酥廣告詞為：「拜訪朋友，帶兩串蕉（喻雙手空空）可以，但帶盒義美夾心酥禮盒更好。」也是佳例。

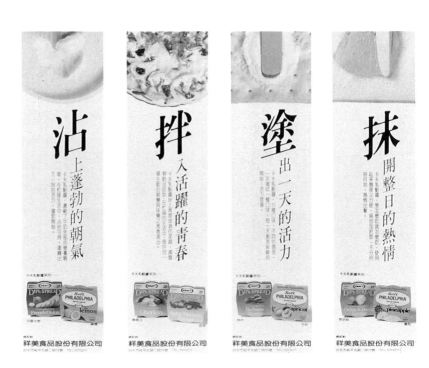

◎告訴消費者多種食用法，滿足消費
　者基本需求◎

3.建立品牌形象

1960 年中期大衛・歐格威（David Ogilvy）提出，品牌應建立特有形象（注②）。他認為品牌和人一樣具有個性，品牌個性由許多因素構成，包括品牌名稱、價格、包裝及廣告風格等。品牌個性之穩定

②蕭富峯，《廣告行銷讀本》，pp.187，臺北，遠流出版社，民 80 年。

度與品質之好壞，加上廠商服務、信譽等，所構成的整體印象就是品牌形象。品牌是消費者據以辨認出產品廠商之標誌，若品牌形象穩固良好，消費者常因認可某品牌之某產品，而認為同品牌之其他產品也不差，因此廣告必須建立並宣揚品牌一貫形象。

　　優良的品牌形象可在商品與消費者間建立密切聯繫，使消費者認為該品牌與自己風格相似，使用該品牌商品會覺得需求滿足、表現出自我、不受拘束等。用來展現個人品味與風格的產品，較常採用廣告品牌形象的手法，例如：路易士‧威登旅行箱的廣告，總是提在裝扮高雅的紳士、淑女手中，或與精緻昂貴的用品放在一起，強調一流名品的形象。福特嘉年華以「大空間的小型車」進入市場，在小型車市場裡後來居上。在喜食溫體豬肉又不講求生肉品牌的臺灣市場，臺糖利用其品牌優良的衛生形象，竟以冷凍豬肉攻佔得一席地位。

4.提案生活化

　　廣告可提出新的生活方式或價值觀，使商品融入消費者的日常生活裡，或基於新的價值觀而採用它。由於現在的消費者逐漸轉變為「生活者」，重視生活品味及獨特的人生觀，因此生活化提案的概念日受重視。生活化提案特別注重商品的使用時間、地點及場合，讓消費者明白與此商品結合的生活方式。旁氏洗面乳廣告：「請你跟我一起做，洗洗乾淨你的臉，運動運動肌膚呀？」是很好的生活提案手法。

◎以「生活不妨過得大膽些」鼓勵消費者穿出自我形象◎

◎由味覺說服消費者嚐試沒喝過的咖啡◎

㈣陳述主張支持點

不同的廣告主張必有其優缺點，必須要有該廣告主張之支持點，隨著廣告主張型態的不同，其支持點會有差異，可行性也有所別。因此應將所有的廣告主張可能支持點全寫下，逐條確認其合理性與可行性程度。

例如獨特銷售型主張的支持點，可能為產品測試資料，或與競爭者比對的資料；認知性差異型主張的支持點，可能為消費者看法與態度調查資料；生活提案型主張的支持點，可能是消費者生活形態與購買使用資料，甚至是參考群體的資料　。這些支持點無論是具體、量化或實驗結果的資料；或是心理上、非量化的文詞述敍，均需與廣告主張密切相關。

例如海倫仙度絲以實驗證明，支持其洗髮精去除頭皮屑效果；統一兒童專用奶粉的以依據衛生署核准之配方調配成分，支持其比全脂奶粉更符合成長中兒童的需要；以形象清新之趙樹海及態旅揚說明清香油炒菜不起油煙，使得維力清香油是炒菜用好油更具說明力證。

列舉廣告主張支持點要詳盡、精簡。支持廣告主張的資料可提供創意人員思考方向；其寫法應簡潔扼要，可讓創意人員迅速抓住重點，在最短時間內建立完整概念；其內容如縝密完備，可使廣告人員掌握所有支持點充分發揮。

◎以通過測試為其支持點◎

七、廣告要素擬定

　　由廣告策略進入廣告執行階段前，基於廣告主的要求，有一些表現要素應特別列出，以提醒廣告創意人員遵循或規避。例如，洗髮精廣告畫面要有烏溜溜的秀髮；奶粉廣告要有小孩的鏡頭；汽水廣告要有流汗的畫面；汽車廣告要表現優異的操控性能；競選廣告候選人照片不可以黑框框邊等，都是廣告主所可能要求遵行的。但廣告人員也可以說服廣告主將太多特定的表現要求刪減，或以其它要素替代。

　　各種廣告表現要素，經過討論與整理之後，通常以條列方式簡潔扼要地寫下，以供廣告人員在創意製作過程中配合執行。

　　至於不可更改、務必出現的要素，也得讓廣告創意人員事先知道。廣告主通常不會注意到要提醒廣告人員，廣告上出現的公司名稱有特定字體，商標有特定顏色，或經銷商的地址、電話需全部列入等，諸如此類廣告上應有的廣告主資料，廣告人員要主動詢問索取，列入表現要素中，設計時才會考慮到安放位置等問題而預留空間。例如統一企業的平面廣告一定要出現公司商標；寶健運動飲料電視廣告結尾一定會出現「實實在在的好朋友」的旁白等；聯華公司相關食品廣告，最後一定會出現聯華公司標誌及 Tingo 等。

輕鬆一下
你會做得更好！

◎統一企業產品的平面廣告一定要出
現公司商標◎

八、其他策略法則

(一)品牌特性設定

　　商品品牌要具備明確、獨特的特性，才能令消費者印象深刻。商品可藉由品牌特性，在消費者心目中建立某種印象或地位，使品牌成為一個如產品般具有價值的個體。

　　品牌特性的選擇與建立，必須從商品、消費者、競爭者三方面加以考慮。在商品本身，要找出甚至創造出已使用該品牌或將使用該品牌商品之共同點；在消費者，應從對該品牌會有什麼看法、它應具有哪些特質去調查；在競爭者，要選擇與之有明顯差別的特性，不要近似。

　　品牌特性一旦形成，掛上該品牌的商品，在消費者心目中就會被視為具有那種特性的商品。因此品牌特性最好由廠商自行選定，並設法灌輸給消費者。一定要密切注意消費者對品牌的看法，在發生偏差時，要及早提出對策，例如再推出廣告再度強調提醒。

　　有時候品牌特性會在不經意間形成，這種自動形成的特性未必是廠商想要的。品質優良的商品，其品牌特性可能會是高級精緻，也可能是低廉耐用，有些廠商，因早先以低價攻佔市場，造成低廉耐用的品牌形象，不被買主視為高級精緻品，而使廠商難以提高利潤，此時想要扭轉品牌形象便不容易。

有些老品牌，因為不願被視為老舊象徵，而在廣告上利用現代流行音樂與輕快樂曲，使品牌顯得現代化而朝氣蓬勃。如黑松沙士由張雨生唱出「我的未來不是夢」，黑人牙膏的廣告歌曲以張清芳的「天天年輕」，企圖在消費者心中樹立青春形象，重新定位。

在廣告執行上，品牌特性可以藉由基調（Tone）與手法（Manner）來詮釋，以最佳的表達方式，將廣告訊息有效地傳遞出去。廣告主可先設定自己要以何種身分，基於何種關係與消費者溝通，如值得信賴的專家、表達關心的朋友，或交換使用心得的消費者等，經由適當的表現方法，讓消費者在一種非常好的感覺狀態中接受廣告訊息。

優雅風格，靈敏性能集於一身，秀外慧中，揮灑自如。

◎賓士汽車品牌特性被塑造為高階身分地位的表徵◎

(二)期望反應擬定

好的廣告可以引導消費者作出預期的反應，所以期望消費者那些反應可以先註明，例如轉移品牌喜好、造成話題等，才能在廣告創意中發揮。

廣告訊息傳送中常會遇到一些障礙，消費者所接收到的廣告訊息有時候並不完整，或有所變化，因此消費者得知廣告訊息後的反應，與原先想要的可能會有那些誤差，擬訂消費者預期反應時要考慮到。例如期望消費者由買塑膠袋裝衛生紙改為買盒裝衛生紙，但消費者很可能因面紙亦為盒裝分不清，而影響到本廠面紙銷售。所以擬訂期望的消費者反應時，想要的與應避免的項目不妨並列。

預測消費者的反應並將之列出，可藉此由消費者的立場客觀思考廣告是否妥善。以消費者常用話語說明在廣告前對此商品的認知，再描述希望他們在看過廣告後對本商品的觀點，即把期望的消費者反應當作事後認知。此兩者之間，放入廣告主張與支持點，評估是否足以影響消費者事前認知，將之改變到事後認知的地步。若否，則要重新構思以找出問題癥結，加以修正。

◎直接而生活化地表現出預期的消費者反應◎

習　　題

1. 廣告策略三大功能為何？
2. 廣告策略六大要訣為何？
3. 廣告策略內容為何？
4. 背景分析一般可分成那六項？以一實例說明之。
5. 廣告預算制訂方法一般習見有那些方式？試說明之。
6. 何謂廣告主張？何謂獨特的銷售主張（USP）？
7. 何謂 AIO？何謂 VALS？
8. 何謂生活提案式廣告主張？以一實例說明之。
9. 何謂 Tone？何謂 Manner？試說明兩者之不同。

5

表現計畫與表現方法

第一節 表現計畫

一、訂定過程

　　廣告策略的作業完成後，就可以開始進行廣告表現計畫工作，表現計畫訂定過程如下：

(1)界定目標消費群：界定目標消費者範圍，分析其消費特性。

(2)擬訂訴求重點：以廣告主張為原則，就廣告主所指定者，例如品牌、企業形象、公益贊助作為訴求重點，或找出所廣告的商品之特點，於其中挑選出最可能為消費者所重視者，作為強調重點。

(3)訂定表現目標：設定表現目標，用文詞寫下重點。

(4)提出表現概念：針對表現目標構思出表現概念。表現概念和實際使用的廣告標題未必相同。

(5)評估表現目標與表現概念：以卡片精簡寫下表現目標或表現概念，測試消費者反應，據以先期評估廣告效果，並作修訂。有時候表現概念在試作品完成時才用之作測試評估。

(6)構思表現方式：以表現概念為原則，首先決定廣告表現的基調與手法，然後再決定要用什麼素材來表達。對於色彩、音樂、及演員性格等，均應考慮週詳，加以歸納而條列出表現要點。例如某種音響器材廣告的表現計畫，在廣告影片攝影方面，要求要有音響器材畫面；要說出品牌名及公司名；要預留標誌置放空間等。

(7)規劃篇幅長短：提出建議採用之平面廣告種類、篇幅大小，電訊廣告種類與長度，及其他廣告體積，不同媒體廣告之分數等，並擬訂廣告製作所需時限及進度表，估算直接、間接的製作費多寡。

(8)試作品測試：表現計畫初步擬訂後，在實際製作廣告前，可製作試作品對消費者進行測試，以預估如此廣告方式是否能作到預期效果。如有不妥，則檢討修訂表現基本概念或表現方式。

　　如此擬訂好表現計畫之後，便可依循進行成品製作。以舒適牌刮鬍刀廣告為例，目標消費群為有鬍子的男人，商品訴求重點為刮得乾淨，廣告媒體是電視，表現目標是要讓男人認為舒適牌刮鬍刀與其他

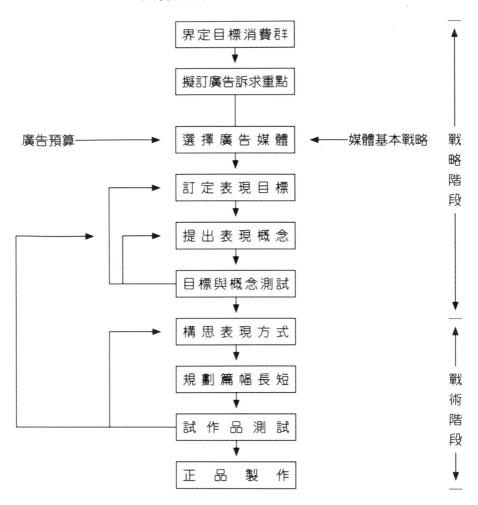

表現計畫之訂定過程表

刮鬍刀不同、更好,但手動刮鬍刀同質性非常高,各品牌差異很小,又有電動刮鬍刀競爭,所以表現概念選擇以感性方式使消費者在心理上產生區隔,表現方法為西部故事,媒體運用廣告長度 20 秒,在新聞或八點檔時段播出。

二、基調與手法

表現方式有兩大重點,就是基調與手法。同樣的廣告主張,表現方式可有無數種,應針對消費者的需求,界定出明確的表現基調與手法,讓創意人員能縮小範圍進行創作,使廣告表現運作順暢。

基調(Tone)指旁白、背景音樂、色彩、光線等與聽覺有關的媒

介；手法(Manner)指演出的技巧。例如在人際溝通上，人們說話的語氣、措辭、急緩、抑揚頓挫等均屬基調；而手法包含身體語言、臉部表情等表達方式及演出技巧。

由於基調與手法是一種情境感覺，因此設計時用文字描述，而以具體場景、人物、圖片或故事等表現出來。以電視廣告為例，演員外型、演出方式、對白語句、對話急緩、服裝型式與材質、陳設布置、光線明暗、背景色調、配樂曲調與節奏等，均必須悉心規劃設計，以符合廣告表現基調與手法之要求。

例如舒適牌刮鬍刀廣告，採用沙漠場景，粗糙的木屋、木架，牛仔裝扮，西部配樂。情節為一群墨西哥強盜擄獲男主角打算吊死，男主角臨刑前要求刮淨鬍子，他傲然拒絕嘍囉遞來的電動刮鬍刀，而接下土匪頭子給的刀片刮鬍刀，攬鏡自照刮得很乾淨。土匪頭子打開搶得的皮夾，看見他隨身攜帶所愛女人的照片，欣賞他的男子氣概，歸還馬匹任其揚長而去，還讚嘆道：「這種男人已經不多了。」

此廣告暗示用電動刮鬍刀不夠男子氣概，強調用手動一樣刮得乾淨，並順應消費者希望用品個性化之潮流，採用陽剛之基調與手法，強烈表達出「男人的刀」訴求，在消費者心理上與其它品牌區隔開。

第二節　訴求方式

廣告的訴求方式，一般可分為三種：

(1)理性訴求：說之以理，冷靜分析產品所能帶來的種種利益。

(2)感性訴求：動之以情，從心理層面切入造成衝擊。

(3)道德訴求：喻之以義，激勵消費者維護公理正義。

選擇訴求方式時，應從商品、消費者及時代流行風潮三方面，找出所有特點來分析比較。先從各種角度分析商品特性，並與其他商品比較，優點列越多越好，弱點也要列出；其次找出目標消費者共同的特性與好惡；之後條列當前所流行的項目與未來趨向，包括實質的流行品與無形的觀念。比較所條列出的三方面特點，當商品優點獨特時，可用理性訴求作為主要訴求方式；商品缺少特色，或有正在流行的事物時，感性訴求可作為主要訴求方式；採用道德訴求通常為廣告主有特別指定者，或就時尚發揮，例如注重垃圾問題時以垃圾分類為主題等。

消費者對不同訴求方式會產生不同感受，三者合併使用廣告效果最好。但三種訴求方式並非每種商品均適用，例如電動玩具、化妝品、酒，廣告欲以道德訴求方式表達顯然不易；救災募款廣告採取理

性訴求,效果恐怕也比不上感性訴求。所以廣告人員應審慎考慮,選擇合適的訴求方式表達廣告訊息,以獲得最佳廣告效果。

兹將三種訴求方式詳述如下:

一、理性訴求

理性訴求方式又稱為強銷,係利用說明、示範、比較等技巧,詳細分析商品的優點及特色,讓消費者相信該商品能帶給他們比其他考慮中的商品更多利益。在購買商品前會蒐集同類產品資訊、比較不同品牌特點,並向親友諮詢的消費者,採用理性訴求較有效。價格高昂需分期付款的商品如房地產,或耐久財如貴重家電產品、高關心度產品如保全系統等,一般人購買時會考慮再三,也常採用理性訴求。

例如汽車廣告內,時常有配備、性能、馬力、維修服務里程數或年限、省油性等數值表,與別種汽車並列比較,來襯托出自己的優點,說服消費者選擇該種汽車。

又如海倫仙度絲的廣告,藉由是描述某人因頭皮屑而受窘,而後因使用海倫仙度絲,而解決頭皮屑引發的煩惱,也是強調功能的理性訴求手法。

◎以超強的洗淨力為訴求重點◎

二、感性訴求

感性訴求方式又稱爲軟銷，係利用威脅利誘等手法，對人們心理造成某種衝擊，引起人們產生喜愛、同情等正面情感，或恐懼、厭惡等負面情感，而認同廣告訴求訊息，並作出預期的反應，採取據爲己有、模仿、排斥遠離等行動，以達到廣告目的。

一般而言，非特點訴求之廣告，經常會藉重感性訴求方式，塑造消費者認知差異，爲商品構建與衆不同的魅力。隨著商品日益同質化，廣告採用特點訴求方式成效未必佳，感性訴求遂愈受重視，並發展出利用幽默、恐嚇性等多方面的訴求手法。

公益廣告最常採用感性訴求，例如從正面情感切入，使人們因同情而慷慨解囊救助非洲難民；從負面情感切入，以癌症居每年十大死因之首，敦促人們去做健康檢查。

可口可樂廣告一直以活潑的年輕人爲主角，表達出可口可樂所帶來的青春、活力與歡樂，來吸引消費者的認同。

化妝品大廠牌均有專屬廣告模特兒，作爲展示化妝品之美的模範，激起愛美女性仿效欲望。例如蘭寇化妝品聘用伊莉莎白·羅塞里尼爲專屬模特兒，1991 年她來臺訪問，爲蘭寇掀起銷售高潮。

◎藉健美男女提升產品心理附加價值◎

三、道德訴求

　　道德訴求方式係訴諸人們的道德意識，告訴人們什麼是好的、對的，何事應該做、如何做，灌輸人們某些正確的觀念，宣揚某些應遵行的法令，或呼籲響應社會公益活動，並提醒人們踐行。

　　公益活動、政令宣導、社會運動等與公眾有關活動的廣告，常採用道德訴求方式，一般商品由於和道德較難有關聯，採用此方式做廣告也未必有助於業績，而較少使用。

　　例如董氏基金會以持續的廣告，請求吸菸者爲了下一代及他人的健康而戒菸，並呼籲不吸菸的人爲了自己的健康拒吸二手菸。

　　永豐餘造紙推廣再生紙，許多個人、書商、印刷廠響應，在諸多以再生紙印的書、冊中，常可發現「你手中的這本書，未曾砍倒一棵樹。」之類動人標語，從惜福、護生的角度來宣揚環保觀念，同時吸引有心人選用再生紙。

　　肯尼士也曾推出「挺身而出，才有健康的環境。」之公益廣告，呼籲人們路見不平當挺身相助，扼止犯罪。

◎以挺身而出，提醒人們切實執行正
　確觀念◎

第三節　表現方式(一)：實證式、證言式、示範示

　　對廣告本身而言，不同的廣告其效果不同乃理所當然；但廣告商品如果市場穩固，廣告訊息可能數年內都不會更改，基於形象原則訴求方式也不可任意變動，廣告效果至少要能維持現況，在此情況下，廣告內容卻必須不斷改變，就看廣告人員的設計能力了。

　　廣告的表現方式多端，在此將之分為實證、證言、示範、說明、比較、名人推荐、情境、解決問題、意識形態、特點訴求、懸疑、反訴求、音樂、特殊效果及其他方式等 15 種。製作廣告時，通常只選用其一，有時候也會組合多種並用。由於不同的訴求方式其表現方式也有差別，例如實證、示範、說明、比較等屬於理性訴求之表現方式；情境、懸疑、音樂等為感性訴求；名人推荐可能二者兼具，所以可就訴求方式去選擇表現方式。

　　各種表現方式無優劣差別，端賴廣告內容創意設計發揮其效力。茲將廣告表現方式說明如下。

一、實證式

　　實證式廣告係將商品優點實際證明給消費者看，利用廣告將商品獨具的特色，以文字或畫面披露，讓消費者眼見為憑，而相信廣告訊息，進而認同接受。實證式廣告中又以極端測試最具說服力，即讓商品處於極端狀況下，接受性能考驗，廣告記錄其過程，顯示商品應付裕如，以暗示消費者在一般狀況下當然更沒問題。

　　例如亞瑟士球鞋以雞蛋從高處落下，跌在鞋底材質的墊子上而不破，表現其吸震力超強，作成的鞋必能保護足部。Audi（奧迪）汽車於 1992 年德國進行的十大名車測試中，歷經各種衝撞等險惡狀況，勇奪冠軍，足證其安全性絕佳。

採取實證手法時，應該注意下列事項：

　　(1)廣告訴求重點必須是證明過程之重心。

　　(2)實證內容應簡單、直接、而容易了解。

　　(3)證明所採用之表現方式應具創意。

　　(4)表現手法必須能讓人信服。

　　(5)不可作假，以誇張不實的廣告欺騙消費者。

　　例如 Volvo 汽車於 1991 年在美國拍攝一支新廣告，內容爲大卡車碾壓過一排轎車，其他廠牌車均被壓扁，只有 Volvo 汽車屹立不變形。廣告拍攝前，先將別廠牌車輛樑柱剪斷，並補強 Volvo 車身，作業情形被某消費者拍到，於廣告推出後揭發，Volvo 公司及廣告公司均因欺騙消費者而違反「公平交易法」被提起告訴，信譽大跌，損失慘重。

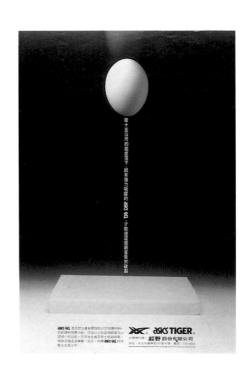

◎以雞蛋從高處落下，證明產品吸震力◎

二、證言式

　　證言式廣告係由使用過該商品的消費者，說出使用後的好處與感想，以引起其他消費者的注意與認同。產品特色不易以實證式展現的商品，可藉由消費者的證言來證明其優點。

　　欲採用證言式廣告時，創意人員必須深入瞭解商品性能，確定廣告所說的功效能達到，否則便會構成欺騙。在市場上已推出的商品，可找受惠者作證；未上市的商品，可徵求試用者，使用後再作證。

　　由於觀眾會懷疑被訪者言辭的可信度及真實性，所以此種廣告內容應力求真實，最好確有其人其事，由之親自作證，以取信於消費者。廣告場景、事物要生活化，證人用口語說出證言，表情自然流露，不能如背臺詞，更不能流露出明顯的推銷意味，以免降低可信

◎以消費者為實際例證◎

度。

　　證言式廣告是一種較公式化的表現方式，應該盡量發揮創意性構想，讓廣告內容活潑生動。

　　使用上有安全要求的產品，由親身經歷極端狀況者作證，其廣告效果很好。例如克萊斯勒汽車廣告請乘坐該車出車禍的孕婦，說明相撞剎那車內配裝的安全氣囊如何自動彈出充氣，而得以安然無恙。

　　洗潔劑也常用證言式廣告，例如白蘭洗衣粉請婦女試用數種品牌不明的洗衣粉，選出洗淨力最強的，原來是白蘭；或讓多位家庭主婦證言，只要一點點白蘭洗衣粉，就能把孩子的髒衣服洗得乾乾淨淨。

　　健身減肥中心最偏好使用證言式廣告，常以顧客加入前後的身材變化照片與感言，來證實其效果。補習班、語文教材等強調「效果」的證言式廣告，甚至附上證人照片、身分證號碼等資料，以昭公信。

三、示範式

　　示範式廣告係對具有新功能的產品、多種功能的產品，或消費者容易操作錯誤的產品，可採用示範式廣告。示範式廣告重點在於產品，因此廣告上的示範解說，必須就產品操作或功能上的特點，以簡單易懂的步驟清楚表達出來。由於它兼具教學與實證的優點，如產品確有獨到特色，廣告表現設計巧妙，在銷售上常能立收實效。

　　示範式廣告目前以日用品廣告採用得較多，例如：花王廚房魔術

靈於廣告中教導主婦，對各種不同狀況的廚房油污，如何以不同方式運用魔術靈將之消除，並顯示使用後的效果，目標消費群從而學習且認知商品利益，是最直接且有效的廣告創意表現方式。

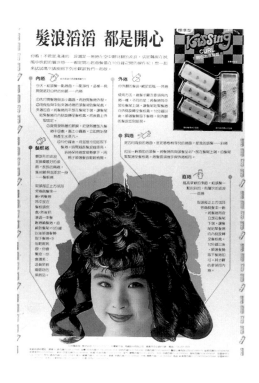

◎以圖示說明捲髮方式及其效果◎

◎用照片及文案告訴消費者使用洗衣精去除頑垢的方法◎

第四節　表現方式㈡：說明式、比較式、名人推荐式

一、說明式

說明式廣告係採用平鋪直敘的方式，直接說明產品的特點，或活動的辦法。其廣告內容不需要特殊的創意設計，只要將產品特點、活動項目與參加辦法、服務內容等說明清楚，通常以條列方式，讓視聽者容易抓住重點。因此內容應予規劃，選擇消費者最關心或必須讓消費者認知的重點，加以強調。

說明式廣告是一般商品廣告、促銷廣告及各種舉辦活動的廣告，最常運用的廣告表現方式。

由於說明式廣告表現方式較平淡，所以在畫面設計上需加倍用心，以別具創意的形式，來爭取消費者注意，以留下深刻印象。

例如法舶纖維飲料，不直接提出難懂的營養成分名詞與比例，而以相當於含多少比例的蕃茄、萵苣、胡蘿蔔等的營養成分，來讓消費者產生具體概念。這種方式統一兒童專用奶粉也運用過，以並列數個

◎說明有了優惠卡後，可享受到的優惠◎

雞蛋、數條魚來說明其高營養成分。百齡鹹性牙膏利用鹽能殺菌的事實，引證含鹽的牙膏能防治齲齒。許多贈獎式促銷廣告，則條列說明抽獎或對獎的辦法；各種活動公告，也常採用此種廣告表現方式。

二、比較式

比較式廣告係將競爭商品與本商品並列比較，以凸顯自己的優點。首先要分析本商品及對方商品的特點，並找出消費者對此類商品最關心之處，再就消費者所在意而對方不如己方的項目去發揮，很容易說服消者相信本產品優於其它。進行比較時應注意所比較的內容要以事實為根據，而且在相同條件之下作比較才可以，否則很容易被反駁，或遭致對方攻擊，而抵消廣告效果。但弱勢品牌或新商品若具獨到優點，且敢於指名挑戰，極易一舉成功。

比較式廣告的表現方式可再分為三種：

(一)挑戰對方缺點

如果擊中對方要害，殺傷力極強；但對方通常會反擊，有時引起廣告戰，甚至誹謗官司。例如萊思康電子字典以「臉皮的大膽」為覷不知恥一字之誤譯大作廣告，曾讓無敵電子字典頗難堪；1992年維力清香油在廣告上宣言比沙拉油好，沙拉油公會反擊，而爆發一連串的廣告攻防戰。

(二)標榜本身優點

若商品獨具別品牌所無優點，比較式廣告表現方式效果特別好。例如柔情200廣告以兩盒面紙同時抽取，另一不知品牌面紙抽完時，柔情200還可繼續抽取，而且桌上乾乾淨淨，另一盒卻留下一堆粉屑，品質好壞及分量多寡一清二楚。

(三)使用前後比較

產品使用前很糟、使用後很好的比較手法，清洗劑、減肥商品最喜歡應用。減肥中心常以實際案例比較減肥前、後體重，彰顯減肥效果；白博士廣告在沾滿黃油煙的爐臺壁面上噴數團清潔劑，擦拭後露出光潔的白色壁面，對照非常明顯。聲寶冷氣與不同品牌冷氣機分別抽換煙霧箱內氣體，不久聲寶冷氣這一箱已澄淨，可見箱內之小白鼠，另一箱僅隱約可見，證明聲寶淨化空氣能力極佳，且勝過別品牌。

◎以使用前後空氣污濁的程度做比較，證實其冷氣機性能優異◎

三、名人推荐式

名人推荐式廣告係由社會名人，例如明星、名流，或高知名度的專業人士，在廣告中推荐該商品，或介紹商品特色，利用他們的知名度，與對公眾的影響力，引起消費者的注意而接受廣告訊息。若人們對推荐者有好感，對廣告很容易留下深刻印象，也容易對商品及企業主產生好感，廣告效力很好。

推荐者應具知名度，形象佳，影響力大，且願推荐此產品。如果名人曾推荐另一種商品，就不適合推荐同類或相似商品，因爲推荐力會降低。因此找到一位合適人選並不容易。

這種廣告通常配合名人形象和職業，設計廣告表現重點。例如歐樂納蜜飲料廣告，由王貞治指導一群兒童打棒球，揮汗淋漓之餘來一瓶，王貞治説出推荐話語，看來便頗合理。

有些廣告採用卡通人物塑造代言人，如麥當勞之小丑打扮的麥當勞叔叔、波爾茶「鼻子尖尖，鬍子翹翹，手上還拿根釣竿。」的男人，均利用造形特殊的虛構人物，讓消費者感到容易親近而接受。

名人推荐式廣告如果運用得好，廣告與名人間的連結會很密切。如一看到孫越，許多人會聯想到麥斯威爾咖啡；看到李立群，就想到「它傻瓜，你聰明。」「它抓得住我」與柯尼卡軟片。這種現象使名人成爲品牌的象徵或代言人，並成爲品牌的重要資產。

當名人與商品已在消費者心中建立聯結關係，一旦廣告主與名人因故不再合作，可能會使行銷發生困擾。例如歐香咖啡以葉媛菱爲歐香女郎，推出多支歐洲背景的廣告，建立浪漫形象；1992 年廣告突然變成風格迥異的星座戀愛論，人們疑惑之餘，被迫改變對歐香咖啡的印象，消費群也隨之變動，對已具口碑的產品，行銷風險頗大。

濃情蜜意，在鍋寶中沸騰。

◎知名影星林青霞和秦漢推荐
家用產品◎

第五節　表現方式㈢：特點訴求式、反訴求式、解決問題式、懸疑式

一、特點訴求式

　　特點訴求式廣告強調獨特的銷售主張，首先分析產品特性，找出獨具的特點，做爲廣告表現訴求重心，亦可由此特點回頭構思它可給予消費者什麼利益，或進而想到可解決消費者什麼問題，然後針對此一特點製作廣告。

　　商品具有獨到的特點時，用此方式最佳，由於商品本身已具競爭上的優勢，若創意表現傑出，便能一舉成功。例如：三洋 Fuzzy 洗衣機標榜用模糊理論設計洗潔過程，以電腦自動判別衣質，既省水又洗得乾淨，而大出風頭。如果缺少與衆不同的特點時，也可以藉由創意構思，爲商品設計出心理上的特點，一樣可以此方式得到很好的廣告效果。

　　例如一匙靈濃縮洗衣粉標榜只要小小一匙就可達到原來一杯的效果，商品名稱與廣告均強調此一特點，果然攻掠市場。奇檬子愛情飲料「只要我喜歡，有什麼不可以？」讓深表同感的青少年爲贊同而飲

◎以新的食用方法向消費者推薦新產品◎

用。熱唇口香糖以「吃的咖啡」為廣告訴求，強調相結合產品提供提神及口腔清新之商品利益。

二、反訴求式（警告式）

警告式廣告係以與事實相反的狀況或負面結果，作為廣告訴求重點，提出消費者最介意的事物、最憂慮的問題、最害怕發生的狀況，讓他們產生同感，再指出應對之策，進而帶出商品特色，以化解消費者心結，並對商品產生好印象。

反訴求式廣告以保險業廣告與公益廣告使用最多。例如，新光人壽以小傘代表小額保險，大雨來時小傘無法遮蔽全家，所以一再換更大的傘，即改投保更高金額，直到採用 500 萬大傘，才終於能完全罩護全家，成功推廣保大險的觀念，並意外帶動大傘流行。

早年莫帝拉斯胃腸藥以「鐵打的身體，未堪得三日的漏瀉（腹瀉）。」配合卡通畫面，一個壯漢轉眼瘦成皮包骨；1993 年反毒品廣告採用相同手法，以真人化妝技巧將壯漢迅速變成枯焦模樣，兩者都讓人怵目心驚。衛生署「安一下，死於非命。」廣告，用高中生躲在廁所吸食安非他命圖片，對照骷髏倒在馬桶上圖片，強烈警告毒品之危險，呼籲青少年遠離。「山點水」礦泉水以法庭內檢查官追問「這是我們喝的水嗎？」攻擊性手法，刺激消費者注意衛生，凸顯商品之純淨。行政院衛生署以「別以為下一個不會是你？」提醒防範愛滋病。

◎反訴求式廣告◎

三、解決問題式

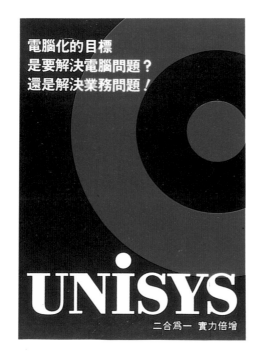

電腦化的目標
是要解決電腦問題？
還是解決業務問題！

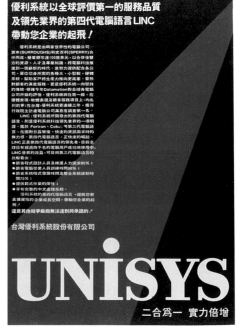

◎向消費者點明問題，再爲之解決◎

解決問題式廣告係就某項消費者所重視的問題，誇示其嚴重性，再由商品將該問題輕鬆解決。例如戰痘藥膏讓人告別擠青春痘的煩惱；惠氏健兒樂可以補充營養，化解孩子不喜歡吃飯的問題等。

問題解決式在廣告表現上，有三個重點：

(1)提出的問題爲消費者關心的事項，甚至已經爲消費者帶來困擾。例如感冒、頭痛、腸胃不適等身體上的小毛病，屋內外有蟑螂、螞蟻、蚊蠅，衛浴下水道不通等，都是很惱人的小問題，只要有廣告提出解決辦法，消費者很容易就會接受。

(2)適度強調問題的嚴重性，可以引起消費者的注意。例如在海倫仙度絲的廣告裡，頭皮屑帶來的困擾，就讓上班族深有同感。

(3)解決方法必須簡便有效，易受消費者肯定。即採用廣告商品就能解決問題，如用了克蟑之後，就不再爲家內蟑螂橫行而氣惱。

四、懸疑式

懸疑式廣告是基於人們的好奇心，對神秘事物探尋解答的欲望，製造懸疑性的廣告，先勾起觀眾的疑惑，再以解謎方式展現商品特性。懸疑式的廣告很容易引起消費者注意，但是若重複使用類似手法，以致觀眾厭煩，或答案正式揭曉，廣告的吸引力即告終止。

推出新產品或新品牌時，使用懸疑式廣告效果頗佳，利用此種創意手法，爲產品贏得注意，如果與促銷活動配合，能吸引消費者熱烈參與，使消費者輕易接納並記住產品的特點。

早年香皂的形狀都是大圓角的矩形，可是彎彎香皂卻作成彎形，推出前先刊登廣告「猜猜 ⌒ 這是什麼？」衆人大爲猜疑，立即引起注意。當新產品正式推出，廣告也發布謎底，原來是新型的彎彎香皂，此廣告成功帶動銷售。釷星汽車、裕隆 March 汽車推出時亦採用同樣手法。

波爾茶廣告亦曾用幽默的懸疑手法。阿善師端坐茶園樹下品茗，忽有弟子前來附耳報告：「師父……。」「什麼！有人來找碴？」阿善師的徒弟「西螺七劍」紛紛從四面八方現身保護師父。再追問來者長得怎麼樣？是「鼻子尖尖，鬍子翹翹，手上還拿根釣竿。」原來是來「買茶」的波爾先生。

懸疑式廣告內容不宜太詭異，讓人覺得不適，心生不安，對商品而言反而會降低親和力。

◎用有獎猜謎的方式，引起消費者閱
讀廣告內文的興趣◎

第六節　表現方式㈣：情境式、意識形態式

一、情境式

　　情境式廣告係利用精心設計的一段情節，將商品融入其中，使消費者因關心該情節而接收廣告訊息。由於商品需經人們使用才會產生價值，因此情境式廣告從消費者與商品的關係切入，利用一段情境介紹出商品特色、使用方式與使用效果。

　　情境式廣告設計前要先瞭解目標消費者的喜惡與生活特性，據以設計廣告場景，在不同的情節內自然凸顯商品，讓消費者信服接受。情境式廣告可概分為如下三種：

㈠生活片段式

　　生活片段式廣告採用日常生活題材，首重真實，因此廣告中人物以口語對話，適時講出廣告訊息。例如白蘭廚房清潔劑藉由兩位家庭主婦聊天，透露新上市產品訊息，及其清潔、除菌的特色。由於並非

以業務員身分向消費者推銷，消費者不會感到壓力，以旁觀者聽閒話的心態注意到廣告內容，而容易接納。這種表現手法，可由廣告中人物互相對談，也可以用獨白方式向看廣告的人訴說，效果一樣。

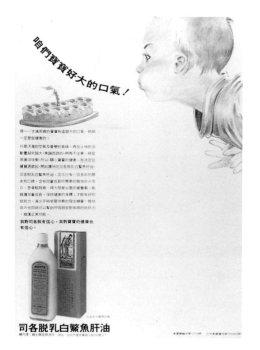

咱們寶寶好大的口氣！

司各脫乳白鰵魚肝油

◎以消費者的語言帶出廣告訊息◎

㈡劇情式

劇情式廣告採用具有戲劇張力的情節，來帶出廣告訊息，讓觀眾因對劇情印象深刻，而拉近與商品距離。這種手法劇情要精彩而具魅力，才能鼓動消費者的情緒，對於商品安排也要相當費心，以免消費者為情節吸引，反而沒注意到廣告訊息。

劇情式廣告由於容易被消費者接受而創下優良業績，而為廣告主所愛；但如為電視影片常需 20 秒或更長，廣告費也相對提高。

例如歐蕾化妝品 1990 年廣告，男主角在街上拾起女士絲巾，以「你是我高中同學。」的問話，得到「我是你高中老師。」的回答，此傑出的廣告使歐蕾一夕而紅。1992 年歐蕾廣告重施故技，男主角拾獲女主角護照，問以「臺灣女孩都像你一樣嗎？」，得到「那可不。」的回答，再度強化歐蕾長保青春的印象。

劇情式廣告也可配合名人形象和職業，設計廣告表現重點。例如光陽機車針對棒球名將郭泰源「東方快車」之譽所拍的廣告，火車將至，平交道木柵卻卡住了，一輛吉普車載滿人疾馳而來，遠處郭泰源

見狀立即由機車行李箱內取出棒球，以快速球超越火車打中木柵使之砰然落下，擋住正要闖越平交道的吉普車，眾人驚呼聲中，火車轟然而過。見者無不印象深刻，卻忘了郭泰源騎什麼車，車有何特點。

光陽再推出另一段廣告，郭泰源騎機車奔馳至一處草地停下，打開機車行李箱，裡面裝滿棒球，他取出和一群小孩玩，小孩們快樂地私語著：「郭泰源耶！」此廣告既為郭泰源設計了親和的形象，滿足人們遇見英雄的幻想，也強調了機車車箱超大容量。

而光陽 DJ 勁捷 50 機車餐廳潑水那支廣告片，因大受年輕人歡迎，竟使男主角郭富城竄紅。

◎勞力士錶常贊助大型探險活動，將歷程寫為廣告內容，以證實全程參與的勞力士錶經得起考驗◎

(三)虛構式：

虛構式廣告採用現實中不可能發生的情節，來加深消費者印象，因此創意非常重要。此種表現手法雖然誇張，故事也是虛構的，其中關於商品的部分卻需注意，切忌誇大不實。

例如「統一麵，麵、麵、麵……。」廣告，御膳房太監手捧托盤穿廊過殿，以數來寶方式一路叨唸搜集贈券可換取金庸武俠小說，隨之一碗麵送至慈禧太后跟前。只見慈禧一聲大喝，拷問太監將贈券藏到那裡？顯然慈禧也在猛吃麵以換小說。此廣告噱頭十足，後來掬水軒推出速食飯時，以消費者皆熟知該廣告為前題，設計出「飯、飯、

◎以虛構的故事吸引消費者◎

飯……」廣告，觀衆會心一笑之餘，對兩家產品均留下深刻印象。

波爾茶推出仙楂茶廣告，某男童入山洞，見洞壁刻有武術招式，照練之後自以爲武功蓋世了，用力向山壁一擊，頓時手痛大呼，這才發現是騙人的。「輕鬆一下嘛？」來一罐仙楂茶。此廣告別具深意及趣味性。

二、意識形態式

意識形態廣告爲 1980 年代末國內所推出之新型廣告手法，其廣告表現常與商品無直接關係，而只是一種感情的渲洩，再帶出商品，讓消費者因認同廣告所表達的感覺而接受。

意識形態式廣告畫面從人的心理層面切入，表達出人們內心潛意識主張、個人想法與感受，其畫面常由許多生活斷面、夢般的畫面、及抽象表現的圖形等組成，沒有分析與說明，消費者看廣告如同觀賞一種新的藝術型態作品，未必看得懂內容，但只要喜愛，基於愛屋及烏心理，而接納商品。例如開喜烏龍茶一群人扭擺搖茶葉籠的廣告。

這種純然訴諸感覺的廣告，由於視聽者反應偏向極端，不是喜歡就是排斥，對於高價商品而言，在行銷上太冒險，因此很少採用。但對低價且銷量大的飲料、零食等產品而言，由於同質性高，消費者又永遠有嚐試新商品的好奇心，競爭激烈，必須時時求變，光怪陸離的

意識形態廣告正合於此特質，反而大獲廣告主與消費者青睞。

　　意識形態式廣告由司迪麥口香糖首先採用，一系列廣告將司迪麥口香糖由籍籍無名一舉推上大品牌之列，成名作品為電視廣告「都市叢林野獸派」與「貓在鋼琴上昏倒了」兩篇。前者中一位女士走過辦公桌間甬道，戴著各種野獸面具的男同事均趨前向她伸手、說話，暗示性騷擾，來一片司迪麥口香糖消消氣吧！後者為一群龍發堂精神病患打扮的人玩傳話遊戲，由「新建築正在倒塌中。」傳到最後話變成「貓在鋼琴上昏倒了。」貓當然不可能在鋼琴上昏倒，比喻謠言之不可信，更諷刺了當時後起仿意識形態製作的諸多廣告，畫虎不成反類犬，廣告手法異常高妙，還引起報章一番論戰。

MAX

◎表達消費者內心感覺、個人主張之
　潛意識想法◎

第七節　表現方式㈤：音樂式、特殊效果式、其他方式

一、音樂式

　　音樂式廣告常使用世界名曲、流行歌曲，或請歌星、作詞家、作

曲家本人等出現廣告中，藉音樂喚起視聽者與愛樂族注意。當廣告內容以述說方式表達覺得平淡時，若譜曲唱出，也能因其與眾不同而讓消費者印象深刻。

由於音樂人人皆能欣賞，常引起人們的共鳴，用音樂作為背景陪襯或用來塑造氣氛，能讓人們經由感覺對廣告更了解，留下好印象。

例如五洲製藥的斯斯感冒膠囊，由諸哥亮及兩名外籍美女唱「感冒用斯斯」，觀眾人人琅琅上口，銷售量隨之一路飛升。

廣告為烘托內容情境，常以樂曲表達感覺，如喜美雅哥汽車以滑順的音樂強調出汽車奔馳滑順的愉悅。用商品或企業代表曲為主的廣告，應就歌詞配合適當畫面，如可口可樂、大同公司廣告；廣告亦可以畫面與音樂為主，配上文案字幕，而不用言語，如可果美蕃茄汁，以廣茂青綠的農田、無歌詞的音樂，襯托得蕃茄似乎更紅潤美味。採用外文歌曲也能顯示特殊風味，如黑松葡萄柚汁及楊桃汁廣告以法文歌配樂。

同樣的配樂風格能使同品牌的廣告產生統一形象，活潑的音樂能使廣告具有充滿活力的感覺，也使品牌形象年輕化，因此以新編的現代流行音樂作配樂的廣告日增。例如黑松廣告以在加油站打工，盡心盡力工作的年輕人，配上「我的未來不是夢」歌曲，不但彰顯黑松汽水努力奮發、充滿朝氣的企業形象，該主題曲因詞意佳，曲調悠揚動聽，躍為 1990 年度代表歌曲，也使主唱歌手張雨生紅極一時。

二、特殊效果式

特殊效果式廣告主要在音響、畫面加上特殊效果，運用多種變化的鏡頭，或卡通及電腦動畫，使觀眾在視覺方面產生新刺激，留下難忘的印象。由於係使用特殊攝影機鏡頭，沖印技巧及最新的電腦繪圖技術，而製作出現實中所不易實現的畫面。

1992 年自從聯合報 60 週年慶採用蟠龍動畫廣告之後，國內動畫設計邁入新的里程碑，動畫廣告邊增，尤其房地產廣告，幾乎篇篇皆有動畫畫面，平地起高樓，由外而內展現各層設計的表現方式屢見不鮮。食品業也喜歡特寫烹煮實況，麵條飛舞，蛤蜊一開一合地唱歌，非常生動。

又如雷諾十九飛魚型汽車廣告，汽車由水底衝出，是靠科技完成的奇景式廣告。黑松歐香咖啡星座喝法論，利用各種技巧合成畫面，形成瑰麗而奇特的視覺效果；Fido Dido 汽水讓卡通人物與美女同桌共飲；實幻合一的畫面，充分展現天馬行空的廣告創意與魅力。

◎蘋果倒出果汁係由拼版製成的特殊
效果畫面◎

三、其他方式

㈠比喻式

比喻式廣告係採用衆人所熟悉的事物，解釋一些抽象的概念。比

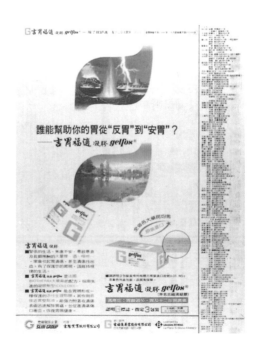

◎以火山爆發天降霹靂的景象，及天
清湖靜的畫面，比喻反胃及安胃◎

喻須淺顯易懂，如水瓶座飲料以沙漠中的獅身人面獸喝飲料，比喻該飲料解渴功效之佳；吉胃福適以火山爆發天降霹靂的景象，及天清湖靜的畫面，比喻吉胃福適凝膠可以使胃從強烈的不適恢復安寧。

(二)象徵式

象徵式廣告使用某種事物來表達產品特徵或廣告主題，讓人們留下深刻印象，常用的象徵物爲動物、花、寶石、宇宙……等。如米老鼠爲狄斯奈樂園象徵；永備電池，爲強調電力持久，以兔玩偶打鼓，眾兔先後停止，唯有使用永備電池的兔子仍然持續，打鼓兔玩偶成爲永備電池象徵；新光人壽五百萬保險廣告中，傘爲保險象徵。

◎以十字形構圖象徵救護標誌，廣告衛浴設備維護服務◎

(三)印象式

印象式廣告不採用語言說明產品的效用，而以畫面、音樂等感性表現方式代替。比如雀巢檸檬茶，廣告人物喝完後倒跌入游泳池的鏡頭，令人產生「它喝起來一定非常清涼解渴」的印象。又如鑽石的廣告常以昂貴的家具爲背景，襯以悠揚的音樂，儀態優雅的盛裝男女，不經意地展露所佩戴的鑽石，暗示鑽石乃身分地位高貴之表徵，吸引顧客購買。

◎以高雅的蘭花及數張品牌卡片，襯
托出品牌的地位◎

㈣歷史式

　　歷史式廣採告用紀錄手法或敍事手法，描述商品各時代演進過
程。歷史悠久的名牌產品每過一段時間，常會以此手法提醒消費者老

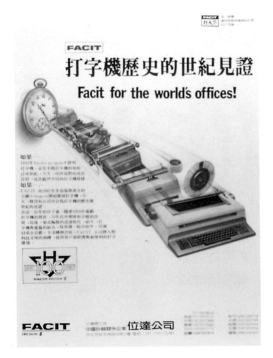

◎將打字機的歷史和商品關係
敍述出來◎

牌最可靠，例如瑞士出品的錶，總不忘標榜爲百年老廠。喜餅禮盒常用此手法，由早年訂婚聘禮用大餅，演進到現代訂婚用禮盒，新娘由鳳冠霞披到白紗捧花，郭元益、花旗女兒紅禮盒等均有此類廣告。又如金蘭醬油，從磚灶煮飯到現代化廚房，從新媳婦到老祖母，做出的菜奉呈婆婆嚐試，吃起來都「有媽媽的味道」，表示金蘭醬油歷史悠久，古法釀造。這些廣告常能深深打動人心。

㈤動畫式

動畫式廣告採用卡通、布偶等造形製作而成之動畫或漫畫，來傳達廣告訊息。例如足爽以頑皮豹來表達治療香港腳用藥的有效，期望能減少視聽者對藥品廣告的排斥感。鄉間小路果菜汁以立體蔬果布偶來演廣告，以加深消費者印象。

以上將幾種廣告表現形式分類介紹，如靈感受阻時，可選擇其中數種表現手法加以運用，或利用現成廣告改變表現手法重新構思，有時會因此而出現很好的創意。此外，各種類型亦可互相搭配，比如實證式加歷史式，虛構式比喻式，情境式加懸疑式加音樂式等，各種類型相互組合運用，都可以產生很好的廣告表現。

◎用漫畫手法吸引消費者注意◎

習　題

1. 表現計畫訂定過程為何？試說明之。
2. 廣告訴求方式大致可分為那三種？試申述其意義。
3. 何謂道德訴求？試以現有市場上廣告實例說明之。
4. 何謂實證式表現方式？試以一實例加以說明。
5. 何謂示範式表現方式？試以一實例加以說明。
6. 何謂比較式表現方式？試以一實例加以說明。
7. 何謂意識形態式表現方式？試以一實例加以說明。
8. 何謂特點訴求式表現方式？試以一實例加以說明。
9. 試說明虛構式與意識形態式表現手法不同之處。
10. 試說明特殊效果式與象徵式表現手法不同之處。

6 媒體計畫

第一節　媒體計畫大綱

一、媒體計畫定義

　　廣告主將所欲宣揚的廣告訊息，利用工具傳達給目標視聽衆，用以傳播廣告訊息的工具，即稱爲廣告媒體（Advertising Media）。廣告媒體是廣告訊息通往目標視聽衆的管道，廣告主想要目標視聽衆接受自己的意見，並進而實行，比如獲知某商品的優點，而產生購買意願，有賴廣告媒體將廣告內容作最佳之表達，使人們容易了解，而接受廣告內容，才能順利達成廣告目的。

　　擬訂廣告策略後，必須去了解目標視聽衆獲知廣告訊息的管道，以便採用最迅捷的途徑，將廣告訊息傳達給他們。不同的傳播途徑，其傳播媒體特性不同，要以什麼媒體，採用何種刊播頻率，以達到怎樣的傳達效果，必須加以計畫，先決定可用的媒體種類，以利廣告費預估；再就刊播細節作審慎規劃，如此才能順利達到傳播預期效果。

　　因此媒體計畫可分成兩階段。第一階段在決定廣告策略後進行，蒐集媒體現況調查資料，斟酌行銷目標及廣告目標而訂定媒體目標，對於採用何媒體及如何運用，作原則性的決定；第二階段在廣告製作同時或將完成時進行，需就媒體運作細節作詳細規劃，估算成本以分配廣告經費，決定媒體組合與覆蓋策略，選擇媒體並擬訂刊播時間表。第一階段亦可移至第二階段時一起進行，但有時會使費心構想的廣告表現方式，因不採用該種媒體而作廢，例如構思音樂影片稿，卻宥於經費而媒體計畫決定作報紙廣告，所以還是分兩階段進行較妥當。

　　爲求能以最少的經費，獲致最佳廣告效果，稍具規模的廣告活動均採用多種媒體組合運用，如何選擇不同媒體及時段相互搭配，攸關廣告活動成果，媒體計畫必須考慮詳盡，以充分發揮各媒體特長。

　　媒體計畫使用的專門術語應先行明瞭，例如媒體型式指報紙、雜誌、電視、廣播、信函廣告、交通廣告之類等；提到工具則指特定的媒體名稱，如《聯合報》、臺視、中廣、《天下雜誌》之類等；平面廣告版面的大小、電視廣告片或廣播廣告的長短等，各有計算基本單位，論及廣告篇幅或長度時，以多少單位來稱呼，如報紙廣告大小爲幾批，雜誌廣告大小爲幾開等。

二、媒體計畫程序

　　媒體計畫作業步驟依序為第一階段之調查媒體現況、決定媒體目標，與第二階段之選擇媒體組合、擬訂覆蓋策略、規劃廣告篇幅長短、訂定刊播版面時段，之後即為廣告刊播。茲說明如下：

媒體計畫作業程序及考慮因素

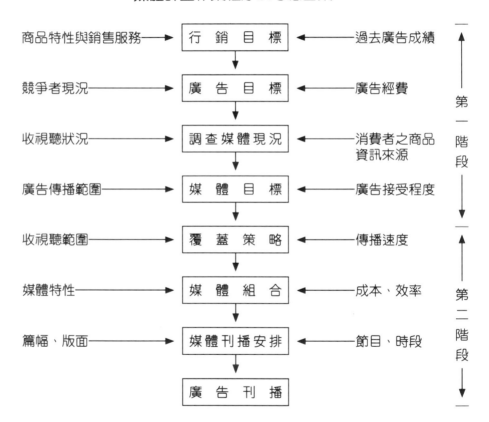

㈠調查媒體現況

　　與媒體相關資料，包括用戶、立場、費用、聲譽等之現況，均需調查，蒐集有關資料，以供選擇媒體判斷參考。視聽者眾、聲譽高的媒體，廣告效力較佳。

㈡決定媒體目標

　　決定在目標市場中，要讓多少比率的消費者接收到廣告訊息，例

如80％；目標消費者視聽到廣告的程度，例如平均看到廣告3次；以及他們對廣告訊息的接受程度，例如看過廣告的人中有一半以上記得廣告商品特點，或看過廣告的人中有1/10以上買過該商品等。

(三)擬訂覆蓋策略

擬訂在某時期內利用媒體傳播廣告訊息所欲到達的消費者範圍。各媒體覆蓋範圍差別很大，廣如衛星電視之洲際覆蓋範圍，數國人民均可收看；小如村里布告欄覆蓋範圍僅及於該地街坊民眾。覆蓋範圍及覆蓋方式均需擬訂，例如分區覆蓋，在數個地區分別於不同時間打廣告。

(四)選擇媒體組合

基於廣告目標、廣告預算、目標消費者視聽習性、訴求商品特性及重點加強傳播策略等因素，選擇最易讓消費者接觸到此廣告訊息的媒體。媒體選擇會影響到表現計畫中的表現方式，例如媒體選擇電視，則可採用動態影片，選雜誌，必須構思平面稿。為了能達到最佳廣告效果，通常採用多種媒體併用。在擬訂表現計畫之前或同時，會先作基本的媒體選擇，如廣播、報紙，以供表現計畫配合擬訂；之後參考覆蓋策略，規劃媒體組合方式，如中廣、《中國時報》、臺北公車等。

(五)規劃廣告篇幅長短

不同的媒體，所能刊播的廣告篇幅、長短不同。例如電視廣告長度以5秒為單位計算，所以廣告都拍成10、15、20秒等長度，而沒有7、18秒之類長度者。報紙、雜誌廣告版面各有其規定尺寸，費用隨大小與版面位置而別，必須斟酌經費，決定所要刊登廣告篇幅大小，才能依循製作。

(六)訂定刊播版面時段

通常廣告在製作將完成或完成後才會安排刊播。在媒體上刊播廣告必須預訂時段、版面。電訊媒體不同時段播出費用不同，例如在八點檔黃金時段上廣告，貴於下午冷門時段；報紙、雜誌不同版面價格有異，刊於第一版或封面裡貴於在分類廣告欄或內頁。廣告刊播次數淡旺季有別，如冷氣機廣告夏天密集，冬天可免；各季播出天數、每天次數等，需參考廣告目標訂出刊播時間表，在有限經費下同時或交錯刊播廣告，務求達到最佳效果。例如為新產品打知名度，可短期內在各媒體密集廣告；要維持消費者對老品牌印象，可隔若干時日定期

廣告等。各媒體刊播均有交稿期限，必須註明，以便記得在期限前將廣告稿交給媒體機構。

　　媒體計畫訂好執行之時，要注意細節安排，尤其是時間上的細節如應及早預訂媒體廣告時段、版位，提醒廣告製作人員交稿期限，安排廣告影片播放…等。媒體計畫執行細節分別於以下各節詳述。

第二節　調查媒體現況與計算公式

一、調查項目

　　大眾媒體為廣告刊播最主要途徑，各媒體的收視聽率攸關傳播效果，因此媒體發行與收視聽現況，是非常重要的媒體計畫參考因素。

　　由於報紙、雜誌發行分數與電視、收音機臺數和視聽者數未必相同，僅憑發行量無法掌握視聽眾實際狀況，若不能明瞭媒體視聽眾身分與特性，媒體計畫就無法針對訴求對象找出最佳的傳播媒體。因此在進行廣告前，需調查各種媒體視聽現況，以擬訂媒體計畫；刊播廣告後也需調查受消費者注意程度，供未來改進參考。

　　在印刷媒體方面，美國有 ABC（Audit Bureau of Circulation）機構，在各廣告主、媒體機構、廣告公司共同支援下，提供可靠的報紙媒體和雜誌媒體發行分數，但目前我國並無類似具公信力之機構，僅憑各媒體自行統計訂戶與發行量發布。

　　收視聽率的調查均由專職機構進行，國內進行電視收視率調查的機構，最早為聯廣公司，紅木、潤利等公司亦相繼成立，調查方法有三種：日記式調查、電話調查及儀器調查，由於收視者自行記錄恐有事後補記不實之虞，故後二者較常用，即於收視時間內撥電話查詢，或在抽樣家庭的電視機上裝自動測定儀器。

　　收視率調查內容包括電視的普及率、某時段內多少人收視何節目、那些人背景資料如何等。收視之個人資料，可用以分析得知收視群共同特性，對媒體計畫具有高度參考價值。

　　調查媒體現況時，可向媒體請求提供數據資料，如訂戶數量，廣告價格表等，另外再向客觀而有信譽之媒體調查機構查詢相關資料，對該媒體才能作較客觀的評估，再將結果提供為選擇媒體參考。進行媒體現況調查時，以下四項務必瞭解。

(一)用戶

　　由用戶調查資料可知該媒體之基本收視聽者有多少，是否與廣告目標消費群重疊等，廣告主可據以瞭解各媒體覆蓋程度，挑選出涵括目標消費群最多或比例最高的媒體刊播廣告。報紙、雜誌、有線電視等均有訂戶資料，至於使用者收視聽資料，如收視率多少等，媒體本身通常會作調查，但爲爭取廣告客戶，所發布數據難免利己者多，不利者則隱之，因此在廣告事業興盛的國家，均有立場中立的機構進行用戶資料調查，以提供各媒體及廣告主、廣告公司公正客觀的數據。

(二)立場

　　各個媒體均有其傳播原則與立場，其視聽者通常就是觀點相近的群衆，有些媒體立場鮮明，如所謂的國民黨報、民進黨電臺，有些則原則明顯，如各種專業雜誌，只刊載專業範圍篇章，這些媒體的視聽者顯然爲不同族群。在選擇媒體時，媒體立場是否合於目標市場消費者立場，是否能與廣告訊息表達方式協調，宜事先查明。例如音響廣告刊在音樂雜誌上最好，刊在汽車雜誌上亦可，若刊到園藝雜誌上，效果如何可想而知。

(三)費用

　　各媒體機構均有其廣告刊播收費標準，在不同時段、節目、版面刊播廣告的價格不一，通常收視聽衆較多的媒體廣告費較高，收視聽率高的節目及版面，廣告費較貴；不同的篇幅大小與廣告片長短，其價錢也不同。用戶與立場調查最合意的媒體，可能刊播費也高得令廣告主猶豫不前，所以要對各媒體收費標準加以研究比較，挑選數種不同媒體與時段、版面，搭配組合運用較爲經濟實惠。

(四)媒體地位

　　媒體一般性的聲譽對其刊播廣告的效果並無顯著影響，但其在同類與非同類媒體間的地位則有影響，尤其對商品形象與企業形象的影響特別明顯。消費者常以爲，能在全國性電視上打廣告的公司，總是比僅能在報紙上登廣告的公司大，商品信用應該也會比較好。

　　視聽衆對收視聽的媒體均有一特定印象，例如有些雜誌公認立論持平，報導深入；有些則被認爲內容貧乏，小道消息充斥。但不同的視聽衆對同一媒體的看法，可能差別很大，例如一些鄉土性濃厚的講古節目，支持者會因認同主持人而相信其講出的廣告，另一些人則持聽之即過的態度。登在高水準知名雜誌上的書籍廣告，讀者會認爲其

編寫必佳，而提高購買率。由於目標消費群心目中的媒體地位，會影響及對廣告的信賴與接受程度，尤其是新上市不具知名度的商品，所以瞭解媒體在消費者心目中的排行，有助於選擇適當媒體。

分析以上資料後，應摘錄重點製作成表，以利於選擇比較。

二、媒體重要計算公式

媒體現況調查資料通常由術語和數據資料組成，必須自行解讀分析，茲就其重要者說明涵意與計算公式如下：

㈠廣告媒體之收視聽率

廣告媒體之收視聽率(Broadcast Rating)係指在某一特定時間內，收視聽某特定節目之家庭數或人數，其佔該媒體目標市場家庭或人口之百分比。此數值可顯示該特定節目傳播的效率。

[公式]

$$收視(聽)率 = \frac{收視(聽)某節目之人口數 \times 100\%}{視(聽)者總人口數}$$

例如十人中有一人收視甲節目，則甲節目之收視率為 10%。

㈡廣告媒體之收視聽佔有率

廣告媒體之收視聽佔有率(Broadcast Share of Audience)係指在某時間內開機者，收視聽某特定節目的人，其佔視聽者之百分比。此數值可顯示該時間內某節目受歡迎的程度。

[公式]

$$收視(聽)佔有率 = \frac{某特定節目之(觀)聽衆數 \times 100\%}{在該時間之數視(聽)者總人數}$$

㈢報紙之百萬行價格

報紙之百萬行價格(Milline Rate)，係指發行量與每行成本間之比較（效益）關係，此數值可顯示報紙之價格效益。

[公式]

$$百萬發行價格 = \frac{每行成本 \times 100萬}{發行量}$$

㈣每分雜誌讀者數

每分雜誌讀者數(Magazine Readers Per Copy，簡稱 RCP)指平均接觸到一分雜誌的人數，此數值可顯示發行量與讀者間的關係。

[公式]

$$每分讀者數 = \frac{平均每期之讀者數}{單期發行量}$$

(五)總收視聽率

總收視聽率（Gross Rating Points，簡稱 GRP）係指使用一系列媒體工具，所產生的累積（非重複）視聽印象的表示方法。在媒體計畫中，總收視聽率也是廣告衝擊力的度量單位。

[公式]

$$每一視聽者數（百分比）\times 廣告刊登次數 = GRP$$

例如：甲節目收視率 20％，播 1 次為 20％×1＝20％
　　　乙節目收視率 15％，播 2 次為 15％×2＝30％
　　　丙節目收視率 25％，播 3 次為 25％×3＝75％
　　　　　　　　　　　　　　　　GRP　　＝125％

(六)每千人單位成本

每千人單位成本（Cost Per Thousand，簡稱 CPM）係指某一媒體傳送廣告訊息達 1,000 人的成本，可計算出某一媒體或節目之單位成本高低，而瞭解媒體成本效益，因此常用來衡量不同媒體廣告費用合理程度，或做為欲在最低成本之下得到最多視聽衆的考慮標準。

[公式]

$$每千人單位成本 = \frac{媒體工具之成本 \times 1,000（人）}{總視聽人數}$$

例如：甲節目 30 秒廣告費為 12,000 元，可送達 12,000,000 人收視，則其 CPM 為：

$$\frac{120,000（元）}{12,000,000} \times 1,000（人）= 10（元）$$

媒體工具之成本指媒體廣告版面或時間之成本，除非由媒體公司製作，否則通常本項不含製作費。總視聽印象指媒體工具之總印象，即預估的家庭或人數，若以 GRP 表示的話，則將其乘以目標群之人口數，轉換成總視聽印象。

(七)總接觸率

總接觸率（Gross Reach Per）係指在某一特定期間內，安排某一廣告上檔，計算收視（聽）廣告上檔節目的總人數，一般以百分比表示。

例如：廣告在甲、乙、丙三個節目上檔，其收視率分別爲30％、18％、26％；甲、乙都看有7％，乙、丙都看有5％，甲、丙都看有9％；三者都看的有3％，則總接觸率爲：

看甲、乙不看丙	7％－3％＝4％	
看乙、丙不看甲	5％－3％＝2％	
看丙、甲不看乙	9％－3％＝6％	
看甲不看乙、丙	30％－4％－6％－3％＝17％	
看乙不看丙、甲	18％－4％－2％－3％＝ 9％	
看丙不看甲、乙	26％－2％－6％－3％＝15％	

∴　只看一個節目　　17％＋9％＋15％＝41％
　　看兩個節目　　　4％＋2％＋ 6％＝12％
　　三個節目都看　　　　　　　　3％
———————————————————————
　　總接觸率　　　41％＋12％＋3％＝56％

㈧個別接觸頻率

個別接觸頻率(Frequency)是指在某一特定期間內，個人接觸某一廣告的平均數，同上例，廣告在甲節目播出 1 次，乙節目播出 2 次，丙節目播出 3 次，先求出甲＋乙＋丙之 GRP，再以接觸率去除，即可得到接觸頻率。即：

　　甲節目 GRP　　30％×1＝30％
　　乙節目 GRP　　18％×2＝36％
　　丙節目 GRP　　26％×3＝78％
　　總 GRP　　　　30％＋36％＋78％＝144％
∴　個別接觸頻率　144％÷56％＝2.57

第三節　訂定媒體目標

媒體目標指在某特定時間內，廣告主期望經由媒體傳遞廣告訊息給目標消費者所能達到的程度，例如有多少人得知該商品，多少人記得該訊息等。訂媒體目標的目的，在於作第二階段媒體計畫衡量規劃的憑據。

一、媒體目標訂定依據

媒體目標需配合以下項目去擬訂：

㈠廣告目標

　　將廣告目標轉化爲媒體目標，必須具備良好的推理觀念。例如某食品新上市，初期行銷目標是讓人人都知道其口味，所以舉辦試吃促銷活動；廣告目標爲讓廣大民衆得知試吃活動訊息；媒體目標應訂定高接觸率，但平均接觸率不一定要高，即廣告看過一次知道就好。但若是爲新產品打知名度，則需平均接觸率高，即每個民衆均能多看幾次，以便牢記該產品。又如廣告活動目標是要讓全體民衆對核能電廠安全措施有信心，廣告訊息以說理手法表達，則媒體目標爲高接觸率，看過廣告的人愈多愈好；若廣告目標爲讓反對核能電廠的民衆信服，則媒體目標應爲平均接觸率高，希望民衆能多看到幾次廣告，經由再三接觸而得以瞭解廣告訊息，反對的人因而被說服。

㈡經費多寡

　　廣告主會參考各種媒體的成本及效益，去分配廣告經費，由於廣告預算中大部分爲媒體刊播費，所以不同地區及季節廣告金額比例，比照媒體預算中地區及季節金額比例分配，各時期媒體目標自然受限於經費的多寡而有差異。

㈢訊息接受度

　　當目標市場消費者對某廣告訊息表現方式反應較遲鈍時，媒體目標必須訂爲較廣的覆蓋度或較高接觸率，才能達成預定的廣告目標。

㈣競爭者現況

　　當強力競爭者出現時，媒體覆蓋程度至少要與競爭者相當，否則競爭者強大的廣告效力，可能使一切的努力徒勞無功。例如競爭者在某地區全力促銷，強打廣告，若保衛者廣告媒體覆蓋範圍小於競爭者廣告區，範圍以外地區只有競爭者的聲音，市場當然很容易被蠶蝕掉。

二、媒體目標項目

　　媒體目標必須訂定的項目有五個，說明如下：

㈠覆蓋程度

　　覆蓋程度指在特定時間內，利用媒體刊播廣告，所能接觸到該廣

告的視聽眾人數，大眾印刷媒體通常用訂量或發行量表示，電訊媒體以收視聽人數表示。如果採用多種媒體進行廣告，覆蓋程度爲各媒體覆蓋人數總合減去重複人數，即各媒體覆蓋人數聯集。

因爲能接觸到各媒體傳播廣告訊息的人不一定都是目標消費者，所以廣告覆蓋程度不等於行銷目標市場，也就是在媒體覆蓋人數中，通常只有一部分爲廣告之目標消費者，也只有對這一部分人廣告才可能發生效力。因此爲了提高接觸到目標消費者的機會，惟有加大覆蓋面積，但媒體費也會相對提高，因此覆蓋程度必須考慮廣告經費限制來訂定。

(二)接觸率

接觸率指在特定時間內，利用媒體刊播廣告，接觸到該廣告的目標消費者人數，佔目標市場總人數之百分比。計算公式爲：

$$接觸率＝\frac{接觸目標消費者數}{目標市場總人數}×100\%$$

接觸率並不考慮消費者接觸此廣告的次數，所以消費者看到此廣告的次數可能各不相同。因此接觸率只能用以判斷廣告與消費者接觸的廣度。收視聽率高的節目其廣告接觸率不一定高，例如八點檔收視聽率可能高於卡通時段，但如播放玩具廣告，卡通時段的接觸率必高於八點檔，此因其視聽眾不同之故。媒體目標所訂的接觸率，在進行媒體組合時必須注意，不可將之與視聽率混淆。

(三)個別接觸頻率

個別接觸頻率指在特定時間內，每個視聽者接觸到廣告的平均次數。例如廣告對象爲全市中學生，廣告刊在該市兩分雜誌上，其一該市全部中學生都看，另一該市有一半中學生看，則此目標市場中，有1/2 消費者接觸廣告 2 次，1/2 接觸 1 次，平均接觸 1.5 次。

廣告所能產生的影響，對於只看過一次廣告與看過五次廣告的視聽者而言大不相同，看過一次未必有印象，看過五次就記住了。所以個別接觸頻率顯示廣告接觸目標消費者的深度，接觸頻率越高程度越深，消費者對廣告訊息作出預期反應的可能性越大。但廣告效果有其限度，如接觸 3 次即已使消費者達到預期反應，則刊播 5 次顯然多餘，因此訂定個別接觸頻率，是用來作爲安排媒體刊播時之界限，避免浪費。

(四)接觸總次數

接觸總次數指在特定時間內，視聽者接觸到廣告的總次數，無論

接觸的是否同人。計算公式爲：

接觸總次數＝目標市場人數×接觸率×個別接觸率

媒體傳播廣告效率的高低，視其能接觸到消費者的程度而定，將接觸總次數除以媒體刊播費，就能得知對每個目標消費者傳達到單次廣告訊息的傳播成本，是選擇媒體時衡量媒體效率指標。

㈤呈現頻率

呈現頻率指在特定時間內，廣告於媒體上出現的頻率。因爲廣告達到最佳效果的刊播頻率，視廣告訊息內容而有別，必須加以思量訂定。對效果呈現較緩慢的廣告，呈現頻率可較低，間隔較長的時間作一次刊播，而重複多次；要求效果立現或具時效性的廣告，呈現頻率宜高，其刊播則需密集，間隔時間短、次數多。各媒體由於特性不同，如月刊每月出刊一次，而電視可整天播出，所以呈現頻率可組合不同媒體共同達成，才能使廣告經由媒體特性發揮最佳成效。

第四節　擬定覆蓋策略

覆蓋指在特定時期內，利用媒體刊播廣告，所能接收到廣告訊息收視聽眾中之目標消費者範圍。媒體傳播範圍差別很大，如衛星電視覆蓋範圍可及於全國乃至跨國看電視的民眾；地方性的廣播電臺，覆蓋範圍則限於可收聽區域的民眾。

目標消費者若無特別限制，目標市場範圍尚未固定時，覆蓋程度愈廣，所能找到顧客的總數也愈多。但在市場固定並擁有基本客戶後廣告覆蓋範圍便可縮小。

一、考慮因素

擬定覆蓋策略考慮因素有四項：

㈠可用資源多寡

當廣告主擁有的人力、貨源、資金等資源不寬裕時，適合作局部性、重點式、漸進的覆蓋；若廣告主資源充沛，則可採取全面性覆蓋。覆蓋原則爲廣告力量需集中，即在集中之地區廣告，或是次數密集廣告，均能使廣告效力增強。

(二)覆蓋時限

指預定完成媒體目標所需時間長短。期限長可採用間歇、區段、漸進的方式，以較緩慢步調進行覆蓋，效果也較持久；期限短則採取密集、全面、衝擊性強的方式，以快速節奏進行覆蓋。

(三)覆蓋程度

廣告目標若為讓大家知道此訊息即可，則單次或數次的覆蓋可能便足以達成，例如機構的招標公告、招生廣告，或時效短的廣告，如每日一物等。但如希望達到某種相當程度的印象與記憶，就需要多次的重覆覆蓋，可採用單一媒體，亦可多種媒體同時廣告，對重疊的目標消費群進行覆蓋。例如各大廠牌的飲料廣告，相同的廣告片經常在相同時段連續多日天天播出，務讓消費者牢牢記住。

(四)市場可分割性

若市場市場分割後無適用之其它媒體，或媒體覆蓋對象重疊，就不宜使用局部性、漸進式的覆蓋方式。例如以臺灣為商圈的家電業，各縣市地區性覆蓋策略就有必要；以臺北為商圈的百貨公司，細分市場則無此必要；又如晚餐前時段相鄰的電視卡通節目廣告，兒童通常一併觀賞，即視聽者近似，若非要加強廣告印象深度，否則廣告不必均安排播出。

二、覆蓋策略

評估上述因素之後，可就需求依據以下幾種覆蓋方式選擇運用：

(一)全面性覆蓋

全面性覆蓋指利用全國性或全省性的大區域媒體，向整個目標市場作全面性的廣告。目標消費者數量眾多且分布全國時，宜採用此種覆蓋方式，例如家電、零食等大眾化的商品；新產品、新品牌想迅速於市場上建立知名度時，亦可採用此方法。

(二)重點性覆蓋

重點性覆蓋係僅在全國幾個目標消費者眾多的主要市場同時作覆蓋，暫時放棄其他地區。對於商圈小的店家、小廠商，在貨不多且廣告經費少的情況下，採取重點性覆蓋廣告效率較高。大廠商、普及化的知名產品，亦可以此方式作地區性促銷，以應付各地突發性的競爭

狀況，或用以鞏固地位。

(三)漸進性覆蓋

漸進性覆蓋係將全國分成幾區，在不同時間輪流對各地區進行廣告，其內容針對各特定地區目標消費者而製作，利用地區性的媒體工具作集中式覆蓋，屬於小區域、低成本、高頻率、高接觸率的策略。當目標消費者分布廣，而廣告主無法負擔全面性廣告經費時，可以一區、一區在不同時間廣告，以漸進方式，將廣告訊息逐步傳遞給全體目標消費者，對市場進行逐步的蠶食鯨吞。直銷商即以此方式由點而線而面，擴充至可進行全面性廣告地步。

(四)季節性覆蓋

商品的使用與購買具有固定的淡、旺季起伏，或隨季節而變化時，在一年中之旺季或重要節慶時要大量覆蓋，其他時間則只需以少許廣告與消費者維持聯繫即可。例如泳裝、冷氣機夏天是廣告旺季，火鍋料、烘被機廣告集中在冬天，雨季時除濕機廣告密集，年假、寒暑假旅遊廣告特多，十二月為耶誕禮品旺季，母親節康乃馨促銷等。

(五)特殊性覆蓋

偶發事件可能使廣告主決定作快速性、全面性或地區性覆蓋。這種情況不常發生，但發生時可能起很大的效用。例如把產品送到災區救濟，單日的義賣，均有很好的廣告效果。

此外也可以利用其他分割市場的方式，來進行上述的覆蓋策略，例如依城鄉分為都市、城鎮及鄉村市場，或依年齡分為兒童、青年、中年、老年市場等。

以上之覆蓋策略可單獨選用，亦可組合運用，或交錯運用。例如全國性的電腦展分期在北、中、南三地巡迴展出，展出前在全國性媒體刊播廣告，進行的全面性覆蓋，以造成聲勢，展出期間廣告刊播則限於展出地區，以節省經費，並提高廣告效率。

第五節　選擇媒體組合

現代社會多元媒體並存，每個人所接觸到的媒體種類多，平時各人習於接觸的媒體差異大，而各種媒體特性、功能均不同，因此如廣告目標較大時，必須同時採取多種媒體進行廣告傳播，才能覆蓋較廣、較深的目標視聽眾層面，達到廣告目的。

媒體組合係指在特定時間內，用來傳遞廣告訊息的各種媒體工具。在廣告策略確定之後，表現方式構思之前，必須先大略決定將採用的媒體組合方向，例如電訊媒體與印刷媒體並用，或只用印刷媒體與廣播媒體，或交通媒體也會採用等，如此表現方式才能針對媒體特性去構思，並避免採用不會執行的表現型式。但如爲高金額廣告案，則會先提出所有可能採用媒體之廣告創意構思，再由廣告主選取，這時媒體組合可於其後再考慮。

由於運用媒體組合，廣告可作最能發揮效力之創意設計與刊播安排，又能節省經費，因此如何擷取各媒體之長加以組合運用，廣告人員需費心思量，可依據以下項目加以評估選擇。

一、商品特質

選擇媒體組合時首先要考慮商品特質，廣告人員需評估何種媒體最能展現商品優點，以之作爲展示工具。當商品功能多，消費者不易瞭解，需以較長文案說明時，宜採用平面媒體。商品性質單純、大衆化，消費者一見即知，可採用電訊媒體。商品特性以文字與圖片不易表達清楚時，宜以電視作動態展示。

二、目標對象視聽媒體習性

選擇媒體時，應依據目標消費群的媒體接觸率及視聽習慣差異，選擇不同媒體。目標消費群的媒體視聽習性差異頗大，應先行瞭解，再選擇適當的廣告媒體加以運用，方能收事半功倍之效。例如以兒童消費者爲目標的廣告，聲色靈動的電視媒體效果最好；以讀書人爲目標消費者，報紙廣告、雜誌廣告效果佳；以勞力工作者爲對象，廣播媒體收聽率高。在同類媒體中，又可予以細分，例如賣服裝宜選服裝雜誌刊登廣告等。因此分析目標消費群之習性與好惡，如最喜歡看的節目等，有助於瞭解其媒體視聽習性。

三、媒體時效

電訊媒體時效最短，報紙媒體時效爲一天，週刊爲一星期，月刊爲一月，各媒體因時效有別，需就廣告目標之時效要求配合選用。

若想在短期內迅速建立商品知名度，以電視媒體密集播出廣告最有效；若要長期鞏固消費者對商品的認知，則適合採用階段性策略，同時選用平面媒體及電訊媒體，每隔一段時間作一次廣告。若商品服

務範圍僅限於小地區，可採用夾報廣告以節省經費。

四、媒體傳播範圍

　　各種媒體傳播範圍差異頗大，例如全國性報紙如《聯合報》，洲際性電視如香港衛星電視臺，全球性雜誌如 *Reader Digest* 等，應就目標消費者分布範圍與所在區域，選擇傳播範圍較符合之媒體組合運用。

　　例如以城市為商圈之地方性百貨店，不宜採用全國性電視媒體，可在報紙之地方版登廣告，而非全省版；零售點少或直銷的產品，不宜用大眾媒體，可採用郵寄廣告；當市場區隔明顯、目標消費者媒體視聽習性易辨時，適合採用雜誌媒體。

　　又如建設公司售屋廣告，利用報紙媒體較合適，而報紙又以地方性的報紙為首要選擇，登報時間週末、週日最理想。因為想買房子的人，以當地人士為主，報紙或夾報為其主要訊息來源，而且通常在星期假日才有空去看房子，自然買當天報紙尋找售屋訊息。

五、媒體特質

　　每種媒體傳播特質各不相同，同樣的廣告訊息，由不同媒體傳達，視聽眾的反應會不相同。因此廣告之製作應發揮媒體特性，以增加傳播魅力。例如印刷媒體應充分發揮製版印刷的技巧；電視媒體適於著重影像、聲音及動態綜合表現的廣告。彩色軟片廣告以展現商品色彩為重點，宜採用彩色廣告；汽車廣告欲表達操控自如實況，可加重電視媒體比例；需要長篇之詳細說明，讓人瞭解商品特性的廣告，可採用紙張印刷媒體；若要傳播迅速，例如宣傳本週打折之短時效性廣告，採用電訊媒體或日報優於使用月刊式雜誌媒體。

六、廣告費用

　　廣告費用包括廣告製作成本與媒體刊播費，應與媒體傳播效率一起作綜合性評估，來分配廣告預算。有些媒體刊播時效短、費用貴，但單次接觸率高；又有些媒體單次接觸率低，費用也低，可多次廣告累積效果，因此應搭配運用。經費多時可採取多種媒體組合、較大篇幅與較長廣告片，廣告期也可延長；經費少則宜選擇最適當的一、二種媒體，或採用篇幅較小、較短的廣告片，並集中於短期間內刊播。

　　刊播費與版面、時段有密切關係，黃金時段、第一版的刊播費遠

高於冷門時段或內頁。在製作成本方面，尺寸大的廣告與長秒數廣告片製作費，高於小篇幅與秒數少者；聘請知名影星主演、採用動畫費用高昂，但如以靜態畫面加上旁白，成本可能比印刷廣告還便宜。因此媒體相對成本要加以比較，包括同種類媒體刊播價格、不同媒體價格、折扣、不同製作方式之成本、媒體效率成本等，均需考慮周詳，再斟酌廣告預算多寡，選取經濟實惠者組合運用。

七、競爭者使用媒體現況

廣告主通常會注意競爭者使用媒體現況，避免使用與競爭者同樣或同時段的媒體，或同版面並排一起，以免消費者因視聽同類商品廣告，而降低對本廣告的注意度。例如 IBM 電腦與蘋果電腦，及可口可樂與百事可樂，所使用的廣告媒體與時段都互相錯開。

八、媒體地位

在同類與非同類媒體中，不同的媒體所刊播廣告，在視聽眾心目中地位有別，全國性電視地位高於有線電視，發行量高的報紙地位高於發行量低者，雜誌也有影響力多寡之差，會影響商品形象及廣告效果。例如能上全國性電視打廣告的公司與商品，消費者會覺得比較可靠；對僅以廣告單介紹的商品，則心存疑慮。媒體組合中應儘可能納入公信力高、影響力強的媒體。

九、習慣與法規限制

部分商品有法規限制禁用的媒體種類、時間及廣告內容限制，或消費者特別的好惡狀況，應予注意，如各大報上不刊登香菸廣告。又如消費者對用餐時間電視播出的某些個人衛生用品、蘚藥之類廣告，排斥感特強，若採用平面媒體便無此忌。衛生署也常公布不法廣告的名單，禁止再行刊登。

根據以上媒體組合選擇要點，在此以報紙廣告媒體之選擇為例，列出應考慮項目如下：

⑴廣告時效：廣告效用是否有時限？刊出時間是否可以配合？刊登的時間應配合廣告策略的時效要求，及促銷活動時限。

⑵報紙種類：評估要選一分報紙或選多分報紙？那幾種較合適？例如《聯合報》、《民生報》、《經濟日報》，其讀者特質不同，其上刊登的廣告，內容範圍就不大相同。

(3)廣告費用：報紙就報別、版面、篇幅之不同，廣告費用也不同，預估要多少？同樣費用，是一次刊登大篇幅廣告，或分多次刊登小篇幅廣告？

(4)版面位置：需刊登多大版面？就廣告形象條件和被注目程度，登在第幾版較適合？

(5)內容是否爲強調說明性和說服力的廣告？若是，則選擇報紙廣告媒體較爲合適。

(6)衡量廣告的經濟效益，假若某報一天發行量是 1,000,000 分，於第一版刊登全十批廣告一次價錢爲 350,000 元，每分報紙平均 5 個人看到，則：

350,000 元÷1,000,000（分）÷5（人）＝0.07 元

即平均對每一位讀者之單位廣告費，僅須 0.07 元，應屬合算。

　　所有的考慮項目以表格列出，較容易作比較、選擇。媒體組合選定後還要細心安排刊播時段、版面，以發揮其整體性功能。

第六節　媒體刊播安排

　　決定媒體組合後，要仔細規劃廣告篇幅長度，與刊播版面時段。

一、廣告篇幅長度

　　由於廣告費用中媒體刊播費用所佔比例偏高，而且與刊播之篇幅、長度成正比，所以廣告面積與長度是取決於刊播費高低，及預算是否負擔得起。廣告篇幅長度考慮要點如下：

㈠電訊媒體

　　電訊媒體廣告片、廣播帶長度以秒計，均爲 5 的倍數，只要決定播出長度，如 15 秒、20 秒等，即可依循製作。電訊媒體在相同時段播一次秒數長的廣告片，與播兩次秒數短的廣告片，只要總秒數相同，費用即相同。秒數短者如爲同一廣告片，製作費較低，且可強化記憶，但不易精緻；而秒數長者內容創意較易發揮，容易讓視聽者留下精心製作的良好印象。由於電視廣告片製作不易，成本高昂，即使經費寬裕，廣告主也不會一次拍好幾篇，廣告量大者拍一篇至少用一季，通常是用一年，節儉者一篇用上十數年的也有。若片長有時候將之剪接出另一篇濃縮版，穿插播出。

(二)印刷媒體

印刷媒體製作成本一般而言比廣播廣告帶高，但較電視廣告片便宜許多，所以平面廣告稿作一分和多作幾分，在廣告總成本所佔比例變化很小。報紙、雜誌刊登費依位置之顯著程度訂價，同一分全頁的雜誌廣告，放在封面裡可能會比放在內頁多 1/2 刊登費，但製作費並不因此而改變。若以同樣經費改爲在知名度略遜之同類雜誌內頁登兩次廣告，或許廣告稿會作兩份，以增加變化。如係報紙稿，在媒體費用固定情況下，也可能因改變刊登位置，而使製作篇幅擴大。

各報紙、雜誌版面尺寸差別頗多，同樣開數在裁切上也常有不同，因此決定篇幅後，需向報社、雜誌社索取精密之印刷、裝訂與裁切尺寸，據以製作廣告稿。交通廣告有尺寸規定者亦需遵循。郵寄廣告、POP 廣告等，在篇幅上無特別顧慮，通常以不浪費紙爲原則，成品規格採用拼版可拼滿者。

二、刊播版面時段

消費者經由媒體接觸到廣告訊息，由於消費者喜好與習性各有不同，因此常接觸的媒體節目、時段、版面也不相同，所以選擇媒體時須就目標消費群的視聽特性，選擇他們最常接觸的媒體時段，再就那些時段優先挑選收視聽率較高者，才能將廣告訊息傳遞給正確的目標消費群。

但是廣告覆蓋率常隨收視聽率的高低而升降，而節目的收視聽率會變動，廣告刊播又需預訂，且收視聽率高的節目廣告費也高，因此在購買廣告時段時，必須衡量費用與收視聽率變動狀況，以免與預期相差太遠，再依據收視聽率高低，安排媒體刊播時間。

在媒體組合運用之下，廣告人員需規劃出廣告在各媒體刊播的時間表，其內包括各媒體名稱、版面、節目與時段，刊播時期及次數等資料，還要加註廣告稿送交媒體的最後期限。在安排媒體刊播時間表時，需注意以下四項要點：

(一)個別媒體排期

媒體排期指廣告在媒體上刊播的時程，在何時期內，於何時間刊播，每次使用多長時間或多大版面，總共刊播幾次。

例如在 7 月一個月內，每星期六晚上新聞節目前，每次 15 秒的廣告出現兩次，一個月共 8 次；又如 9 月到 10 月，在中廣調頻音樂網「美的世界」節目播出，排在每天早上 9 點至 12 點之間，每日兩

次，每次 20 秒，每週共 14 次。排期未必有秩序性，也可指定某幾日、某幾個不同時段，分別做次數不等的廣告。

報紙、雜誌廣告篇幅大者，在同一媒體上同篇廣告通常只刊登一次；分類廣告徵求類遇週末假日較易連續刊兩、三日。報紙若干版面每週七日各有不同主題如旅遊等，每逢該主題登出日，該類廣告常喜同日刊出，以提高對有此同好之消費者的閱讀率。

㈡各媒體配合狀況

各種媒體刊播時間與持續期，依據媒體目標之不同，可採取重疊或互相錯開等不同方式，以增加廣告訊息被消費者接觸的機率，並將刊播費作最經濟的利用。假如電視廣告片短又無法在黃金時段播出，可於其它時段多播幾次，以較大面積的覆蓋方式彌補，或者報紙廣告用大篇幅來加強。例如在同一天內，電視、廣播、報紙、雜誌均刊播廣告，人們無論看到三者中任一，均有機會接觸到至少一次廣告，印象自然深刻。或者廣告在一週內，星期一、三、五在報紙上刊出，二、四、六在電臺廣播，星期日電視播映，使廣告每日於不同媒體刊播。也可同一時段在三家電視播映，觀眾斯時任轉那一臺，都會看到該廣告。或廣播排白天，晚上排電視均可。

㈢媒體刊播頻率

大型的廣告計畫時期常長達半年、一年，其間有數次密集廣告期，與暫息時期。在旺季可能會採用多種媒體，在淡季可能只安排一、兩種作零星廣告，而形成特殊的波動性。不同的廣告期之間不宜間隔太久沒作廣告，否則很容易為消費者遺忘，每次都要重頭開始。太長的密集廣告期也易使消費者麻木，廣告形同浪費。在同一媒體上的廣告也會有類似情形。所以每一媒體與各媒體間廣告排期時，均應考慮到廣告呈現頻率及其效果。

㈣廣告刊播時機

廣告刊播應與行銷活動配合，淡、旺季作不同刊播安排，針對某些具時效性的行銷活動，也可插播短期廣告。時常需要廣告時，宜與媒體訂長期合約作持續性廣告，費用會較便宜。遇有重要時事變化與流行風潮時，可抓住時機適時廣告，例如政府補助民眾使用太陽能設施，太陽能熱水器趁機廣告，效果勝於不補助時。亦可配合鋪貨時機，以經銷商重視之媒體進行廣告，如 POP 廣告等。

廣告時間表的安排，必須配合媒體所能提供的時間空檔及節目性質，從中選取合於媒體策略要求者。有時候偶發事件也會波及刊播，

例如有重大事件發生而取消預定節目，廣告也連帶未能播出；或廣告錄影帶受損無法使用，印刷失誤等，因此宜有應變對策，才不會因一時意外無法應對，而降低廣告活動成效。

三、刊播執行要項

決定刊播篇幅、長度，與上檔節目、時段、版面位置之後，即可向報社、雜誌社、電視臺、廣播電臺或廣告媒體代理商等，洽商刊播事宜。由於所要的時段若為高收視率節目，常會碰上廣告滿檔，必須更改播出時段或延後播出日期，大報之版面位置，也會有類似狀況，所以如堅持非要某時段、版面不可，宜及早預訂，通常應事先擬定其次考慮時段，或替代方案。例如預定某日開幕，報紙廣告無法配合刊登廣告，可改採夾報廣告，同日發出。

各媒體均有廣告稿送交最後時限，平面印刷稿之彩色稿截稿日期早於黑白稿，電視廣告片要取得新聞局准演執照，於前一日交給電視臺，交稿要遵守截稿時限規定，才能如期刊播。

由於印刷技術不斷革新，電腦使用日益普遍，通訊工具迅速發展，各種聲音、影像之綜合媒體，如有線電視、家庭傳真等新媒體相繼開發，今後廣告人員的工作將會更趨繁雜，也需要更佳的判斷力與規劃及執行能力，廣告人員需要不斷學習，才能持續成長進步。

茲就大眾媒體作業重要項目簡介如下：

㈠報紙、雜誌

要買到好的時段或版面有時並不容易，平日應與媒體方面的編輯或業務人員維持良好關係。作業要項為：

　⑴受理廣告主的廣告發稿委託。
　⑵向媒體機構申購媒體單位。
　⑶和媒體機構簽訂廣告刊載契約。
　⑷截止日期前送達廣告原稿。
　⑸打樣稿校對。
　⑹廣告刊載時間及版面之覆核與確認。

㈡電視、電臺

電視和電臺常由廣告代理商包下整個時段，再賣給廣告公司或廣告主。作業要項為：

　⑴排定上檔時間表並談妥費用。

⑵預訂廣告插播時間及順序。

⑶草擬廣播契約書及簽訂廣告託播契約。

⑷監督外包之廣告錄製工作。

⑸截止日期前將廣告錄音帶、錄影帶送交媒體。

⑹刊播確認。

⑺監聽、監看廣告播出。

㈢交通媒體

交通媒體也多由廣告代理商包下，其執行較簡單，簽約後廣告人員自行備妥廣告單、海報、大型幻燈片等，交由代理商安置於交通媒體上即可。

習　　題

1. 何謂媒體計畫？

2. 媒體計畫的作業程序及考慮的因素為何？

3. 一般習見的媒體調查有那幾種？試說明之。

4. 何謂媒體目標？一般媒體目標可以用那幾種指標予以界定？

5. 接觸率與平均個別接觸率意義為何？兩者有何差異？

6. 進行媒體計畫時，如何針對媒體特質加以考量評估？試舉一廣告實例加以說明。

7. 何謂漸進性覆蓋？試申述其意義。何種企業規模及商品特質較適合採用此種覆蓋策略？

廣告媒體㈠：大衆媒體

第一節　廣告媒體類別

　　爲求充分發揮媒體功能，提升廣告訊息傳播效率，對於各種廣告媒體之特性，有必要加以瞭解。各種媒體之差異，在於廣告品型態、傳播方式、傳播範圍、刊播期與收訊感覺類別，茲將各類媒體說明如下：

1.廣告品型態

　　如平面印刷、電訊、立體物之類等。印刷媒體如報紙廣告、雜誌廣告；電訊媒體如廣播廣告、電視廣告；立體廣告品如招牌、看板。

2.傳播方式

　　可直接由廣告主找人將廣告訊息遞送給視聽者，如說明會、郵寄廣告、傳單，此方式需要較多人力，也常會用到大量廣告品。間接方式爲藉由大衆傳播媒體廣告，廣告訊息依附於媒體上發出去，只要將一分廣告稿或廣告片、廣告錄音帶交給報紙、雜誌、電視或廣播媒體去刊播，不必製作大量的廣告品。

3.傳播範圍

　　傳播範圍廣者，如洲際性的衛星電視；全國性的如廣播電臺的FM頻道、無線電視，全國發行的雜誌、報紙；傳播範圍較窄者如地區性的夾報廣告、宣傳車等媒體。

4.刊播期

　　刊播期長者爲長期性廣告媒體，如雜誌、招牌等；刊播期短者爲短期性廣告媒體，如電視廣告、廣播廣告，均以秒計，播出即逝。

5.收訊感覺

　　人類以感覺器官去接收外界訊息，視覺與聽覺爲最主要的廣告訊息接收方式，視覺媒體如報紙、雜誌、燈箱、看板，聽覺媒體如廣播，視聽覺合一的媒體如電視、電影；也有一併採用嗅覺傳達如採用香水紙印廣告，或觸覺、味覺傳達，如廣告附試用品、試吃品，以加強視聽衆印象。

　　廣告媒體中傳播範圍最廣，收視聽者最多，影響力也最大者爲報紙、雜誌、電視、廣播，通稱爲大衆媒體；其他傳播範圍偏向較小區域，收視聽者較少者，則稱爲小衆媒體或輔助媒體，種類繁多，型態變化很大，如郵寄廣告、戶外廣告、店面廣告……等。

　　本章先就大衆媒體，於以下各節說明其傳播特性與廣告特質。

第二節　報紙廣告

一、報紙廣告概論

　　最早被廣泛運用的大眾媒體爲報紙，在十七世紀歐洲、美國多種報紙即已刊印廣告。報紙爲平面印刷之視覺媒體，刊播期短，最常見者爲日報；週報與月報較少，且多係小區域、機構內刊物，或僅針對具有某些特質之讀者發行，廣告量也少，所以在此大眾廣告媒體指的是日報。

　　報紙主要功能爲發布新聞，每日出刊的報紙，天天報導最新的世界與地方消息；報紙亦刊載新知軼事、風俗民情、生活起居、文學作品，具有社會教育與怡情養性作用。報紙亦常發布各種演講會及公益活動舉辦消息，並將採訪過程刊出，爲社會大眾服務。

　　報紙價錢便宜，內容豐富，隨著民生裕足，教育普及，閱報人數逐年遞增，一般人多半有每日閱讀的習慣，看報成爲生活的一部分，報紙也成爲社會上極具影響力之媒體。在報紙上刊登廣告，其閱讀率相當高，惟刊出期暫短，但報紙廣告印在紙面，人們可以剪存，以備有需要時查詢。

　　電視已逐漸取代報紙成爲人們的資訊來源中心，在美國報紙銷量年年下降。由於資訊器材普及，報紙型態產生革命性變化，日本首創以傳真機傳遞新聞的方式，將報紙每日編輯大綱經由傳真機輸送至讀者家中，讀者可選擇有興趣的消息，報社再將那些被選擇項目的詳細內容傳送給讀者。傳真報紙一旦盛行，人們未必願意浪費紙張與油墨，接收長篇廣告或彩色廣告，屆時報紙廣告型式勢必改變。

二、報紙類型

　　目前臺灣地區的報紙媒體，以聯合報系——《聯合報》、《經濟日報》、《民生報》，和中國時報系——《中國時報》、《工商時報》等二大報系，最具規模與影響力，發行量亦最高，其他報紙亦各有其勢力範圍。

　　⑴綜合性日報：如以全國發行爲主之《聯合報》、《中國時報》、*China Post*（《中國郵報》）；發行地區以北部爲主之《自立早

報》、《自由時報》；發行地區以中部爲主之《臺灣日報》；發行地區以臺南爲主之《中華日報》；發行地區以高雄爲主之《臺灣時報》、《民衆日報》等。

(2)工商性日報：如《經濟日報》、《工商時報》、《財星日報》、《財訊快報》、《產經新聞報》、《財經時報》等。

(3)休閒性日報：如《民生報》。

(4)特定讀者群日報：如《國語日報》、《兒童日報》。

(5)綜合性晚報：全國爲主如《中時晚報》、《聯合晚報》；臺北爲主如《自立晚報》；高雄爲主如《中國晚報》等。

三、報紙廣告的種類

㈠依內容性質區分

報紙廣告依內容性質區分，可分爲宣傳廣告、告示廣告及雜項廣告三種。

1.宣傳廣告

一般之商業性廣告、公益廣告均屬之，篇幅較大，動輒佔全版、半版，多爲彩色印刷。

2.告示廣告

非行銷性質的啟事廣告，如機關單位的公告、政令宣導廣告、基金會或機關團體活動廣告、股東大會的召集、喜慶訃聞啟事等。

3.雜項廣告

多半刊登於分類廣告欄，如人事、租售、搬家、招生、廉讓、家教、遺失……等多類廣告。

◎建設公司營業廣告◎

◎施政宣導廣告◎

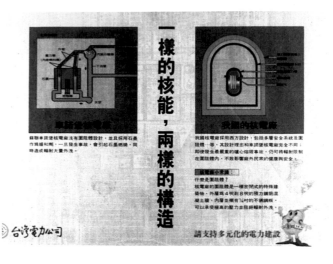

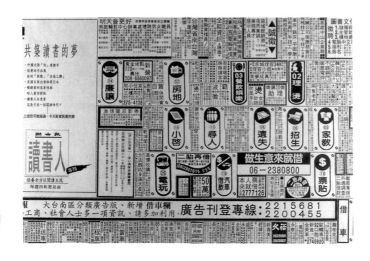

◎分類廣告項目既多且雜◎

㈡依刊載位置區分

　　報紙廣告依刊載位置區分，包括新聞間廣告、分類廣告、專輯廣告三類。

1.新聞間廣告

　　包括新聞下、報頭下、外報頭、插排等類廣告。

　⑴新聞下廣告：刊登在新聞下方，位於新聞或報紙其他專題版內文下。

　⑵報頭下廣告：位於第一版報紙名稱正下方或正旁邊的廣告，通常為長方形廣告。1992 年起，與第一版下半部版面合併，為同一則廣告的設計應用案例大增。

　⑶外報頭廣告：即位於第一版左上角之版位，因其形狀有如煙囪，或稱為煙囪廣告。

◎報頭下位置可放一至三則廣告◎

◎義美食品把第一版全十批
與報頭下位置合併利用，
開創新的廣告版面形態◎

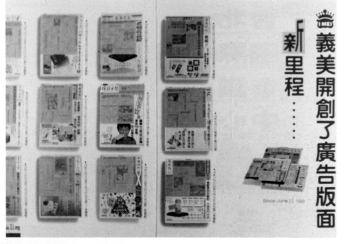

◎被新聞及其他篇章包圍的
廣告為插排廣告◎

(4)插排廣告：指散插在新聞之中，高不超過一批之小型廣告，因其在全幅報紙中，宛如島嶼，故稱孤島廣告；又因其常呈方形，亦稱為方域廣告。

2.分類廣告

僅有文字內容，大部分篇幅很小，由兩行至十數行不等，分類集中刊登在分類廣告欄，其類別如房地人事、裝潢、衛生、徵信、車輛……等既多且雜，各廣告以框線分隔，僅採用黑白印刷。分類廣告因數量頗大，多以全版刊登。

3.專輯廣告

同類的廣告集中刊登，佔半版或全版篇幅，常以仿新聞型態編寫的廣告為重心，其旁安置多個單篇廣告。

四、報紙廣告版面及計價

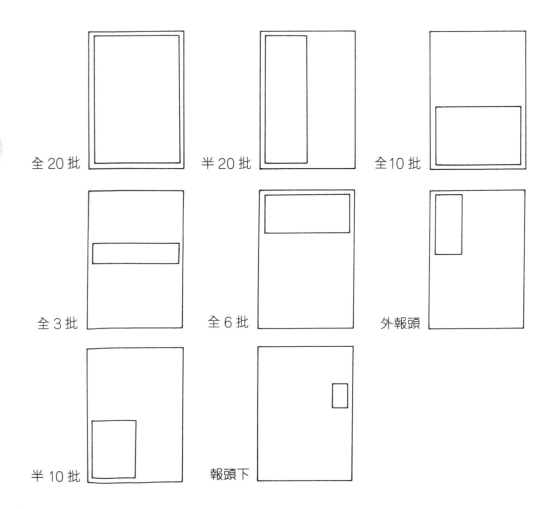

全20批　　　半20批　　　全10批

全3批　　　全6批　　　外報頭

半10批　　　報頭下

◎半版面積等於一個全十批廣告，或
三個全三批及一個全一批廣告◎

◎黑白的營業廣告大小變化
多，各以邊框區隔◎

(1)報紙廣告價格計費單位是「批×行」。

(2)報紙廣告分爲第一版、外頁版、內頁版三種版面，均以一批爲
　單位計價，分爲彩色、黑白兩種，價差甚大。

(3)報頭下依各報面積大小，各有不同收費標準。

(4)《中華日報》、《經濟日報》、《工商時報》，均增設外報頭廣告。

(5)《聯合報》、《中國時報》常採分版方式刊登廣告。

(6)一般較常運用的廣告面積有：全一批、全三批、半十批、全十
　批、全十三批、全頁、跨頁（二全頁）等。

(7)報紙廣告稿送交報社最後時限，彩色稿一般爲刊登前五日截
　稿，黑白稿爲三日前截稿，廣告稿須於時限內交達，才能如期
　刊出。

五、報紙廣告的優、缺點

報紙媒體廣告優缺點，茲分述如下：

㈠優點

(1)發行量大，讀者眾多，層次廣泛，且讀者大部分屬長期而固定族群，閱讀率高。

(2)可隨身攜帶，隨時閱讀，讀者可任擇廣告稍事瀏覽或詳細閱讀，對所看的廣告關心度較高。

(3)廣告稿易於製作，且費用經濟，刊登價格較低廉，即使經費少亦能以之作有效宣傳。

(4)可採用較長的文案描述廣告主張。

(5)廣告主可選擇刊登日期，作短時限的廣告；或有計畫的每日、隔日、每週重複刊登，來加強讀者印象。

(6)連續廣告可每日變更內容，配合廣告活動靈活運用。

(7)全國性及地區性報紙可組合應用，可在地方性報紙上刊登具有區域特色的廣告。

(8)可作爲經銷商、業務人員行銷之輔助材料。

㈡缺點

(1)讀者階層範圍廣泛，較難針對特定對象廣告，廣告達成率低，易形成浪費。

(2)時效僅有一天，過期報紙上的廣告幾不會被再次閱讀。

(3)廣告效果易受篇幅大小及版面位置影響，而明顯位置與版面並非容易取得，尤其是全國性的大報。

(4)報紙一日數張，廣告常散置於各版面，同版面的廣告也常多幀並置，易分散讀者注意力，降低廣告效果。

(5)廣告與新聞排版分隔明顯，如集中於半頁或全頁，讀者閱報時常故意忽略跳過不看，廣告形同未刊。

(6)紙質較差，印刷效果也較差，較難展現商品細膩質感。

(7)廣告僅具靜態視覺效果，吸引力較電訊媒體弱，也無法強迫讀者閱讀。

第三節　雜誌廣告

一、雜誌廣告概論

　　雜誌廣告亦屬視覺傳達之平面印刷廣告媒體，爲每隔至少一週定期出刊之書本型期刊，由於非每日發行，新聞性較弱，其內容偏重某特定主題，所以雜誌讀者群具有共同的興趣或求知欲。雜誌可分爲專門性雜誌與一般消遣性雜誌兩種；專門性雜誌內容範圍較窄，具有專業特性，如《攝影雜誌》、《汽車雜誌》；一般消遣性雜誌內容範圍較寬，較不具專業性，讀者群也較廣，例如《時報週刊》、《讀者文摘》。

　　臺灣的雜誌種類繁多，國外知名刊物也有發行中文版者，加上外文雜誌，競爭非常激烈，發行量差別很大，廣告達成率因此差距也大。好的雜誌編寫卓越，內容能跳脫地方格局，讀者遂不受地域限制。能全球發行的雜誌皆有其特出優點，比如《時裝雜誌》，讀者不懂原文也可欣賞圖片，看廣告以明瞭新潮流向，廣告達成率遂高。

　　由於雜誌讀者具有某方面之相同特性，故針對此特性而製作的廣告效果穩定，廣告主可就目標視聽衆範圍選擇合適的雜誌刊登廣告。例如一般雜誌，供一般人閱讀，適宜刊登日常用品廣告；《工商管理》雜誌，適宜刊登資訊設備廣告。有些婦女對報紙上的廣告不予理會，但對女性雜誌上的廣告卻深信不疑，這種特性也不容忽視。

　　雜誌廣告大都以全頁、半頁刊登，同頁中不會夾雜其他廣告，也不會同分割成多個很小篇幅，或將互相競爭的商品廣告並放在一起，讀者對廣告的接受度因而較佳。

　　雜誌廣告常以銅版紙及彩色印刷，能充分發揮照相製版技巧與原色重現之美，而使廣告畫面益爲明麗，讓讀者產生好印象。例如在精緻的印刷下，可顯示出不同層次的折射光、霧氣等，或冰凍，或熱騰騰，細膩的質感使成品格外真實；同一幅水珠附於瓜果表面的廣告畫面，印在雜誌上就比印在報紙上更顯得新鮮甜脆，真實美味。

　　由於雜誌內容較不具時間性，印刷又精美，易被珍惜保存，再三翻看，並互相傳閱，即使讀者初次看時忽略了廣告，但在再次翻閱時也許就注意到；讀者也可能會在需求某產品時，去翻找印象中登在某本雜誌上的廣告，雜誌廣告持續時效因而爲所有媒體中最長者。

二、雜誌類型

臺灣的雜誌種類繁多，市場競爭激烈，出刊、停刊與發行量變化甚大，在此依出刊間隔時間及內容性質分類，舉例說明以供參考。

㈠依出刊間隔時間分類

(1)週刊：每週出刊一次，如《時報週刊》、《美華》雜誌、《商業週刊》。

(2)半月刊：半月出刊一次，如《零售市場》、《姊妹》。

(3)月刊：每月出刊一次，爲最普遍方式，如《天下》、《牛頓》。

(4)雙月刊：兩個月才出刊一次，如《博覽家》。

(5)季刊：三個月出刊一次，專業性重的雜誌，如《工業設計》雜誌。

(6)半年刊、年刊：通常已爲學術性期刊，偏離雜誌大衆化性質。

㈡依內容性質分類

臺灣的雜誌依內容分類，種類極多，略就常見類別舉例如下：

(1)時事綜合：時事追蹤及其他報導，如《時報週刊》、《美華》雜誌。

(2)政治經濟：以政治與經濟爲主，如《天下》、《卓越》、《遠見》。

(3)影視娛樂：刊載電影、電視、廣播等娛樂界動態與相關文章，如《電視週刊》、《世界電影》、《滾石雜誌》。

(4)音樂美術：如《藝術家》、《雄獅美術》、《音樂與音響》。

(5)文　　學：如《皇冠》、《講義》、《聯合文學》、《讀者文摘》。

(6)語文教育：常與廣播、錄音帶配合使用，如《空中英語教室》、《美語世界》、《階梯英語》。

(7)科學新知：特別受青少年歡迎，如《牛頓》、《哥白尼21》。

(8)交通工具：如《汽車百科》、《汽車鑑賞》、《摩托車》、《風火輪》。

(9)旅遊觀光：如《世界地理雜誌》、《旅遊觀光》、《博覽家》。

(10)家庭裝潢：如《美化家庭》、《摩登家庭》。

(11)男性綜合：如《中國男人》、《公子生活》、《風尚》。

(12)女性綜合：如《姊妹》、《新女性》、《家庭婦女》、《薇薇》、《黛》。

(13)各行產品：如 *Trade Winds*、*Taiwan Buyers' Guide*。

(14)廣　　告：如《廣告雜誌》、《動腦月刊》。

三、雜誌廣告版位及計價

　　雜誌廣告國內最貴者爲《天下》雜誌，封底刊費超過 300,000，《時報週刊》略次之，其他較知名雜誌十數萬者比比皆是。彩色內全頁刊費約爲封底之 2/3 至 3/4 左右。

　　⑴廣告版面包括封底、封面裡、封底裡、一特頁、內全頁、1/2頁、1/3頁、跨頁等多種。

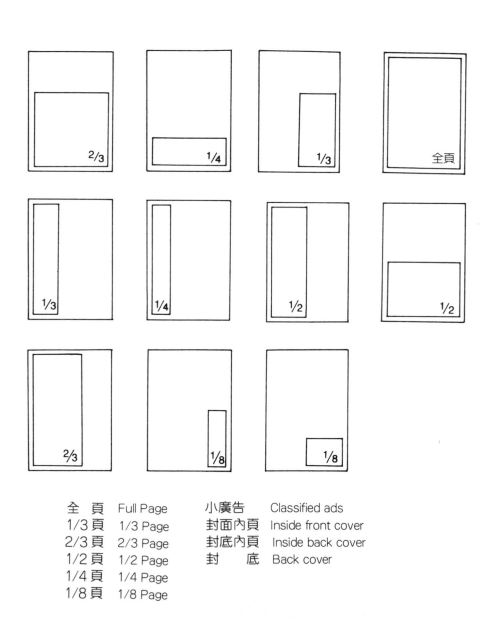

全　頁	Full Page	小廣告	Classified ads
1/3頁	1/3 Page	封面內頁	Inside front cover
2/3頁	2/3 Page	封底內頁	Inside back cover
1/2頁	1/2 Page	封　底	Back cover
1/4頁	1/4 Page		
1/8頁	1/8 Page		

⑵雜誌彩色廣告多為全頁、跨頁或加長頁刊出，1/2 頁、1/3 頁彩色者較少；黑白廣告較少全頁，較多置於內頁文章之旁，佔 1/2 頁、1/3 頁不等；亦可以連續多頁或跳頁方式刊出廣告。

⑶廣告價格彩色頁與黑白頁不同，各依廣告版面大小計價。

⑷廣告價格與位置醒目程度成正比，費用由高而低，一般依序為封底、封面裡、封底裡、一特頁，以上均為彩色印刷；其次為彩色內全頁、黑白內全頁或彩色 1/2 頁、黑白內全頁、彩色 1/3 頁、黑白 1/2 頁、黑白 1/3 頁。跨頁為彩色印刷，其價格高於封面裡甚至封底裡，雜誌如以騎馬釘裝釘，跨頁常安排在雜誌正中間的對頁。

⑸雜誌出刊日期各不相同，各自訂有廣告委刊的截稿時間，廣告主須按時提出完稿，才能如期刊登。

⑹各雜誌因版面大小及發行量多寡，廣告計價差別頗大，可視經費及廣告的斟酌選用。

四、雜誌廣告的優、缺點

雜誌廣告媒體的優、缺點茲分述如下：

㈠優點

⑴讀者範圍明確，尤其專門性雜誌讀者特性相同，閱讀習性亦穩定，廣告容易掌握目標對象，提高廣告效率。

⑵讀者對訂閱的雜誌認同感高，對其上刊登的廣告信賴與關心程度也高。

⑶讀者具有求新習慣，對於新型式或新主張的商品廣告較有反應，也較樂於嚐試採用。

⑷讀者多於休閒時看雜誌，時間充裕，較會研究廣告內容。

⑸雜誌傳閱者眾，廣告訴求對象範圍廣。

⑹保存性強，且可反覆閱覽，廣告被閱讀率高，廣告的時效長。

⑺可採用較多的文字內容敘述廣告主張，亦可作連頁式廣告，製造畫面震撼效果。

⑻紙質佳，印刷精美，容易提高產品價值感。

⑼廣告刊登費用較電視媒體便宜，廣告稿製作較簡單。

⑽發行時間間隔較長，廣告持續期也較長，尤其適合印象廣告。

⑾可用作經銷商及推銷員之促銷材料。

（二）缺點

(1)發行量低於報紙，除少數雜誌外，一般發行量都不大。

(2)讀者範圍較窄，當目標視聽眾階層廣時，覆蓋率顯然偏低。

(3)僅封面裡、封底及特殊頁廣告易受注目，內頁廣告難被看見。

(4)若廣告頁過多，讀者常因急欲研讀中斷之內文，而跳過內文間插置的廣告。

(5)性質相近雜誌太多，如多家刊登廣告易浪費預算。

(6)雜誌與廣告內容性質不符者，刊登其上無廣告效果。

(7)雜誌廣告多彩色印刷，刊登費貴，專業或具權威性的雜誌刊登費更高。

(8)平面廣告只有畫面，缺少聲音與動態的吸引力。

(9)雜誌發行間隔期間長，廣告訊息缺乏即時性，對時效短的廣告，不易配合刊出。

五、刊登雜誌廣告應注意事項

選擇刊登雜誌廣告時有以下幾點必須詳加考量：

（一）雜誌類別

就目標消費者常看的雜誌類別中去選擇。例如女性西裝式套裝廣告，登在服飾類的雜誌上比登在女性綜合類的雜誌上效果好；而登在以婦女為對象的服飾雜誌，比以少女為對象的服飾雜誌效果佳，因為此類套裝以上班族婦女為主要消費群，少女即使認為好看，也未必肯買或有此預算購買。

（二）廣告費用與發行量

選擇讀者中擁有較高比例，且發行量亦多的雜誌。同類雜誌中，讀者較多者未必擁有較高比例目標消費者，但如果雜誌發行量不大，廣告費很可能貴得與廣告效果不成比例。

（三）版面位置

內頁廣告閱讀率遠不及封面裡、封底，在經費限制下廣告應儘量刊在高閱讀率版面。

（四）印刷方式

有的商品廣告深受印刷效果影響，需要表現出商品的精美時，如

珠寶、生鮮食品等，或需要表現企業形象時，宜以銅版紙彩色印刷。若商品不需講究形色，如儀器、書籍、店鋪，黑白印刷亦可。雜誌黑白印刷時，未必會印在銅版紙上。

㈤廣告時限

雜誌發刊間隔較長，當廣告內容有時間性，例如主辦某活動，報名於某日截止，應注意刊出時是否尚具效用，即需於截止前多日刊出，以讓讀者有足夠思考、報名時間。

㈥廣告設計

雜誌廣告稿應力求精緻，專門性雜誌讀者知識水準較高，適合較理性的廣告，廣告文詞宜簡明而稍專業化，插圖應細膩優美，以發揮雜誌廣告印刷精美的優點。

第四節 電視廣告

一、電視廣告概論

電視早在 1884 年發明，但家庭普遍到使用還是近幾十年之事。臺灣於民國 51 年 2 月 14 日成立教育電視臺，純爲社會教育而開播，並無商業廣告。民國 52 年成立之臺灣電視公司才開始有電視商業廣告，其後民國 58 年成立的中國電視公司，與民國 63 年成立的中華電視臺，及民國 75 年以後風行的有線電視，均播出廣告。目前電視已成爲臺灣家庭必備的家具，是最直接、快速且最能深入各階層的傳播工具。

電視廣告以傳送視覺上及聽覺上的訊息來達到廣告目的，由於電視具有聲、光、色彩、影像、動作同時傳播的功能，因此較其他媒體廣告生動，說服力極強。

電視廣告用錄影帶或幻燈片播出；通常影片廣告先播，幻燈廣告片較常放在廣告時間後段播出，最後播出者爲電視臺本身的廣告。

由於電視媒體傳達方式具有時間之延展性，在無法預知廣告何時播完，又惟恐錯失節目的期待中，觀衆被強迫收看廣告，所以對電視上的廣告十分敏感，反應也比對印刷類廣告強烈。

一般大衆都不喜歡看廣告，遇到廣告即轉臺收視，或將之視爲空檔去做別的事，使播出的廣告因視聽衆不在場而失去效用。而且觀衆

對電視廣告的反應，也較對其他媒體強烈，不滿意會公開批評，指責電臺及廣告主，要求改進。廣告內容稍有不當，往往不能通過審查上檔，或上檔後匆匆下檔，稍有意外，廣告主在時間、費用乃至時機上的損失，會遠較其他媒體廣告嚴重。

◎喜愛網球的人士眾多，網球賽轉播
時段為插播相關產品廣告好時機◎

二、電視廣告的種類

電視廣告的種類，可依播出狀況與依買賣方式區分如下：

㈠依播出狀況區分

依播出狀況分類，可分為節目廣告、插播廣告兩種。

1.節目廣告

由廣告主在特定時間內提供節目，負擔該節目之時間費用及製作費用，廣告主可在節目時段內，播映一定時間的廣告。

2.插播廣告

收視率較好的節目，廣告秒數超載，在節目開始前會有插播現象，稱為前播，以消化超出節目廣告規定秒數以外部分。前播係因為人們會先開機看廣告等待節目，但節目結束即關機之故。

例如晚間新聞、八點檔連續劇，某些甚受歡迎的綜藝節目，廣告常會滿檔，可分為節目間插播和節目內插播。插播廣告時間短促，只

能簡略説明廣告主張，廣告成本雖較低，但次數少，留給人們印象較弱，必須反覆播映。

(二)依買賣方式區分

依廣告買賣方式區分，可分為獨家提供廣告、搭配廣告、聯賣廣告三類，説明如下：

1.獨家提供廣告

某些節目為廣告代理商或客戶所買斷，在該節目播出之廣告，可全部由獨家提供或部分外包。

2.搭配廣告

廣告主若想購買收視率較佳節目之廣告時段，必須亦就某些搭配節目的廣告時段，選擇購買一定數量。

3.聯賣廣告

某些節目其廣告價格已包含另一收視較差節目之廣告費用，合併計價，無法分割獨立購買。

三、廣告時間與計費方式

依照新聞局規定，電視廣告時間及播出方式要點如下：
(1)每 30 分鐘電視節目，廣告時間不得超過 5 分鐘。
(2)節目時間達 30 分鐘者，得於節目中間插播兩次廣告；達 45 分鐘者不得超過三次，達 60 分鐘者不得超過四次，其餘類推。
(3)廣告時間之計算，以節目播放前之節目名稱卡起算，至下一節目名稱卡為止。
(4)幻燈廣告圖片，每張以五秒計算，廣告影片有 10 秒、15 秒、20 秒、30 秒、40 秒、60 秒及 120 秒等多種。
(5)廣告影片以其播出長度連續核實計算。
(6)節目時間長度，應以報經核定之節目為準，據以計算廣告量。
(7)廣告影片攝製完成後，需申請得到新聞局准演執照才能播出。
(8)廣告幻燈片除房地產、贈獎活動、折扣、醫師業務、衛生棉、出版品、補習班等類廣告需先交付新聞局審查外，其餘由電視臺自行審查播出。

電視廣告依三臺之播出時間分為特級、甲級、乙級、丙級四級收費標準。廣告時間以 10 秒鐘為一個單位收費，分節目前、節目中兩種播出方式計價。臺視、中視、華視每月均印有節目收費標準表，以及託播方法，讓需要者參考運用。

電視廣告片應依電視臺標準轉錄為播出帶，最晚應於前一日送達

電視臺，以作播出準備。

四、電視媒體之購買

預購電視廣告播放檔次並無時限規定，但提早預訂有助於確定廣告檔次。不過購買高收視率節目的檔次，電視台會要求搭配購買其他節目廣告，該搭配節目時段則不易合於預期。播出檔次任由電視臺安排，於節目前或節目中播出。

電視節目播出時段與內容有別，收視者區隔顯著，收視率相差很多，可參考收視率調查結果，來選擇廣告播出節目與時間。

五、電視廣告之優、缺點

電視廣告之優、缺點分析如下：

(一)優點

(1)電視普及率高，收視者層次廣，廣告可深入各地區及各階層。
(2)能同時對廣大地區的視聽衆傳播訊息，在各媒體中最直接、快速、廣泛。
(3)可同時綜合影像、聲音、色彩、文字在螢幕上傳播，廣告表現能充分發揮創意。
(4)動態畫面能讓視聽者產生深刻印象，於最短期間內引發全面性流行風潮。
(5)屬強迫性收視，廣告可作機動性密集插播，效果迅速。
(6)可隨節目收視高低及對象別，彈性選擇不同類型節目播廣告。

(二)缺點

(1)影片長度以秒計，廣告訊息容量少，難詳述商品特性。
(2)不同類型廣告於同時段內交插播出，減弱對廣告記憶度。
(3)受播出時間、電視開機率及收視率高低限制，會使部分廣告形同浪費。
(4)廣告播出瞬間即逝，視聽衆不易記憶，欲達到相當程度之廣告效果，常需重播多次。
(5)電視廣告按秒計價，播出價格爲媒體中最貴者。
(6)電視廣告製作耗時且費用高。

第五節　廣播廣告

一、廣播廣告概論

我國廣播事業始於民國 11 年，美商亞司蓬爲要做廣告，在上海創辦中國無線電公司；民國 16 年交通部設立我國第一座公營之天津廣播電臺；民國 17 年中國廣播公司前身中央廣播電臺在南京設立；發展至今，臺灣目前有 33 家廣播機構，上百座電臺。

廣播屬聽覺媒體，廣告以聲音傳播訊息。由於收音機體積趨向迷你化，可放在口袋隨身攜帶，加上收錄音機已成爲車輛基本配備，交通電臺全天播放路況，廣播聲音處處可聞。

電視的興起對廣播造成很大的衝擊，近年來廣播媒體雖然受電視、錄影帶、衛星電視等視聽媒體強烈攻勢，而退居其次，但收訊全憑聽覺雖然是缺點，也是優點，因同時聽廣播對工作不會造成太大干擾，有時候還可提神解憂，而具有陪伴人們共同生活的特色，所以仍然受到視聽衆的喜愛。

只要利用電話，即可將訊息傳到廣播電臺播出，使廣播在立即轉播上具有最大優勢。電視雖亦可利用衛星等作現場轉播，其過程終不及廣播方便迅捷，所以廣播是宣揚訊息的最快媒體，插播廣告之機動性也最佳。

廣播節目如同電視節目，有許多類型的節目，而以音樂（流行音樂、古典音樂、國樂等）、新聞、體育比賽轉播、廣播劇（連續劇、地方戲曲等）、說書講古等爲主，依各層次聽衆的生活習性與喜好，安排於不同時段播出。廣播節目收聽率雖有差別，但整日各時段之收聽率起伏卻不大，所以選擇上較無時間之顧慮。

廣播廣告亦屬於強迫式收聽，因爲廣播常被視爲工作時的背景聲音，可有可無，聽衆的專注性不及看電視，對節目中插入的廣告反應並不強烈，少有人在廣告時更改頻道，而能任由廣告播放。

二、廣播系統

廣播媒體依電訊發射方式，分爲 FM（調頻）及 AM（調幅）兩種。

(1)調頻之電波經由高處塔臺往下發射，屬於直波或長波，不易被其它電波干擾，傳播區域廣，聲音清晰且音質好，但易受高起的地形、大樓阻礙，使收聽到的聲音不清楚或無法收聽到。由於廣播區為全國性，視聽眾範圍廣，適用於全面性廣告。

(2)調幅為電波由低處往上發射至高空，經幅射塵折射至地面，屬於短波或折射波，傳播區域較小，不受地面物阻礙，卻易為其它音波干擾，因此音質較不穩定。由於屬地區性傳播，視聽眾受到區隔，適用於地區性的廣告。

目前臺灣地區的電臺依 FM（調頻）、AM（調幅）分為兩個系統，有卅多家廣播機構，同時具有調頻與調幅的電臺為中廣、漢聲、警察與 ICRT 四家電臺；其餘均為地方性的電臺，屬於調幅系統，例如中部的中聲，東部的燕聲，南部的勝利之聲、鳳鳴等電臺。

由於電臺規模大小不同，又可分為具全國聯播網之電臺及地方電臺兩種。其中全省廣播者有中廣、漢聲、正聲、復興、臺灣、警察、教育、臺北國際社區電臺(ICRT)等七家電臺。公營電臺（如警察電臺）依規定不得播出廣告，但民營電臺如中廣、ICRT 等均接受廣告。中國廣播公司執臺灣廣播系統牛耳，電臺多、網路全、節目好，因此廣播廣告中廣幾佔了一半。

三、廣播廣告種類

廣告播出時，如果為廣告主提供的節目，其時段內該廣告主可獨佔廣告時間。但電臺本身企劃之節目，因非由廣告主提供，因此該時段之廣告由多數廣告主分別購買，共同在同一時段播出廣告。

廣播廣告依播出方式，可分為提供節目廣告、購買時段廣告、插播廣告等三種，分述如下：

㈠提供節目廣告

廣告主可提供節目，在該節目時間內播出規定長度的廣告。此種廣告可由節目主持人播出，製作較長如一分鐘以上的廣告，且播放的時段較能控制。在受聽眾喜愛的節目裡，這種廣告易引起聽眾注意，廣告效果甚佳。

㈡購買時段廣告

電臺自製的節目，其廣告時間通常為不同廣告主分別買下。例如中廣一小時有 360 秒廣告，分四段播出，每支廣告長 20 秒或 30 秒，

各廣告時段可播約三至四支廣告。ICRT 一小時有 300 秒廣告，分四或五段播出，每支廣告長 20 秒或 30 秒時，每段約可播出二或三支廣告。

(三)插播廣告

插播廣告指在兩個節目之間的廣告。插播廣告有 20、30、60 秒三種，往往與節目無關。以中廣而言，每小時平均保留 4 至 5 分鐘，插播中廣自行運用之廣告。從插播廣告時間之分別又可分為：

1.正點插播

插播廣告於每小時正播出，如四點正、五點正。正點插播廣告中有一種為報時廣告，於在電臺報時前後廣告，通常由計時器廠商提供，例如電臺廣播員報告：「精工錶請您對時，現在是×點×分×秒。」或「寶島鐘錶請您對時……。」等。

2.半點插播

在節目有上下半段之分的中間播出，如四點卅分，五點卅分。

四、廣播廣告計費方式

廣播之廣告時間大致同電視廣告規定，但比電視廣告便宜甚多。節目廣告時間按所提供節目之時間長短而異，如半小時節目，廣告時間為 3 分鐘以內；60 分鐘節目，廣告時間為 6 分鐘以內；插播分短時間(5 秒、10 秒)及長時間(20 秒、30 秒、60 秒)兩種。

每一時段中播放廣告的次數，依廣播電視法施行細則第 23 條規定：節目時間達 30 分鐘者，得插播廣告一次或二次，達 45 分鐘者不得超過三次，達 60 分鐘者不得超過四次。

各廣播電臺收費標準不大相同，但均有計次及計月兩種計費方式，週日費用較週一至週六貴。中廣及各民營電臺廣告播出與收費方式大致可分兩種：

(一)固定時段廣告

在選定節目播出，費用分四級，各級均有一至三組時段，一級時段廣告收費最貴，約為最便宜之四級時段的一倍。計月者以廣告累積總時間計費。中廣各節目收費標準不同，週一至週六以 20 秒、30 秒兩種長度按月計費，週日增加 60 秒、90 秒兩種廣告長度。民營電臺分為週日及其餘 26 天兩種播出日期，以每月累計 15 分、30 分、60 分三種長度按月計費。

㈡插播廣告

　　中廣插播廣告有計次插播與分組插廣之別，計次分四級、週日與週一至週六分開計價，分組插播有 20 秒、30 秒兩種長度，週日與週一至週六分開計價。民營電臺分四組播出，即雙正點、雙半點、單正點、單半點，各組分別各有八個時段；廣告長度有 10 秒、20 秒、30 秒三種，按每月在週日或週一至週六播出 8 次、16 次或 32 次計價。

　　ICRT 的廣告播出方式較不一樣，其廣告分為定時插播、經濟輪播、特別贊助三種，廣告主可就需求擇日與計次並用，而無計月之限。但輪播廣告每月至少要有 30 檔。定時插播廣告長度有 30 秒、60 秒兩種，各時段價格相差很多。特別贊助廣告以整套計價，每支廣告可長達有 90 秒至 180 秒。

五、廣播廣告的優、缺點

　　茲將廣播廣告的優、缺點分析如下：

㈠優點

　　⑴傳播速度最快，時效性強。
　　⑵收聽者無教育程度之限，聽眾階層最普及。
　　⑶不受時間、地點限制，能於工作及行動中持續收聽。
　　⑷不同節目、不同時段收聽群特性顯明，易區隔市場進行廣告。
　　⑸提供節目式廣告，可針對同一批聽眾作長期訴求。
　　⑹以口語表達，容易瞭解，最能發揮聽覺之感性訴求效果。
　　⑺廣告只需錄音，製作過程簡易，成本較低。
　　⑻播出費便宜，能配合廣告活動大量集中插播。
　　⑼廣告內容變更容易，可隨時傳播新訊息，最適合短時效廣告。

㈡缺點

　　⑴只有聲音而無影像，無法認識商品外觀或包裝。
　　⑵電視、錄影帶、衛星傳播節目相繼崛起，收聽廣播人口比率降低，廣告效果相對減弱。
　　⑶廣告時間短，內容少，難以詳述廣告主張，聽眾記憶度低。
　　⑷播出方式及計費標準大多以月為單位，調度彈性較低。
　　⑸節目收聽率缺乏明確資料供媒體選擇之參考。

習　題

1. 何謂大眾媒體？四大媒體為那些？何謂小眾媒體？試說出四種小眾媒體。
2. 報紙廣告就刊載內容與位置區分，大致可分為那兩大類？此兩大類下又可各分為那三小類？試舉出其類別，並申述其義。
3. 報紙媒體廣告優缺點有那些？試說明之。
4. 雜誌媒體廣告有那些優、缺？試說明之。
5. 刊登雜誌廣告應注意事項？試申述之。
6. 電視廣告依買賣方式區分，大致可分為那三類？試說明之。
7. 電視廣告時間依照新聞局規定應分段播出不可連續，試列舉其規定之內容。
8. 電視媒體廣告有那些優、缺點？試說明之。
9. 電臺廣告依播出時段有那三種？試申述其特色。
10. 廣播媒體依電訊發射方式，可分為那兩種？試說明其不同之處，並說明這兩種波段廣播網之特性。
11. 廣播媒體廣告有那些優、缺點？試說明之。

8

廣告媒體㈡：小眾媒體

相對於大眾媒體，針對某特殊區域消費者所採取的其他廣告方式，仍有其宣傳優點與效力，這些廣告例如 POP、戶外看板、車廂廣告、DM 等，雖然僅針對較小範圍對象進行傳播，但對一些屬於地區性的商品，或局限於某商圈的廣告主而言，如果採用大眾媒體廣告，顯然過於浪費，倒是小眾媒體較經濟實惠。謹就常用的小眾媒體廣告方式，在以下各節說明。

第一節　交通廣告

一、交通廣告概論

　　交通廣告媒體係指火車、汽車、飛機等交通工具，或與交通相關之廣告物體，如車站廣告、車廂內廣告、車廂外廣告等。一般而言，公共交通工具流動性大，乘客多，車站又是人潮集中處，廣告效果極佳，尤其大都會地區的交通廣告，幾乎與大眾媒體效力相當。

　　臺灣的交通廣告由交通部管理，民國 63 年西北傳播公司首先獲准在臺北市的公共汽車內，設一橫排不銹鋼鐵架進行廣告，各縣市隨之仿效，目前國內公共汽車內、外均可安置廣告。將交通廣告作最徹底發揮的，為日本捷運系統，其車站內壁面設大型廣告欄張貼海報，或裝燈箱；火車內走道上方及行李架上掛滿廣告，使得廣告兼具裝飾功能。

　　一般而言，大眾化商品、補習班、舉辦活動、折扣拍賣等有時間性、地域性的廣告，利用交通廣告效果很好。

　　長程交通工具車體上通常不作廣告。由於車速快，錯車而過車外廣告來不及看清，又易使其他車輛駕駛分心，造成危險；乘客全坐著休息、睡覺，不大會注意頭頂上的廣告，廣告效果也不佳。

二、交通廣告的特點

　　交通廣告的特點如下：

㈠交通廣告的優點

　　⑴交通工具在不同地點往返，如同活動海報，各階層消費者都會

看到，易建立廣告物知名度，訴求效果佳。

(2)可針對特定地區消費者作廣告。

(3)乘客固定，能多次接觸到同一廣告，而留下深刻印象。

(4)廣告展示期長，時效也長。

(5)媒體租金按月計價，比電視、報紙廣告便宜。

㈡交通廣告的缺點

(1)乘客階層廣泛，不易針對特定階層作廣告。

(2)廣告接觸對象有區域限制，無法普及廣大地區。

(3)廣告與乘客至少保持一段距離，字體需放大，內文難以詳盡。

三、交通廣告的種類

交通廣告可概分為車廂內廣告、車廂外廣告、車站廣告等三大類，車廂內廣告因乘客閱讀時間較充裕，且多係近距離觀看，內容可多些；但車廂外廣告與車站廣告，則以簡短為原則，適合作企業或產品整體形象之廣告。

㈠車廂內廣告

1.廣告看板

車廂內兩側車窗上方，與頂篷下夾角空間，常設兩道平行滑槽，安置夾板與透明護片，其間插放廣告；車頂也可設架子用來夾吊廣告。上、下班與上、下學的乘客，往往於車內時無所事事，眼睛四處瀏覽，自然停駐於廣告上，接收廣告訊息。

2.椅套

火車車廂內或長途汽車內椅套上，皆印有廣告訊息。

3.清潔袋

車上贈送的清潔袋，適於作簡單內容的廣告。

㈡車廂外廣告

1.公車車廂外廣告

國內公車車廂外廣告興起於 1980 年代末期，車外的人均可見到，由於車開過即逝，仿彿活動海報，只可迅速瀏覽，所以廣告上並無內文，僅有圖片與標題，且均要盡量加大，務求於瞬間引人注目，並看清廣告訊息。各種公車的車身廣告空間尺寸不同，車身兩側規格也不一，設計時應特別注意。

◎公車車廂外廣告字體要大◎

2.計程車車廂外廣告

　　計程車廣告以車頂豎立廣告看板，與後車窗貼廣告爲主，後者尤其常見，貼紙通常爲店名、電話號碼之剪字貼紙，以免妨礙司機後視視線。

◎計程車後車窗貼紙廣告◎

(三)車站廣告

　　車站柱面與壁面常設電視、大型海報欄、大型幻燈片箱，供放映廣告短片、貼海報或置廣告幻燈片。汽車站、火車站均採用這些方式，但依交通站之不同，其廣告面積與播出期有差別。

　　車站內的人們多係乘客與送客的人，行路匆匆，惟有等車的人才稍有空閒，所以車站廣告的設計以大圖片、大標題爲原則，多用全開及特大尺寸者，內文很少，常放在邊角，盡量不干擾主畫面與標題。因爲有時間且有興趣的人仍會停下來細看，不妨爲之提供若干進一步的資料。

㈣飛行器廣告

1.飛機內廣告

　　長程飛機都會放映電影、錄影帶以至電視節目給旅客觀賞,除了電視節目廣告外,並提供印刷精美、有大量廣告之雜誌,廣告內容多爲目的地之商品、名店、旅社、飯店、銀行以及航空公司本身廣告。由於能搭乘飛機旅行者經濟能力較寬裕,所以廣告的大都是高價商品、一流名店,或國際化的產品。

2.機場內廣告:

　　機場內廣告以候機大廳及入出境長廊之幻燈片箱及電視爲主,廣告接觸對象爲商旅人士及消費水準較高民眾,其對象特定,且由於候機時間較長,廣告的訊息可獲得較多的注意。

㈤交通附屬品廣告

(1)公車車票廣告:公車回數票使用期長,將廣告印於其上能加深印象。

(2)公車站牌廣告:包括單桿或站牌,及候車亭。站牌上標示站名以外空間可置小廣告,候車亭椅背廣告都用油漆的,亭子板壁則張貼海報。

(3)公路、鐵路沿線廣告牌:都是大型固定的廣告。

(4)車站附近人行地下道常有燈箱、公布欄或櫥窗等,以供張貼大型海報或置幻燈片廣告。

◎公車站牌雖小,搭公車的人會看到廣告◎

第二節　戶外廣告

一、戶外廣告概論

　　戶外廣告指設置在大自然環境中的廣告，多設立在商店外、交通要道旁，爲露天長久性展示的廣告。戶外廣告主要功用，在於指示公司、商店位置，促銷主要商品，與加深人們對企業和品牌的印象，所以其內容常爲公司名稱、品牌名稱，內文很少。

　　戶外廣告訴求對象爲所有路過之人，由於行路匆匆，觀覽時間短暫，其設計以簡單文字、特殊構圖取勝。

　　戶外廣告的製作比較費事，製作材料包括最簡單的布招，常見的竹架、鐵架與夾板作成的看板、招牌，燦爛昂貴的霓虹燈，乃至大型電腦看板，由於製作日益精美，欣賞價值極高，已不只具有廣告功能，還可美化環境。

　　如今在都會區重要交通要道上，或較特殊的建築物壁面，甚至建築物頂上，均可看到各形各樣的戶外廣告。在都會區裡，戶外廣告已成爲現代商業建築外觀的一部分，華麗夜景的主角。

二、戶外廣告的特點

　　戶外廣告的特點分述如下：

㈠戶外廣告優點

　　⑴廣告面積大而明顯，較不易受其他廣告影響。
　　⑵設立交通輻輳之地，可看到的人多，且涵蓋階層廣泛。
　　⑶於定點長期屹立，廣告持續力長，經過者易累積出深刻印象。
　　⑷長期立於固定地點，易成爲地理指標，增加廣告傳播機會。
　　⑸材料種類多，可依預算靈活取決。
　　⑹由平面、立體到動態、聲光混合，各種造形及視覺效果都可自由運用。

㈡戶外廣告缺點

　　⑴節目即逝，單次廣告效果低。

(2)受空間、地點限制，難以傳播遠方。

(3)若設計不佳，會破壞市容美觀，甚至阻擋視線，妨礙交通。

(4)固定不牢或維修不佳時，易破損、掉落乃至倒塌，造成危險。

(5)最耀眼的戶外廣告如廣告塔、霓虹燈、電腦看板等，製作費高，維護困難，非一般廣告主所能負擔。

(6)可以擺設之好地點不多，租金昂貴，不易租到。

三、戶外廣告的種類

戶外廣告種類很多，茲就其重要者介紹如下：

1.招貼

貼在布告欄、壁面上的大、小廣告與海報，通常爲紙質，最簡單的爲租售房屋的紅紙手寫招貼，有的印刷精美，並以多張連貼方式壯大聲勢。

2.店面招牌

有商店的地方就有招牌，較簡單者以木板、鋁片做成，上漆店名；或以木架、鐵架爲框，蒙上貼印店名的壓克力片或塑膠材料（卡典西得等），內裝日光燈；高掛商店牆外，非常醒目。

◎大樓各商店招牌統一設計在塔狀高
柱上，可作爲路標，又十分醒目◎

◎麥當勞所有的連鎖店門外，都有雙
　拱金M標誌◎

3. 看板廣告

　　大都以竹架、夾板製成，豎立路旁、壁面或設置於屋頂上。房屋
廣告及電影廣告使用率特別高。

◎電影院的看板廣告使用率特別高◎

4. 壁面廣告

　　壁面廣告直接繪在牆壁上，畫面極大而以圖為主，是長期性的廣
告，視租期而更換廣告內容，普通半年油漆一次。

◎高處的壁面廣告遠方即可看到◎

5. 摩菲爾看板

　　摩菲爾廣告看板（More-Offeral Billboards）是一種具有照明設備，可做全天候傳遞訊息的外牆廣告，防水、不褪色、品質佳，不同於傳統的外牆廣告。採標準統一規格（10 呎高×20 呎寬），廣告訊息一致，加強印象。它有完美的照明設備，利於全天候傳遞訊息。

◎摩菲爾看板四週穿繩固定在牆面鐵架上◎

6. 霓虹燈廣告

　　由鐵架與霓虹燈管合組而成，亦有以流星管、小燈泡組合運用者，可閃爍變化，為夜間最燦爛的廣告，但是造價昂貴，且維修困難，任何一支燈管不亮均會使廣告出現明顯瑕疵。

◎霓虹燈廣告襯以上漆背板，白天也
　極搶眼◎

7. 塑膠布廣告

　　懸掛在壁面，或架設屋頂上，或橫跨路面上空，一般採用 PVC 材質，大面積者其上需設許多孔洞或切口，以避免頂風，造成吹落危險。

◎布招只要有架、有繩即可張掛起來◎

8.旗幟廣告

公司旗、活動主題旗幟、標示通往被廣告物所在地之串連繩旗等。

◎具有歐洲風味的懸掛式廣告旗幟◎

9.電視牆

由多台電視機組成，常設於人潮多之室內公共場所，多放置在各種展覽會場，作產品介紹、簡報及其他廣告等。

10.點唱機

點唱機是置放於公共場所的一種新媒體，自 1980 年發展以來在歐美地區廣泛運用，1988 年引進臺灣，投入錢幣，以按鍵控制翻閱曲名目錄，輸入曲目號碼，即可播出音樂。點唱機放置人潮多之地，如速食店、電影院、遊樂場、購物中心、交通要站等，利用點唱機的人，以青少年為主。點唱機可利用機身外表作產品廣告，也可藉播放錄影片及點唱音樂，配合播出產品廣告。

11.LED 看板

LED（發光二極體）是一種電子元件，組合大量紅、黃、綠等三種不同顏色的 LED，與電腦聯線，經由電腦繪圖設計，便可以顯示出圖文畫面。LED 看板多為長條形，其上以流動顯示之一或兩行廣告字詞。

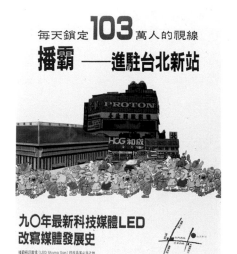

◎LED 看板廣告已成爲廣告新寵◎

12.電腦看板（Q-Board）

電腦看板爲大型 LED 看板，但加強其功能，而成爲一種動態展示的顯示幕，可作多功能的圖文顯示，色彩豐富，可作動畫顯示，價格當然比 LED 看板貴。國內首先啟用者爲臺北鴻源百貨，於 1989 年設於外牆。電腦看板具有大畫面寬螢幕，影像無論白天、黑夜均清晰亮麗，動畫有如廣告影片，視覺效果非常突出，已成爲重要的區域性戶外廣告媒體，爲許多地方性廣告租播利用。

◎使用 LED 看板及電腦看板的廣告主越來越多◎

13.宣傳車廣告

　　早先使用腳踏三輪車，之後改用小貨車，車側掛廣告看板，在各大小都市鬧區中行駛；近年出現載著大電視的宣傳車，以錄影機播放錄影帶，也可以定點停放播映廣告，非常便利。

◎宣傳車適合做地區性的廣告◎

14.植株廣告

　　選擇交通要道經過之斜坡，栽植花草樹木，種成或修剪成企業名、品牌名、商標，美化環境兼作企業形象廣告，例如中山高速公路旁裕隆公司的標誌。由於植物是活的，維護上較費心。

第三節　電影廣告

一、電影廣告概論

　　電影為二十世紀新興的藝術型態，1920 年代黑白無聲電影問世，進而有聲、彩色、寬銀幕，再推展到立體，其壯闊的畫面，如臨現場的音響，始終吸引大量的觀眾。

　　電影在電視未普及前曾盛極一時，電影廣告隨之興起。電影廣告指在電影放映前，銀幕上放映的廣告。早期的電影廣告，完全利用幻

燈片一張張的放映，現在多爲廣告短片。

　　電影廣告短片爲 35mm 或 16mm 影片，製作過程與拍電影一樣，有腳本、導演、演員、配音、攝影、剪接等，拍攝經費很高。

　　電視興起後，電影院營業大受影響，1980 年代下半期以來，錄影帶、MTV、KTV、第四臺、衛星節目蓬勃發展，雖然電影有其喜好的觀衆群，但面對激烈競爭，仍然擋不住潮流，電影廣告遂逐漸没落。

　　臺灣的電影院有國片、西片兩種院線，絕大部分位於都市，北部約佔一半，其他大多在中南部。廣告上檔費用以臺北市西片院線最貴，國片院線其次，鄉鎮的電影院廣告很少。

　　電影院廣告效果視影片賣座多寡而定，電影院用的廣告影片製作費高昂，而電影賣座者一年不過幾部，與廣告效果相較並不划算，因此電影廣告日漸式微。

二、電影廣告的特點

㈠電影廣告優點

(1)銀幕大、音效好，真實感極强。

(2)不受讀秒限制，觀衆容易瞭解訴求重點。

(3)電影正片放映前先映廣告，觀衆面對銀幕惟有接納廣告訊息。

(4)電影廣告畫面鮮明，影像逼真，觀衆接受度高。

(5)電影院設備舒適，看電影心情輕鬆，觀衆較不會排斥廣告而能凝神欣賞，廣告效果佳。

(6)廣告費用按月或檔次計算，比電視低廉很多。

㈡電影廣告缺點

(1)電影的幻燈片廣告放映時間長短不易控制，常一顯像即更換；有時幻燈片舊損，畫質不佳，易減少廣告效果。

(2)廣告影片在正片前放映，遲到觀衆走動易分散大衆注意力，降低廣告效果。

(3)觀衆人數受限於放映時間與場地大小，廣告影響力遠不及電視和報紙。

(4)電影廣告拍攝費用高昂，廣告能發揮的功能受到預算限制。

第四節　購買時點廣告

一、POP 廣告的功能

　　購買時點廣告（Point of Purchase Advertising）即購買現場的廣告，簡稱 POP，又稱店面廣告或店頭廣告，凡在商店建築內、外，所有能促進銷售的廣告物，或提供有關商品資訊、服務、指示、引導等內容的標示，都屬於 POP 廣告。POP 廣告於二次大戰後在美國的超級市場興起，它並不像電視、報紙般具有媒體的實體，卻是最能視銷售現況靈活變化的廣告方式。可以說，大眾媒體廣告提起消費者前來商店的欲望，而 POP 促使來到賣場的消費者決定購買。

　　POP 廣告可分為兩大系統，即由廠商提供的廣告品，或零售店自行設計製作的店內、外布置品。它們的目的都在於加強商品的吸引力，以促使消費者當場購買。

　　百貨公司、超級市場、便利商店等行業由於競爭激烈，為最常運用 POP 的廣告主，不但用得多，而且換得快，每逢節慶推出各種促銷活動時，更大量推出。由於 POP 可隨時機動性出擊，所以手繪POP 在 POP 廣告中分量頗重。

　　POP 廣告有如銷售現場的推銷員，其主要功能為：

　　⑴公告新產品上市，並指示消費者注意到該產品。

　　⑵強調商品特點、內容與使用方法。

　　⑶提醒消費者注意到當日促銷商品。

　　⑷配合促銷活動，刺激消費者對商品的需求，並強化購買決心。

　　⑸經由對消費者善意的指引，而使消費者與商店維持良好關係。

　　⑹建立企業形象，並美化店面。

二、POP 廣告的種類

　　為了配合行銷策略上機動性運用，POP 廣告設計以奇巧突出為原則，因其具有展示特性，新材料與新形式不斷推陳出新，在材料上，有紙板、布、金屬、塑膠、木材、綜合材料……等；在機能上，包括動態型、發光型、產品置放盒型……等；其使用期限，也有短期、中期與長期之別。茲就 POP 廣告應用時的表現型式，分類說明於下：

1.店鋪裝潢

招牌、店面外觀設計、櫥窗設計、店內牆壁廣告、柱子、階梯廣告及裝飾等均是。

2.立式 POP

以立式陳列廣告，例如用約 150 公分高的木板或紙板，板上貼彩色廣告，像一般沖印店前立有美女手持軟片之紙型廣告，或店門外作成請進型態的人像等。

◎立體的企業造型 POP 廣告◎

3.懸掛物

通常以線或鐵絲懸掛布旗、廣告單在店內頂上，或於店門口掛彩

球。在店內掛一、兩串鮮明廣告物非常引人注目，布幕、吊卡、吊旗、小張海報，均可懸掛成列展示，但不宜過多以免雜亂。

4.櫃檯式 POP

陳列在專櫃檯上，或放在玻璃櫃裡的廣告品。如以外包裝空盒、空瓶、商品樣本展示，亦可搭配其他物品展示。

5.壁式 POP

採用釘牆式，用膠帶、鐵釘或木板架，釘在牆壁上作成，如裱框的營業登記證、不二價牌子，或本店接受某種信用卡簽帳之標示牌等。

6.指示牌

具說明引導功能，可再細分成三種：

(1)商區指示牌：如日用品區、蔬菜區、生鮮肉品區等。

(2)商品特別告示牌：如冰櫃上標明冰淇淋、牛奶、水餃等。

(3)商品特價標示牌：如整堆的今日特價商品上插的標示牌。

7.單張廣告

指店內的手寫海報、特別精印的海報、店外的活動海報、特價品價目表等。

三、POP 廣告特點

(一)POP 廣告優點

(1)引起消費者注目：POP 可引導消費者迅速找到想要的東西，或使其注意到原本未曾想到要買的物品，而促成買賣。

(2)立時收效：消費者如在報紙、電視媒體上看到廣告，一時雖想購買，但看完一耽擱，可能便算了。而在店內瀏覽之際，看到 POP 促銷廣告，想購買就會馬上行動。又如消費者行經餐廳外，看見牆上貼的菜單、價目，中意即入內；若無這種廣告，有些消費者在不知消費行情，或菜色合意與否的情形下，會考慮猶豫，而走向別家去。

(3)延長大眾媒體廣告效果：展示於販賣現場，可喚起消費者於大眾媒體上所看過廣告的記憶，而提高購買率。

(4)塑造銷售氣氛：POP 能營造店面促銷氣氛，吸引顧客前來。

(5)廣告層面普及：POP 廣告效力不會因消費者階層不同而改變。

(6)廣告時效長久：POP 廣告除有時效者外，可長期陳列。

（二）POP 廣告缺點

(1)零售店空間小，又擠滿多種 POP 廣告，易使消費者無所適從。

(2)POP 廣告久置則塵污色褪，既髒且舊，會影響購買欲望。

(3)POP 廣告如不夠精美，反而會使消費者對商品信心動搖。

(4)過期商品或已結束服務項目的 POP 廣告，若零售商未能適時更換，易使消費者怨怪廠商，而損及商譽。

(5)廠商對各銷售點的 POP 廣告展示方式管理不善，銷售效果不佳時，易爲其他商品廣告所取代。

第五節　郵寄廣告

一、郵寄廣告的特性

郵寄廣告（Direct Mail Advertising）簡稱 DM，係將廣告訊息直接郵寄給特定訴求對象。

郵寄廣告之廣告主通常爲：

(1)區域性業者：如超市、房地產業者，就其商圈投遞 DM。

(2)以特定消費群爲對象之業者：廣告主會設法取得經過篩選之名單、地址，逐一投遞 DM，例如依據過去顧客名單寄新商品目錄。

由於郵寄廣告本身可以直接進行推銷，能代替推銷員做部分促銷工作，它不像大眾媒體廣告，受限於媒體運用之實際狀況，如版面大小、秒數長短等，可以不受時空和形態限制，從平面印刷廣告，到試用的小包樣品均可郵寄。

郵寄廣告的功能主要爲介紹商品，激發顧客擁有之欲望，而直接郵購或前往指定場所消費。可在郵寄廣告上附名片，爲推銷員鋪路；對舊顧客或零售商，亦可藉寄發促銷函件、新的商品目錄或問候卡維持聯繫。由於郵寄對象經過選擇，附樣品、折價券等之郵寄廣告效果不錯。對廣告經費不多的廣告主或商店而言，是很好的廣告方式。

◎廣告小册採用郵寄廣告方式◎

二、影響郵寄廣告效果之因素

影響郵寄廣告效果之因素如下：

1.郵寄對象名單

擁有長期顧客之業者，有現成的郵寄名單；若欲開拓新顧客時，可循不同管道蒐集特定對象名單，或委託郵寄廣告代理商提供。

2.廣告品的設計方式

廣告對象是否有拆閱意願是郵寄廣告成敗關鍵，因此郵寄廣告從信封、文案到圖面與樣品包裝，都需要仔細規劃設計。

3.廣告推介的商品

商品的品質優良，及迅速完善的交貨與售後服務，是郵寄廣告效果最佳保證。

三、郵寄廣告特點

㈠郵寄廣告優點

(1)內容可充分發揮設計創意，形式變化豐富，能給消費者新鮮感。

(2)能提供豐富的資訊，報導可以非常詳盡，且沒有閱讀時間限制，可替推銷人員鋪路，有助於新客戶的開發。

(3)以特定人爲訴求對象，用小額預算即可進行正式促銷廣告。

⑷依據篩選過之名單投遞，可準確對目標消費群進行直接廣告，並能對其做重複訴求。

⑸可用問卷調查消費者對商品的看法與建議，做到雙向溝通。

㈡郵寄廣告缺點

⑴僅針對特定對象進行訴求，廣告接觸面窄。

⑵廣告費需加入人工作業費及投遞費，其單位媒體成本高。

⑶廣告對象握有拆閱與否之決定權，且目前郵寄廣告太多，因此對廣告之排斥易導致拆閱率低，形成廣告經費的浪費。

第六節　廣告歌曲

一、廣告歌曲的意義

廣告歌曲是將廣告內容用樂曲與歌詞表達出來，引起消費者注意，而促使消費者對商品產生購買興趣。

廣告歌曲是聽覺廣告中最有效的一種，它運用歌詞與音樂旋律，表達出一個企業的精神與產品特色。節奏輕快、詞意簡明的廣告歌曲，很容易銘記在消費者心中。例如早期的廣告歌「綠油精」。

廣告歌曲可以很短，也可以很長。短的廣告歌曲如「感冒用斯斯」，只有四句，而且為了加深印象，其曲調近乎口白；採用相同手法製作的廣告歌又如富士底片的「紅就是紅，藍就是藍」，此種唸口白式的歌曲，使單調的廣告詞有了活力。

長的廣告歌曲，在廣告中通常只擷取片段，而不一定全部用上。採用有版權的曲子作廣告歌時，需先徵得版權所有者的同意，片中要打上作詞者、作曲者及主唱者的名字。

有一種廣告歌極短，只有一句，那就是放在廣告片尾的標誌尾音（Jingle），或有音無詞，或附詞，消費者聽久了也會記住，效果和商標一樣具有標示性，例如豐年果糖廣告片尾的「豐年果糖是好糖」，寬達食品的「歡樂美味在麥當勞」。

二、編寫廣告歌曲的原則

廣告歌曲編寫原則分析如下：

(一)歌詞淺明

　　廣告歌曲對象是一般大眾，所以歌詞宜淺顯易懂，避免用深奧文詞，宜採用白話文寫作。如果引用現成的歌曲，要挑選其中易讓人記住的片斷用於廣告，例如「我的未來不是夢」歌詞頗長，觀眾多半只記得最後那幾句，但廣告效果已達到了。

(二)旋律悠揚

　　廣告歌曲宜旋律悠揚，曲調勿變化太大，勿用太高或太低的音，讓大眾很容易學會而且容易唱出，自然能牢記在心。口白式的廣告歌，曲調既要好聽，又需盡量和歌詞的平上去入配合，編曲難度較高。

(三)配合情調

　　廣告歌曲風格應與商品配合，如化粧品廣告以年輕女性爲訴求對象，其配曲宜柔和可親；飲料廣告針對有活力的年輕人訴求，則廣告歌曲可採活潑高亢者，如黑松沙士由張雨生主唱「我的未來不是夢」，可口可樂「擋不住的感覺」，均曲音昂揚，唱腔奔放。

(四)重複表達

　　廣告歌曲宜重複表達原意，尤其是牽涉到品牌名時，可以在歌曲內重複唱出品牌名，以加强大眾記憶度。重複處可以採用較强烈高昂的曲式表達，會讓人印象更深刻。

　　廣告歌曲最主要的目的在於宣傳，只要廣告歌詞曲動聽，就能發揮宣傳效力，使企業或產品的知名度展開而持續長久，是企業寶貴的無形資產。所以擁有知名廣告歌的廠商，均不願輕易更動廣告歌，例如大同之歌，隨著大同產品的改變而修改歌詞，但其曲調始終未變。

第七節　其他媒體廣告

一、商品小册、商品目錄

　　商品小册係指針對一種或多種商品做特別説明的多頁廣告，可以對商品詳盡的介紹，激發消費者購買的意願。商品目錄則指用來介紹

公司所有商品的種類與名稱之廣告，可以提供消費者選購參考。

　　產品種類較少的公司，或公司規模較小者，通常將商品小冊與目錄合併，兼具兩種功能。對於直銷商而言，商品目錄及小冊等於店面櫥窗，經費不可吝惜，製作務求精美。

　　商品小冊及目錄製作時，對於商品特性、用途、使用法，以及訴求對象之性別、年齡、教育層次等諸多資料，均必須先予分析，再針對商品特性與訴求對象去設計商品小冊，其大小、縱橫比例、折疊方式都要有詳盡的規劃，才能發揮功效。例如為銷售房屋的廣告，常依據房屋的性質、價格與買主特性設計，公寓、商店、別墅、辦公大樓的說明書，各以不同版面大小、頁數、規格的紙張與印刷型式區隔。

　　商品目錄宜採用大量圖片表現商品特點，並對商品加以分類，讓消費者能快速找到感興趣的商品資料。由於商品目錄常置於銷售地點，讓消費者自行取閱，設計製作時應儘量採用一般常用的紙張開數，其大小應方便攜帶。

◎小冊每頁寬度不等，露出側邊標示類別，目錄內容附上實物照片◎

二、傳單、夾報

㈠傳單

　　為了加強活動或商品的宣傳，並彌補其他媒體廣告之不足，有必要以機動方式對訴求對象作主動出擊，其方法便是雇人在人潮多的路口或活動現場散發傳單，或置於銷售點任人自行取閱，其目的在於提醒訴求對象注意到廣告物。

　　傳單之運用因具有明顯的區域性與時間性，通常採用較經濟的方

式印製，以單張爲原則，大張時則將之折疊。印刷方式最多者爲薄紙單色，或套色印刷，無論單色、彩色，大開數者均較少用。各張均可獨立發送，如一次送出多張，則以釘書機將其一角釘在一起。爲了增加廣告效力，有時候傳單會搭配其它廣告發送，例如原本用以郵寄的精美廣告單、商品說明書等。

傳單上內文說明可求詳盡，也能以圖片爲主去設計，在經費預算方面要包括聘人分送的費用，且無論分送作業或置定點任人自行取閱均不易管理，容易形成浪費。

(二)夾報

利用報紙的發行網，將事先印好的傳單、海報等，隨報夾送給訂閱的客戶，以進行廣告工作，稱爲夾報。夾報能加強區域性的宣傳，讓廣告更有效地到達消費者。夾報廣告對象即報紙訂戶，不包括零售報紙買主。一般人利用夾報廣告，以訂戶最多的《聯合報》、《中國時報》爲主，地區性的報紙爲輔。除了機關行號之外，住家訂戶通常只訂一分報紙，如欲針對某地區作全面性的廣告，不能只選一種報紙。運用夾報廣告者，以百貨零售業及房地產業最多。

夾報廣告通常用於商店新開幕或新產品上市時，平常則因應節慶、換季，作打折促銷廣告，可配合報紙廣告加強促銷。由於夾報可就不同地區之發行網，選擇區域進行，又具有類似報紙廣告直達訂戶之效果，可以節省廣告經費。

夾報廣告尺寸以報紙稿全十批（全張報紙的 1/4）大小爲標準，超過者折成此規格。其價格以一萬分爲單位，服務費另計；如需再摺疊，或紙張超過 80 磅者，需再加價。

夾報廣告的優點爲：能以精美的印刷發揮廣告設計優點，不似報紙廣告粗糙；隨報送至訂戶手中，不必蒐集目標訴求對象名單，閱讀率也比郵寄廣告高；又因不與其他廣告雜陳，廣告效果較佳。由於夾報費用便宜，且廣告能就地區性質及需要量印製，容易控制預算，對小商店尤其有利。在廣告時間與地區方面可機動運用，不受登廣告需於多天前預訂之限制，也是很大的好處。

夾報廣告的缺點爲：區域性重，無法作全面性廣告；同一區內未閱讀該報的消費者無法顧及；區分較細之特定消費群無法有效掌握；不易監督夾報進行，作業品管困難；夾報廣告常未經細閱即被折成食渣盒，或被視爲廢紙丟棄，廣告達成率低。

三、企業公關刊物

企業公關刊物係指企業體以雜誌或報紙形式，對企業內部及業務來往相關業者發行之通訊刊物。企業公關刊物可依發行時期，分為週刊、半月刊、月刊、季刊等，其內容是對批發商、零售店、下游業者與消費者，提供買賣與商品應用之最新訊息，兼具教育從業人員與作廣告宣傳之效，也可用以維繫與顧客間良好的關係。

四、錄影帶廣告

隨著錄影機的普及，欣賞錄影帶已成為很普遍的休閒方式。錄影帶廣告接觸面很廣，普級錄影帶觀眾由老至少均有，部分影片觀眾區隔明顯，例如卡通錄影帶的觀眾多為兒童，廣告可就目標訴求對象之喜好，選擇不同錄影帶播出。錄影帶開頭能插播四次 60 秒廣告，由於無法預知廣告內容，一般人會抱著好奇的心理姑且看之，收看率頗高，但一般商品廣告仍少使用此管道播出，而以新影片的廣告為多。

五、書籍廣告

在期刊與書籍等出版品中刊登出版社自家出版品的廣告，為出版界習用的廣告方式，由於會看書的人必然對此方面知識感興趣，出版社利用書末多出的空頁，刊登所出版同類書籍之書目或促銷廣告，很容易引起讀者注意，書商常附郵政劃撥號碼或劃撥單，以郵購打折或附贈品方式促銷，讀者反應相當好，廣告效果頗佳。

國內最具效力的此類廣告刊登於國小至高中參考書上，參考書內廣告以彩色蝴蝶頁方式刊於封面裡與封底裡，由於每本參考書至少使用一學期，使用率又非常頻繁，廣告效果為其他期刊、書籍之冠。

六、空中廣告

利用飛行器材在空中作廣告，能引起很多人注意，花樣也很多，常用方式如下：

㈠氣球廣告

在各大都市時常能見到定點拴放的大氣球，球上書寫大字，或球

下垂著長廣告條幅，飄揚在空中甚好看。使用氣球作廣告以房屋銷售業及大型活動最多，廣告效果很好。以氣球繫廣告單及廣告品實施空飄，能將廣告傳到很遠的地方，海峽兩岸阻隔的四十年裡，國軍時常用氣球繫帶廣告品飄到大陸作宣傳。

◎熱氣球上印廠商名，可隨氣流在空中飄移，非常好看◎

(二)飛船廣告

飛船廣告係在小型飛船氣艙外塗上廣告，通常是行號、商品名稱，盤旋於都市上空，吸引居民仰觀，而留下深刻印象。臺灣於1992年引進。飛船比氣球的被視範圍更寬廣，人們由於好奇，會仰目注視較長時間，設法看清其上字詞、標誌，是很好的提高知名度廣告方式。

由於飛船造價遠比飛機低廉，廣告費不致太高，續航力持久又無噪音，且可就定點作較長時間停留，因其少見，極易引人注目，這些優點為別種媒體所無，是很好的廣告媒體。

(三)飛機廣告

此指由飛機執行的特殊廣告方式，如在空中放煙霧，形成廣告文字，或於夜晚在空中放焰火，都非常壯觀，廣告時效雖短，卻能在觀看到的人心中留下深刻印象，在美國頗流行。飛機也能用來散發廣告傳單，不過目前注重環保，此法已成歷史。

1993年美國哥倫比亞製片公司經美國太空總署准許，在火箭外漆「最後魔鬼英雄」電影廣告，藉著電視轉播火箭發射的機會，向全

球觀眾作廣告，創新空中廣告方式。

七、月曆廣告、書籤

　　月曆廣告愈來愈受重視，尤其是桌上型相框式月曆，內置 12 張單張月曆，既省空間，抽換又方便，是 1991 年以來熱門的贈品式廣告用品。框式廣告之廣告主名稱通常印在框上，而非在月曆上。

　　廣告用的月曆其畫面通常以欣賞爲主，很少以廣告產品作爲月曆畫面，故主要係用來作企業形象廣告，廣告主名稱印在月曆下方，有時也加上一點產品廣告，但都不太搶眼。

　　月曆上的圖畫最常見的爲風景、美女、藝術品圖片，動植物、蔬果圖也很受歡迎。美麗的畫面吸引人們得空便注視一下，鬆散心神，對廣告主也留下好印象。

　　有的月曆上會印陽曆及陰曆，並有節慶的註解。月曆只要製作精美特出，會受到妥善收藏。比如對釣友來說，註有每日潮汐及魚群出沒時機的月曆最實用，收到這種月曆必定張掛，而達到廣告效果。

　　書籤的使用量極大，成本很低，買書時附贈書籤，因有使用價值，常被保存下來，廣告效果頗長，適合用來作文書用品的廣告。

◎桌上型相框式月曆◎

習　　題

1.何謂交通廣告？其優、缺點有那些？試申述之。

2.交通廣告可概分為那三大類？試說明其廣告方式與設計特點。

3.何謂戶外廣告？其優、缺點有那些？試申述之。

4.何謂 PVC 布招？何謂電視點唱機？何謂電腦看板？試說明之。

5.何謂購買時點廣告？其優、缺點有那些？試申述之。

6.何謂郵寄廣告？其優、缺點有那些？試申述之。

7.何謂商品小冊、商品目錄？試說明它們的特點。

8.何謂夾報廣告？試說明其優、缺點，與廣告大、小及計價方式。

9.廣告歌曲編寫原則如何？試申述之，並編寫一支廣告歌曲歌詞。

10.舉出三種空中廣告方式，並說明其廣告特性。

9

廣告文案

第一節　廣告文案定義

一、廣告文案的定義

　　廣告文案指廣告上所採用的全部語文內容，包括廣告活動名稱、活動內容、參加辦法、商品名稱、商品特點、價格、出品廠商、經銷地點、服務地點…，乃至影片廣告旁白加註的語調說明，無論用寫的或用唸的均屬之。廣告文案與廣告表現型式關係密切，全部完稿或拍攝設計，必須就文案內容去進行，並與之配合，才能發揮廣告整體效益。

　　廣告文案依據廣告計畫所決定之廣告主張、訴求方式與表現方式，針對媒體特性與訴求對象特質而撰寫，將廣告訴求以最具魅力的字詞告訴目標視聽者，讓他們接受而去做廣告所要他們採取的行動，例如購買商品、參加活動、強化某些道德意識等。

二、撰文手法心理基礎

　　廣告文案訴求方式可分爲感性和理性兩種。感性文案以舒適、美觀、健康、招財進寶等富情感性的字眼，來打動視聽者的心，讓視聽者因深有同感而產生購買欲望。理性文案則以作視聽者聰明的顧問方式，分析商品特性和優點，及消費者應購買的原因，說服視聽者接受廣告訴求。茲舉數種不同心理因素撰文手法說明如下：

㈠舒適

　　說出商品的特色，使得家庭生活過得更愉快，更方便，更快捷，使視聽者覺得滿足。例如純棉衣褲廣告文案「自然接觸、方顯真情」，以與家人接觸的親蜜與安寧，讓人體會到穿著純棉內衣的舒適感。

㈡恐懼

　　針對視聽者對某種事物的恐懼，巧妙地寫出有效的字句。例如在美容廣告上寫上「皺紋──女人的大敵」，會令愛美人士怵目驚心。

(三)愛美

愛美是人類的天性。某些商品對美容，身材等有幫助的，便會滿足視聽者的心理。例如「美麗是需要幫助的⋯⋯。」

(四)好奇

人類對新奇的事物，總有一探究竟的衝動，具有新功能的商品上市，只要將其優點說明清楚，消費者一旦信服，很容易會淘汰其已擁有的同類商品，而採購新的。例如肯尼士「運動家的最高機密」，喜好運動的人見了就心生好奇，而看廣告內容。

(五)愛財

貪小便宜乃人之天性，商品有打折、贈品、抽獎時，總會吸引衆多消費者購買。例如 Studio OZ「要你吃喝不盡」，這等好事如何能不知道？廣告內容就輕易被視聽者讀下去了。

(六)關懷

人有愛心，會因爲對別人的關懷而購物，每逢母親節、父親節、情人節、聖誕節等諸般互相送禮時節，也是爲送禮而大量消費的時候。例如三花棉襪「爲爸爸選擇健康的⋯⋯」。

(七)自我肯定

對自己能力的肯定，建立自信與自我風格，爲現代人共同的希望，此類強調個人主義的廣告，亦頗能打動人心。

(八)健康

醫藥、補品的廣告，均以祛病強身、長保健康爲廣告訴求重點。

一般而言，感性文案較適用於知識水準較低的消費者，或較具個性化的個人用品，及功能簡單、價格廉宜的日用品、零食等。因爲在這些情況下，人們較不會去計較商品功能，或不知如何去計較；且因常用、便宜，也不會去計較價格而捨不得購買，一時衝動而行的機率頗高，不買的心防弱，便較容易被掮惑而心動，認同廣告訴求。理性文案因注重邏輯性的推理，科技產品如大型家電、精密儀器等專業性用品，消費者對之有強烈的功能需求，購買時自然傾向思考比較，預作分析的理性文案遂頗適用。

同一文案可兼採感性與理性手法，先以感性標題吸引視聽者注意，再利用理性分析使之信服而認同廣告訴求。

◎強調純棉製，使消費者覺得
　自然舒適◎

◎標題使消費者觸目驚心◎

◎整容廣告訴諸愛美的心理◎

◎以機密引起讀者好奇心◎

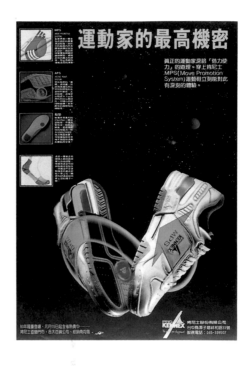

◎用無限制供應的餐點來吸引
　饕餮之客◎

◎純粹以感恩之心為號召的文案◎

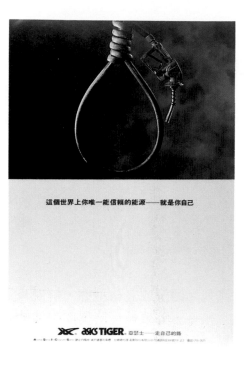

◎目的在希望讀者認同其理念，進而
選用其商品的廣告，其上無關於商
品的文詞◎

◎標榜身分地位的標題◎

◎以食補的觀念，爲單純的食品增加價值感◎

◎用雙關語道出患者的痛苦，再推薦
其商品之優點◎

第二節　文案寫作型式

一、文案類別

　　廣告文案依寫作方式之別而有多種不同型式，常用的寫作手法概述如下：

㈠解析式文案

　　用於介紹產品特點的廣告，多以條列、圖解或表格型態，解說產品的功能和優點。解說式文案內容通常較長，需要較長時間閱讀才能瞭解，因此用於電訊廣告時都僅提重點，而在印刷媒體上才予詳細說明。例如微波爐剛上市時，各品牌廣告均曾強調此為太空科技產品，是為了讓太空人於太空中熟食而發明的不用火烹飪器材，並就微波的安全性再三解說。功能較複雜且價格較高商品，或功能新穎的新上市商品，常採用解析式文案，因非速效性廣告，廣告期應較長。

◎以教育性的文字解說新產品的性能
　及優點◎

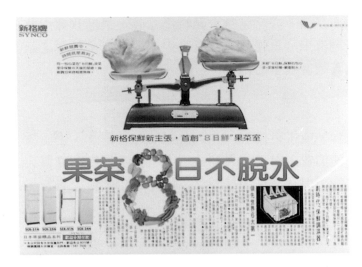

◎說明保鮮原理，強調
科技功能◎

(二)比較式文案

　　將廣告商品與競爭者商品作比較，爲方便目標視聽衆明瞭，文案
中常以表格明列比較項目，標題也常以己方優異之處作爲撰寫重點。
比較式廣告必須盡力找出廣告商品之特點，越多越好，再以之與同類
商品比較，己方較差者宜省略或淡化；競爭者廣告未曾強調者，或自
己勝於對方的特色，尤其是競爭者所無特色，則大肆宣揚，以凸顯己

◎比較自己和他人商品，以凸顯本商
品優點◎

方商品之優異。同類商品多，或商品具有獨特優點時，最適宜採用此種文案。例如克萊斯勒汽車一再強調，惟有車內裝置了安全氣囊之該廠汽車，才是最能保障乘客安全的汽車。

㈢簡介式文案

介紹商品製作過程，或得獎概況，強調公司的經營理念、生產設備或市場銷售情形，使消費者對公司與商品信心增強，而提高聲譽與形象。內容常如流水帳，但在平實中見誠意，多用於企業形象廣告、週年紀念特刊等。

◎以獲獎爲商品作宣傳◎

㈣強調式文案

適用於暢銷商品，或短期促銷性商品，文案內容較簡短，常以聳動標題與實質之利益，激起消費者接受廣告訴求並立即實行的衝動，或以短而有力的標題反覆對視聽衆灌輸，使之在潛意識中接受。暢銷商品爲衆所熟悉，只需常常提醒消費者該商品名稱或訴求主張，讓大衆維持深刻印象，不致淡忘即可；短期促銷性商品即使有其他型文案廣告，也會另加此型廣告，強調促銷時限、量限與折扣價格。「抽菸致癌」等公益廣告更是構思了許多短標語，在電視上不時插播，提醒大衆。

◎暢銷的商品只需常常提醒消費者該
商品名稱◎

㈤對話式文案

◎漫畫式文案◎

◎以對話方式介紹商品特色◎

廣告內容有情節，以單口獨白或多口對白的方式介紹商品。電訊媒體需要撰寫劇本，並加註動作、背景聲音之類說明。例如由張小燕與澎恰恰對話，介紹歌林冷氣機的優點。印刷媒體通常以單幅或多格漫畫表達，風格多滑稽誇張，以引人注意，頗適合兒童商品，如速體健。交通安全的宣導片也常使用卡通動畫，以幽默的方式表現。

㈥感覺式文案

有的廣告內容主要以畫面表達，沒什麼說明，可能只有一句，畫面上的文詞也極少，僅在片尾打上商品名與公司名稱之類資料，讓觀眾直接用感覺去接納它。例如意識形態表現方式，可能連半句話也沒說，但畫面上卻需出現一些奇特文詞。

採用這類表現方式時，撰文員需與創意人員密切合作，將創意所欲表達內容以文字寫出，畫面上要出現的文案也需寫上，在美術人員構思時，還要機動配合增減內容。例如黑松汽水，其廣告內容有情節而無對話，但配上有歌詞的音樂，寫文案時情節、曲名、歌詞及片尾的黑松名稱都要寫上。

㈦新聞式文案

1.報導型

使視聽者誤以為新聞而接受廣告訴求。在報上常可見全版的此類型廣告，編排型式亦與新聞相同。

◎以警民衝突新聞性畫面，用「現代人需要更多的溫柔」作感性訴求◎

2.事件型

發生世界大事或地區性事件時，將之與廣告主張湊合，在眾人皆感興趣時吸引消費者注意。可直接剪取新聞內容作為文案，或利用該新聞作為廣告題材，例如日本德仁太子結婚，日本各行業紛紛推出紀念商品，各種廣告均加入祝福詞句。重大火災、搶案發生時火災偵測器、袖珍防身器廣告便適時提醒民眾，與其恐懼不如購買防範。

㈧分類廣告文案

分類廣告面積小。盡量縮短字句，但要留多少空白位，巧妙地安排標題和內文，以便引起大眾注意，是一件重要設計工作。

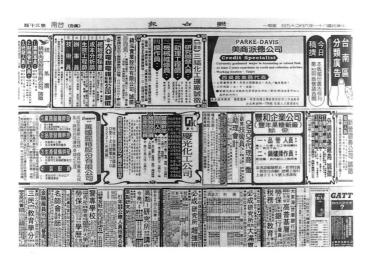

◎分類廣告面積小，內文字小，標題字大◎

二、文案與編排的關係

人的閱讀習慣隨字體的直排與橫排而別，直排由右上而左下，橫排由左上而右下。但看廣告時因未必會全部閱讀，所以在一瞬間視線掃過時，其注意到而經由視覺被讀取入腦海的順序，則依廣告上各部分的搶眼程度而定。看廣告畫面時，在遠處先注意到插圖，稍近則讀入標題，進而欲了解其內容。故在版面編排上，常將插圖置於版面上方或中央，佔最大篇幅與最主要位置；主標題緊靠其旁，字體為其次者之數倍大，副標題置主標題之側，內文則在標題下方或左側，這也是最流暢的閱覽順序。

一篇傑出的廣告文案，需要精心的規劃設計，才能讓視聽者依照廣告人員的預定方式，抓住重點，並很順暢的從頭詳讀至尾，因此撰文員必須配合設計人員，針對版面的空間及文字的級數，增刪文案內容，以達到最佳閱讀效果。

由於人們普遍對圖片比對內文感興趣，因此圖片說明用詞宜格外費心，廣告上的圖片說明如緊附圖片旁，最好勿超過兩行，以免顯得繁瑣；若為內文的一部分則無此限。

第三節　文案創作過程

一、文案創作背景分析

廣告文案依據廣告計畫所決定之廣告主張、訴求方式與表現方式，針對媒體特性與訴求對象特質而撰寫，將廣告訴求以最具魅力的字詞告訴目標視聽眾，讓他們接受而去做廣告所要他們採取的行動，例如購買商品、參加活動、強化某些道德意識等。

創作廣告文案並非憑空臆想寫成，其內容要能合於訴求方式與表現方式，發揮媒體優點，並能充分表達出廣告主張，讓訴求對象容易接受。所以在寫作之前，要先研究廣告商品特色與目標消費者習性，與行銷計畫上需配合的種種因素，應主動去了解，如商品功能及其優點、市場上競爭情況、目標消費者年齡、教育程度、經濟狀況、生活背景、視聽習性、消費偏好……等，及商品行銷淡、旺季，行銷計畫需要廣告支援之處，還有要了解該行業常用專有名詞，以免在廣告詞中誤用外行字詞。

二、文案構思方式

欲擁有熟練的廣告文案寫作技巧，惟有多加練習。不斷看新的廣告，記憶其重要詞句，寫作時自然佳句泉湧而出。平時應搜集優良廣告，及文案表現技巧特殊的廣告，分類剪輯成冊，作為寫作利用之資料庫。當暫時性創作靈感枯竭時，臨摹既有的優良廣告型式，而修改其內容，也能創造出很好的廣告。構思方式如下：

㈠替換詞句

決定創意主題後，尋找類似之表現型式廣告，嘗試以涵意相同的

詞句將之重寫，或以相反的詞句替換，直到看不出原廣告痕跡為止。由於詞句替換過程中，會牽涉到內容的改變，例如將咖啡廣告改為烏龍茶廣告，原廣告中有咖啡製程，現改為茶葉製程，經過全面性的替換與修飾，很容易形成一個完全不同的新文案。

(二)拼湊片斷

選擇一個創意主題後，盡量收集相關的廣告，仔細閱覽後，把兩個或更多的同類廣告取其部分組合，再以詞句替換方式修改其內容。此法在拼湊時較麻煩，但修改時較易使成品與原廣告差別大。

(三)排列組合

利用既有廣告文案加以刪修，就原有的大、小標題與內文，從中擷取精彩詞句，重新排列組合成為新的標題，內文亦可以重新排列組合，部分予以修改，構成新的文案。在一稿多用的情況下，如作系列稿，為不同篇幅的媒體就相同訴求作廣告，部分增刪再予整編重排，既可使各廣告風格統一，又可節省寫作構思時間。

(四)重新創作

此法最難，但最具創意的廣告需如此才能得到。最好用腦力激盪法，集合廣告人員一起構思，得到大致內容之後，再由撰文員綜合各項基本資料，加以整理寫出。

三、預估文案字數

可比照市面廣告篇幅大小，使用級數表或以尺計量進行規劃，或參考現成廣告內容字數來設定。

撰寫文案人員首先面臨的問題，便是標題、本文內容的字數應寫多少。一般可以依據廣告篇幅的大小，約略決定大標題、副標題（一至兩行）、小標題、內文是否全要，或只要其中部分，或小標題還要再予細分。由於標題字數有其限制，很容易可估計出所需字數。

除了分類廣告，或無插圖廣告或內文較多之廣告如商品目錄、小冊以外，內文面積佔廣告篇幅多半在二分之一以內；圖面較大之單篇廣告，內文面積更常佔全篇幅四分之一以下。

內文字體高度常在大標題三分之一以下，其級數視廣告成品篇幅大小而定。內文字體不可太小，以免降低其可讀性。

若在先有文案再設計圖面之情況下，文案交由美術設計人員初步設計圖面之後，會需再增刪字數。若圖面先設計好再撰寫文案，可由

文案字體級數，及預定之廣告位置面積，以級數表計量出內文字數。美術設計人員應估算圖面內各字塊內所需字數，告知撰文員撰寫。

撰寫廣告文案，如果寫得少，想要將之增長，最常見的方式便是在內容中填加虛詞，或改變字句結構，如此文案會變得鬆散不精神。所以在寫作廣告文案時，初稿宜較所需字數多，再來刪減。要充實內容，惟有盡量挖掘廣告對象的優點、特色，如此大可以避免遺漏重要的產品特點。如此才能完成精簡而內容豐富之廣告文案。

四、文案撰寫明細表

進行文案撰寫時，應寫完大綱再擴充內容，如此能控制思緒，不致於寫作過程中誤入歧途，偏離主題，事後既刪又補費時費事。寫作時可參考以下查核項目，以免疏漏：

(1)主標題是否夠有力？句子是否太長？

(2)副標題：勿超過三組。

(3)內文：各分段是否均有小標題？商品特點是否有缺少？活動內容是否均說明白？時間、地點、參加條件、獎勵辦法是否均有？

(4)圖片說明。

(5)回函用表格、印花字詞。

(6)產品表：如為比較表，己方與競爭者要分清，不可顛倒；注意數目字要寫清楚；對己不利的項目要刪掉或改變寫法。

(7)經銷商名錄：包括店名、地址、電話、傳真號碼。

(8)廣告主名稱：包括贊助廣告者，有時不只一家。包括商標、公司名、地址、電話、傳真號碼。注意其標誌與字體是否有特別規定，需將之附在文案稿上。

(9)標語：有的公司有廣告用標語要附上。

(10)劇本：演出時間長度、角色與對話、旁白、背景聲音說明。

(11)影片畫面上傳達出某些理念，作為圖形元素一部分所需的特殊文案。

五、謄繕校對

錯字是廣告致命傷，係廣告製作過程中最易發生，也最常導致廣告公司與廣告主間糾紛的因素，為改正錯誤常會賠上廣告設計利潤。

撰文員應對文案負校對之責，草稿寫好後，要再三閱讀仔細修潤，不確定的地方必須查字典，使用正確的字詞，修正不適當的句

子，删除重複之處。修改完抄寫一分正式的文案稿，字體必須書寫清楚端正，不能有錯誤，習慣以電腦寫稿者則印出一分，交予美工人員。

撰文員亦需追蹤文案完稿狀況，打好字後要仔細校對有無錯字、漏字，改正後校對無誤，才用來完稿。黑白稿完成後要再校對，注意是否文案次序貼對。最後再重頭至尾細讀兩次，確定無誤才能脫稿。

第四節　文案修辭

一、文法注意事項

(一)寫明主詞

將主詞省略不寫或簡寫為代名詞，很容易讓詞意混淆，或者誰作的動作無法交代清楚，最好不要貪圖簡便而省之。

「他說春天他喜歡吃紅豆冰，她說她喜歡夏天吃綠豆冰，秋天他拿著桂圓冰指著她說她冬天喜歡吃糯米冰。」此例如果用在電視廣告上，只要用三個畫面、兩對男女即可表達清楚，如果是廣播稿就變成繞口令，不易懂又易造成誤解，其原因僅在於主詞都採用代名詞。

(二)句長適中

「他一手拿著土豆冰邊走邊舔邊踢石子，還不忘邊回頭看那隻流著口水跟在後面的大花狗。」「他，一手拿著土豆冰，邊走，邊舔，邊踢石子，還不忘邊回頭，看那隻流著口水、跟在後面的大花狗。」這是兩個句子太長與太短的極端例子。

句子太長不但讀時喘不過氣來，一時也很難會意在說什麼，因此要注意斷句，每句不宜長於 13 個字，如超過時可加上逗點；但也不必矯枉過正，把句子斷得太短，一遇因此、如果、然後等連接詞都加上逗點，停太多次，唸到後面也忘了前面說什麼。

(三)活用連接詞

在文意連貫的長句裡，可順著思考的走向，利用連接詞將之分為數個短句，讓長句顯得有條理而容易了解。重要連接詞說明如下：
　　(1)前後文並列：可採用和、及、與、又、而且、其次、再者、此外，例如「先喝可樂，再嚼冰塊，與喝冰可樂有何不同？」

(2)前後文互爲因果：因爲……所以、如果……就、雖然……可是、若……就不、如非……便、因此、故，如「因天氣太熱，所以要多喝飲料。」

(3)前後文對比：不過、可惜、偏偏、但是、反而，例如「喝果汁很方便，但是吃水果才能避免喝下過多糖分。」

(4)在前後文間作選擇：或、抑、還是，例如「買的是冷氣機呢，還是冷風機？」

(5)前後文互爲限制條件：不過、但、否則，例如「歡迎參加摸彩，但要集滿點券。」「皮膚要保持水分，否則會出現縐紋。」

(6)重複前文涵意：換言之、也就是、即，例如「八折優待也就是由 1,000 元降爲 800 元。」

(7)舉例説明：例如、好像、比如、如同，例如「模型製作非常精巧，好像真的一樣。」

(8)詞意轉折：此外、還有，例如「記得買火鍋料，還有別忘了買沙茶醬。」

二、文案修飾

㈠傳達對象

社會上的人各有其不同的身分與地位，分屬不同團體，如教師、學生、主管、業務員、基層工作者、兒童、老者…等，各類型的溝通型式都有其不同特質，廣告詞需就視聽衆教育程度與喜好，採取適當的撰文用詞及內容，才能獲得預期的廣告效果。例如廣告文學作品則用詞宜典雅，廣告鄉土小吃不妨加入方言土音，這些細節在寫作時即需注意。

㈡字詞潤飾

廣告詞句修潤方法可從三方面著手：

1.選擇句型

句型可分爲直敍句、疑問句、命令句、感嘆句四種，它們可再細分爲肯定、否定、主動、被動。在廣告上，疑問句、命令句、感嘆句通常只用在標題上，或對話內容中，內文以不出現爲宜。基於心理學上引導對方採用肯定而非否定的原則，盡量以肯定句替代否定句；由於被動語態句型在理解上所花時間較長，因此應多用主動式而少用被動式。

2.推敲文詞

從消費者的立場，評估什麼樣的文詞最能打動消費者的心，以較佳詞彙不斷替代原有字詞，直到找出認為最適當的字詞及用法為止。注意字的涵義，寧可多查字典，勿寫錯字、用錯詞。

3.修正文法

文法錯誤會讓視聽者不明瞭甚至誤解文案內容。例如「一律1,000元」指的是一套衣服1,000元，或一套衣服中的上衣、裙子、長褲各1,000元？如改為「每套一律1,000元」就清楚了。

㈢字詞增刪

將文案交付美工設計過程中，美工雖然以文案長度為原則設計圖面，或就已設計好的圖面控制文案大致長短，仍可能會出現基於美觀因素，某些空間文案放不下，或需要將文案加長，或多分幾段的情況。又例如同一篇文案也許一稿多用，既拿來設計報紙稿，也作雜誌稿，或以不同大小的篇幅刊登在不同版面上。這時需要與美工配合增刪文案，而非一味堅持不可更改，應該在盡量保留原廣告重點情形下改寫文案，調整字句用法，使之合乎現在字數要求與版面結構。

三、優良廣告文案構成要件

人們對廣告普遍具有消極排斥的心理，因此廣告非得具有加倍的吸引力，才能讓視聽者消除成見，對之多留意片刻。好的廣告文案其寫作必備以下條件：

(1)用詞淺白：採用淺顯字詞，不艱澀抽象，一般教育程度的人都能明白。

(2)思緒連貫：採用連貫性的好字句或口語，引導視聽者的思緒，尤其說理性的廣告，更需要以循序漸進的方式，讓視聽者容易理解。

(3)斷句清楚：字句不能太長，以免在播音或電視播出時喘不過氣來，太長的句子也較難讓人理解。

(4)音調鏗鏘：假如廣告文案要上電視或廣播的，還需要經過試音的過程。文案要音調鏗鏘，避免太多的諧音或雙關意義。

(5)條理分明：說理清晰，層次井然，條列尤佳，易於信服。

(6)凸顯重點：廣告文案內容要能表達商品的特點，並提示重點，讓視聽者能立刻抓住廣告重心。

(7)說明完整：冗長而又散漫的廣告文案，無法引起視聽者興趣，因此文句必須一氣呵成，完整無缺。

⑻寫實逼真：要能觸動消費者的感覺，其描寫用詞需具有讓視聽者如看到、聽到、聞到、摸到的逼真感受。

⑼內容精簡：內容不要冗長，以免視聽者失去讀完的欲望。

⑽容易記憶：文詞通順，清楚簡明，容易記憶。

⑾蘊含推力：使消費者覺得有興趣，產生起而行之的感覺，而照廣告所言去做。

第五節　標題的撰寫

廣告文案主要包括標題與內文兩部分，兩者必須相輔相成，針對共同主題而發揮。例如歐帝建設廣告，主標題是「歐洲世界 No.6」副標題是「世界之頂，綴滿典雅與榮耀的傳奇盛宴。」內文是「走在歐洲的歲月，走在 17500 坪歐洲圖騰裡，翻騰出震古鑠金的建築藝術極品，造一個王國，塑一個極早已享有盛名的歐洲世界，輕輕向全市招喚，一心追求完美的名仕家庭……。」

一、標題的意義

廣告文案中對視聽眾最具影響力的部分就是標題。標題可分為主標題、副標題、小標題；主標題用以捕捉視聽者的視線，使其停留在廣告上；副標題用以加強主標題的吸引力，引發視聽者看下去的欲望；小標題提用以喚起視聽者的注意和興趣，使之對廣告內文能迅速抓住重點，進而閱讀全篇廣告文字，即使視聽者未能詳閱，也對廣告有了概略性的了解。在廣告片或廣告錄音帶裡，標題以另一種型態出現，片中所強調的重要字句，即等於標題。

二、好標題的特質

標題在廣告上具有誘使視聽者閱讀內文的使命，也是視聽者銘記商品及廣告訴求之代表性標記。大部分的廣告在人們眼裡只看到標題，只有在標題具魅力時，讀者才會去看內文。即使是電訊廣告，視聽者記住的也是其標題或對白中最重要的一句話。所以消費者記不住廣告內文，甚至未必記得商品名，但是會記住廣告標題及其所強調的訊息，並指明要該標題所代表的商品。例如要「高中老師」用的那種長保年輕的化妝品，知道「被火紋身」時要先浸冷水等。

好的標題是圖形與文字間最短橋樑，是內文濃縮後的精華，能直

接顯示廣告的主題。好標題具有以下五個重要特質：

㈠提供利益

利益永遠是商品廣告招徠高注意度的主要因素。例如遠東百貨「全面七折」；戰痘乳膏「只要青春不要痘。」能解決青少年臉部長青春痘的煩惱。

㈡滿足好奇

好奇是人的天性，只要價錢不高，消費者往往不吝於為了一探究竟而接受廣告挑逗，前去購買商品。例如提出飲料新喝法，統一雪克33廣告「搖一搖更好喝」滿足消者好奇心。

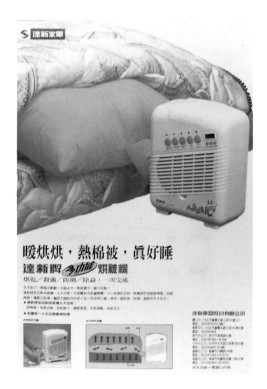

◎鼓動消費者嚐試包起來吃的冰淇淋，以滿足好奇心◎

◎給予消費者「熱棉被，真好睡」的利益◎

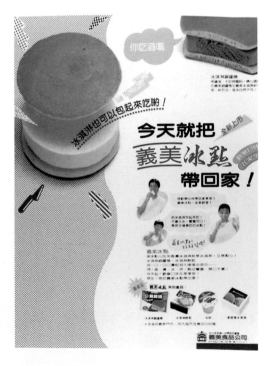

◎用洗五次的舊衣和未下水的新衣比較，讓消費者信服◎

◎以「總統戴的錶」增加商品權威性，提高消費者信賴感◎

SONY.

永遠爲您保存甜蜜的微笑。

◎以簡單的標題道出商品令人喜愛的用途◎

㈢宣揚新知

更新而更好是所有使用器材類產品的人一大渴望，例如說明何謂 HDTV（高畫質電視）；或如 1991 年 Fuzzy 洗衣機上市，何謂 Fuzzy（模糊理論）？應用模糊理論設計的洗衣機有何突破性的優點？只要能說得頭頭是道，都能引起喜新厭舊的消費者之購買欲。

㈣訊息信實

對於保守而心存疑惑的消費者而言，拿出證據，或多年信譽的老品牌，才是可靠的象徵。例如以標題「穿著 LACOSTE 的總統先生」強調品牌的信譽佳、品質好，提出實證讓人信服。

㈤直接簡明

視聽者給予廣告的說服時間，往往以秒計算，兼以廣告篇幅有限，不可浪費，惟有直截了當地說出廣告訴求，才能掌握時機。例如「捐血救人，舉手之勞。」僅八個字即強調出救人不難，以最直接最簡單的方式描述。

三、標題修辭要點

標題在修辭上有下列幾個要領：

㈠採用強調文詞

如跳樓大拍賣、限時搶購、理想國等感性文詞；或理直氣壯的文詞，如最新機種、雙效合一、榮獲專利等。所謂「語不驚人死不休」，標題能如此正是其引人之處。

㈡字數宜少

標題的字數通常在十個字以內，若字數太多，誦讀不便，易導致視聽者產生排斥感。簡短的標題容易記憶，好標題有時候會成為商品的代名詞，例如祥瑞汽車剛上市時的廣告標題「生活大師」，便成為了祥瑞汽車的外號。

㈢勿用太多標題

一篇廣告如果從頭到尾擠滿大、小標題，容易使讀者不知從何看起，結果只好放棄閱讀。

㈣好唸、好記

標題詞意和廣告內容最好能互相聯想。例如名家休閒服:「名家品味,氣勢非凡。」大韓民國高麗蔘:「款款深情,『蔘』獲您心。」皆易於讓人聯想及品牌名。

四、標題撰寫原則

視聽者對廣告的記憶,往往只有主標題,在大部分情形下,所看到的廣告部分,也只有主標題,主標題若未能贏得視聽者的注意,廣告就白作了,所以主標題的重要性遙遙領先其他文案部分。

主標題的文詞通常簡短、有力甚至聳動,以引人注目為第一要求,所以內容有時候未必能讓人與廣告對象立刻產生聯想,例如裕隆尖兵汽車廣告標題為「新遊戲時代」,指的是能與新時代的人們相匹配的車。若主標題與廣告內容疏離,副標題的任務就是加以解說,將主標題與廣告內容連起來,例如「新遊戲時代的您,工作不必像條牛。」小標題則散布在內文中,負責引導視聽者抓住內文各段重點。

㈠主標題

主標題是廣告的精髓,必須能產生強大吸引力,盡量就商品與廣告主題的特性,找出相關聯的詞句,寫成標新立異的標題。

◎以大標題強調天天服務◎

主標題要簡短有力，字數不宜太多，最好在十個字以內。但有時標題如果符合對偶原則而又押韻的話，略多於十個字亦可。超過十個字不但較不易記憶，在版面設計上也不好處理。比如「你是我今生來世所擁有唯一的最愛」，不如改為「你是我永遠的唯一」來得有力而動人。通俗的成語、口語、兒語、方言都可以使用，但勿用文言文或生僻的字詞或虛字如之、乎、者、也、然、否、耶、兮之類的字最好一概不要。

(二)副標題

當主標題很難表現商品特性或廣告主張時，副題可加以解釋，也可用來強調主標題，使之更為有力。若標題很短，例如只是品牌名，應加上副標題向讀者說明。副標題的字詞也不能太多或太長，一行、十五字以內較常見，最好不超過兩行、三十個字。如凍頂烏龍茶：「全國第一泡，首創易開罐。」其副標題為「立即享受的好茶」。統一企業：「好東西要和好朋友分享」其副標題為「我送他們——麥斯威爾咖啡禮盒」。

◎以副標題「一次沖泡，完整享受」說明主標題◎

(三)小標題

小標題主要用在內文，以強調某些重點，通常很短，宜在十個字以內。內文可依其重點分為多段或多道條文，小標題放在它們前面，

不但有利於閱讀時了解內文重點，而且也能使版面顯得活潑而不死板。有時候小標題也放在標題上、下方作為點綴，但其內容與廣告主要訴求通常無關，或為企業理念，或為品牌標語等。

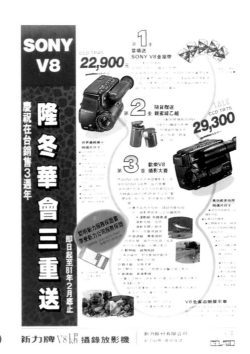

◎用小標題提示贈品內容◎

第六節　內文、標語撰寫原則

一、內文

㈠內文的意義

　　內文是廣告的本文，也是廣告主想要視聽者知道的訊息。如果視聽者只看了廣告的標題，而沒有往下看，就如同沒有看廣告，廣告效果等於零。視聽者必須有興趣看內文，而且至少看了內文的小標題，才會在腦海中對該則廣告有一點印象，廣告才能生效。

㈡內文撰寫原則

　　好的廣告內文，要讓視聽者有看完它的渴望，且能一口氣讀完，

覺得言之成理，深有同感，而產生起而立行的衝動，比如購買廣告的商品，或照廣告所說的去做等。

因此撰寫內文時，可以假想自己為業務人員，標題敲開了客戶的門，而客戶給予的時間就是廣告時間。在電訊媒體，客戶只聽幾秒就關門；在平面印刷媒體，客戶讓業務人員進門，只要客戶肯理睬，就有較長的說服時間。客戶年齡有長有幼，各種廣告媒體視聽對象也各有不同。因此內文必須視媒體狀況、視聽族群與廣告主張而採用不同撰寫方式，在平面媒體長篇大論無妨，而電訊媒體務必長話短說；大眾化的商品如速食麵、冰品等廣告，可採用俚俗口語；而名貴的商品如房屋、鑽飾等，則以高尚文雅的字句表達。

◎感性的滋味描述，讓人食指大動◎

我們承認，這樣 是有一種獨特的味道；

但是，這樣 看起來，更顯得年輕、英挺⋯

所以，如果您想從這樣 變成這樣

請即刻打 給我們，我們極其樂意為您效勞！

使您愛髮重現的「增您絲」

增您絲 ADD·ON SYSTEM
HAIR CARE CENTER 頭髮專業保養中心

◎以圖片代替部分文詞，直接作有力的說明◎

◎用影片稿草圖加上漫畫式對話，吸
引消費者注意◎

二、標語

㈠標語的意義

標語爲宣示商品特性之短句，或表達企業理念的格言。標語最早
用在政治上的口號，利用反覆不斷的誦唸，或四處張貼，來加強人們
對其內容的印象，逐漸銘記在心，最後爲眾所認同。將之運用在廣告
上，即以最精簡的詞語說明商品的特質，利用美好的涵意塑建企業形
象，讓視聽眾將之與商品和企業串聯，因爲對標語正面涵義的熟悉，
連帶對商品與企業產生良好印象。

標語常採用短句和對句，易唸易記，在廣告中標語經常放在商品
名或公司名旁，若於媒體上屢次出現，極易成爲商品或企業的言詞性
標誌。

㈡標語的種類：

標語的種類可以概分爲以下多種：

1.經營理念型

藉由反覆出現於廣告媒體之廣告標語，直接對消費大眾傳達企業
之經營理念，而建立形象。例如震旦行的「永續經營」；大同公司的
「創造利潤，分享客戶。」

愈黑的時候，我們愈亮！

◎說明企業理念◎

2.品質型

與商品名結合之廣告標語，可以幫助消費者記憶商品，留下深刻印象，形成品牌偏好。例如豐年果糖的「豐年果糖是好糖」。例如三葉機車的「世界品質。」

3.服務型

對消費者表達企業服務顧客之誠意，或者強調對其產品之各種服務項目與方式。例如中華航空的「相逢自是有緣，華航以客為尊。」三陽喜美汽車的「五萬公里免費維修。」

4.保證型

透過廣告媒體對產品之品質予以保證，或者提出承諾的廣告標語型式。臺灣必治妥公司的「百服寧，保護您。」

5.引誘型

用勸誘或誘導等方式，來激發消費者的興趣，進而達成銷售或者其他之溝通目的。常見之引誘性標語，如「秋冬換季大減價」再者感性標語如南非航空的「請來分享我們的世界。」

6.關愛型

企業希望以關懷的心，讓世界更美好。如統一企業的「飛向健康快樂的21世紀」；可口可樂的「心曠神怡，萬事如意。」；福特公司的「福特六和關心您」。

◎強調商品品牌◎

◎強調商品品質◎

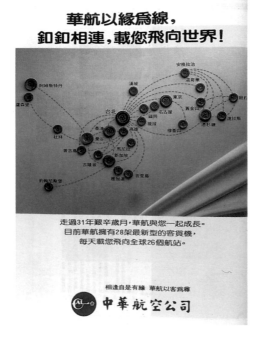

◎用航線及起降地點圖，告訴消費者
服務地區◎

◎以專業雜誌評鑑強調品質◎

◎激起讀者消費欲望◎

◎關愛型的標語◎

7.宣傳型

　　宣傳型標語之目的，除了希望各種方式來對商品或服務業務，達成宣傳之效果，更希望讀者在領略之後，能代為傳達廣告所要傳達之訊息，政令及事件廣告均是。例如生生皮鞋的「請大家告訴大家。」

8.期許型

　　提出企業界與消費者之間共同的目標，是這一類標語的特色。例如「追求最高品質！最好服務！」第一人壽保險公司的「第一人壽，人壽第一。」

9.格言型

　　引用賢哲大師之名言，或者自行編寫一段對生活或生命之體驗與感想，不僅能傳達企業之精神，也能引發消費者共鳴，對商品建立感情，例如健力士黑烈啤酒所採用之尼采格言「由於這個苦處，我們才得以瞭解事物最後且最深的真理。」

10.警語型

　　藉由道德或者恐懼訴求，引起讀者之注意，而加以警惕，或創造出消費者對商品之需求，例如「吸菸過量，有礙健康。」

11.政治型

　　政治型標語之表現即是明確的政令宣導，或者闡明廣告主之政治理念與建議。例如「保密防諜，人人有責。」

◎宣傳品牌的標語◎

◎提出一種主義的口號◎

◎以尼采的格言為標語。健力士黑烈
啤酒，所採用之尼采格言◎

◎宣揚索取統一發票的標語◎

(三)標語製作要點

欲寫好標語，除了傳達效果外，還要考慮到語音、語句、語意、語調，是否達到廣告主所要求之目的。研擬標語時，務求句意完整，用詞有力；內容通俗，簡短易記；音調鏗鏘，富於韻律；能表達商品特質，宣揚企業理念，並反映時代潮流，具有正面意義。

標語在版面設計與製作上也可替代標題，編排於畫面顯要位置。但標語最常置放於商品名、商標、企業名稱之旁，或主標題的上下方；或印在商品外包裝一角；或配上音樂，在廣告片尾播出。標語除非作標題用，否則其字體級數通常比內文或企業名的字體還小。

三、廣告小格言

廣告小格言是種特殊的文案，已不在於廣告主題之內，而是附隨於廣告，廣告主企圖順便散布給社會的一分關懷心意，都採用具有正面意義的詞句，提醒企業與消費者共同思考自省，蘊含人生哲學的智慧，而具有淨化人心的作用。廣告小格言未必是嚴肅的，也有溫馨、俏皮的，讓人感受到人生中的關愛與快樂。有時候小格言也會升級成為標語。

小格言雖然不在廣告主張之列，但在廣告設計上具有企業形象的

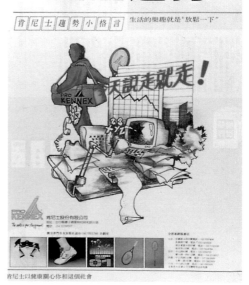

◎廣告畫面上附「生活的樂趣就是放鬆一下」小格言◎

意義，企業可藉由小格言宣揚其理念，而建立更佳的形象。廣告小格言不宜長，大約一行，廿字以內，要有內涵，讓消費者能因看廣告而順便得到一分有益心智的禮物。

　　例如愛迪達運動產品類的報紙廣告，版面小角落有「雋言錄」：「我把小小的禮物留給所愛的人；大的禮物留給所有的人。」統一企業：「創造更美好的明天。」

習　題

1.廣告文案構成要素為何？試以市面上現有廣告為例加以說明。
2.依據廣告文案撰寫手法加以分類，可分成那幾種？
3.何謂提示式文案？試以市面上現有廣告為例加以說明。
4.何謂標語？何謂廣告小格言？試述其不同之處。
5.何謂口號型標語？試以市面上現有廣告為例加以說明。
6.何謂保證型標語？試以市面上現有廣告為例加以說明。
7.挑選一市面上現有之廣告，試就其文案，分析它符合那些優良廣告文案構成要件。
8.試以「好奇」為心理基礎之撰文手法，撰寫一則食品廣告文案。

10 編排設計

第一節　編排設計概論

一、編排設計意義

　　廣告中除了廣播型態的廣告以聲音來傳達訊息，其餘廣告均著重視覺表現，即使是動態影片，也需要先經過平面圖文的分格編排設計，才能拍攝爲影片。

　　編排設計係將廣告創意構想所得之文案與圖樣，基於美的原理，對字體、圖形與色彩進行綜合設計，編排於廣告畫面，以便將廣告訊息明確地傳達給目標視聽衆。

　　由於生活環境裡廣告充斥，以致於人們對廣告常視而不見，迫使廣告必須能在不到一、兩秒的時間内，即吸引到消費者注意，才有被多看一眼，進而發揮說服力的機會。因此圖文編排設計好壞，直接影響廣告效果。

二、編排設計的功能

　　經過悉心的圖文編排設計，廣告畫面可具有並强化以下功能：

㈠引導閱覽動線

　　一般人看直式編排的文章時，會由右上開始而右下，再左上至左下結束；看橫式編排篇章則從左上起頭到右上，再至左下而右下結束；閱讀廣告上的文案亦同。一般廣告上有圖有文，且圖有大、小之別，文有標題與内文，由於文字爲圖形的替代性符號，在理解上比圖形慢，所以閱讀順序爲先圖後文，先大圖而小圖，再大標題而小標題，最後才看内文。

　　因此畫面上各項要素應基於上述原則去編排，文字編排的原則務必遵守，照内容循序而下，如果左右顛倒，或上下對調很容易造成閱讀上的困擾。圖形則焦點所在之圖要大，次者圖小，若爲多格圖，其方向要與文字相同。如此人們方能在設計者引導下，先注意到重點，再去看細節。閱覽動線不可太雜亂，以免讀者拒絕看下去。

㈡提高誘目性

　　好的編排設計可使廣告在衆多廣告之間更顯獨特，能在人們一眼

掃過的刹那，吸引到足夠的停留秒數，並激起他們希望多了解一點的欲望，而願意繼續看下去。

　　廣告版面若充滿文字，會形成閱讀的壓力，而使人們拒看，圖片容易引人注目，設計時應多利用圖片，使廣告畫面由平板變爲生動，增加閱覽意願。

㈢增進理解力

　　編排設計可藉由畫面、圖片或表格等等，強化廣告訊息，並讓人們易於瞭解，進而被說服。圖片能使文案說明以具象呈現，或以間接的圖形事物去比喻，可以使廣告容易理解。例如各品牌產品性能比較表，產品使用狀況圖片等，或以鯨魚比喻體積之大，都易讓人接受。

㈣加強記憶

　　一般而言人們對圖形的印象勝於對文字的記憶，可利用圖片協助人們記住廣告內容，並將文案重點以標題強化，系列廣告亦可經由固定的畫面表現手法，或系統性編排設計格式，形成獨特的廣告風格，使人們對該系列產品產生統一的印象，而提高對該品牌辨識率，且因

◎眞實感的圖片比文字陳述更具說服力◎

◎用人們熟悉的食品爲陪襯，使閱覽者感到親切◎

熟悉而產生信賴感。系列編排設計的廣告，因容易被認出其為某商品或企業，在許多廣告之中會較為凸顯。

(五)強化說服力

單憑文字陳述，總比不上眼見實際產品外觀圖形更清楚，尤其商品廣告，常在廣告中加入商品外觀圖形，或展示產品性能，讓閱覽者眼見為憑。有些廣告還刊出證人的使用經驗、姓名、照片等，來消除閱覽者的疑慮，而接受說服。

(六)引起認同感

廣告可利用奇特、誇張、豔麗……等諸多手法，來強化廣告之理性訴求或感性訴求，會使人們覺得受到打動。例如兒童燙傷基金會「被火紋身的小孩」廣告，為顧及受傷小孩的心靈，不用真實的受傷圖片，而以一張正常小孩的正面半身照片，四邊用火燒成不規則形，暗示容顏的毀滅與美好童年的消逝，觀者無不動容。好的圖文編排，常可因人們的認同，而獲得極大的回響。

◎以實際圖片使文字說明成為具象◎

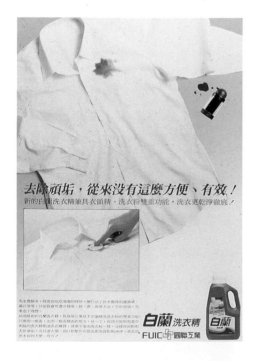

◎系列稿有助於人們對廣告的記憶◎

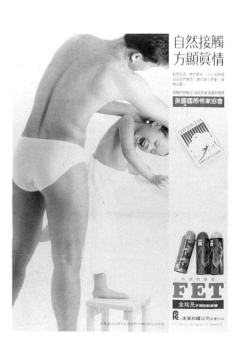

三、編排設計的程序

編排設計的程序如下：

(1)查明廣告畫面規格尺寸。

(2)規劃畫面空間：可先予畫面等量分割或黃金分割，或其他方式的分割，如等差級數分割等。

(3)畫面編排設計：

　　(a)均衡或對稱編排：採用上、下或左、右對稱編排，畫面具安定感。

　　(b)動態均衡編排：構圖上不對稱，但畫面仍因各要素相對上的平衡而具有穩定性，可因視覺上的不安定感，而加長注視。

　　(c)對比式編排：圖形內容或色彩至少成雙且相互對比，例如色彩採用補色、黑白色，或造形一大一小等，非常搶眼。

(4)調整圖文比例：畫面中圖、文面積比例要適當。

(5)製作平面稿：

　　(a)畫面的編排設計完成後，將廣告圖、文放大、縮小，製成粗稿或半正稿。

　　(b)打字、完稿、標色，皆以定案之半正稿為準。

　　在開始進行編排設計之前，必須對在編排上會用到的技巧與變化有所了解，在文案部分是字體及其編排方式，在圖面方面是美的原理及圖面構成方式，本章及下章會予以詳細說明。

第二節　圖文編排方式

一、畫面構成要素

廣告畫面由文案、圖形及色彩組成，分述如下：

(一)文案

廣告文案係指廣告畫面上採用的文字，即大標題、副標題、標語、內文、商品名、價格、產品規格、企業格言、公司名稱、地址、電話號碼、傳真號碼、郵政劃撥號碼；對於有時間性活動廣告，如大減價，要寫明期限；有贈品的可能會有印花。

㈡圖形

廣告畫面上的圖形，包括插圖、標誌與邊框。插圖有作爲廣告畫面背景者，也有作爲廣告畫面焦點的插圖，其來源如攝影照片、手繪圖畫、剪貼圖形、漫畫、紙雕、圖案、說明性圖表、立體造形或圖案化之符號或文字等；標誌有廠商企業標誌、商品品牌標誌、合於某些標準之標誌，如優良冷凍食品標誌、優良肉品標誌，還有活動標誌如大型運動會的吉祥物之類等；邊框如線框、圖型框、連續字框等。

㈢色彩

廣告畫面上的色彩指文字及圖形之配色、留白，企業標準色，產品與圖片之色彩等。

二、版面編排原則

雖然僅以文字亦可傳達廣告訊息，但圖形遠比文字容易表現高度的誘目性，吸引讀者注意，且圖形可將商品實物再現於畫面上，其說明力勝過千言萬語。因此廣告編排一般均組合文字與圖形，以加强廣告效力。

爲了讓讀者容易了解廣告想表達的訊息，廣告應用大小不同的圖形與不同的字體，藉由編排技巧引導閱覽者視線，讓人們依循預定的順序，由圖而文去閱讀。圖與文的閱讀順序最好是連續的，由第一個因素到最後一個因素的閱讀途徑要短，不宜上下或左右來回多次，或使視線在圖文之間跳躍不已，如此會減低閱讀效果。

欲充分發揮廣告版面編排功效，宜遵循以下六個原則進行設計：

㈠構圖簡單有條理

將圖形、標題、内文以較單純而有條理的方式排列。

㈡突顯畫面主題

設定視覺第一重點，通常爲圖形，再將之强化，例如採用大圖形或鮮豔的色彩。

㈢閱覽動線順暢

循思考過程安排視線途徑，宜短而少交叉。

㈣利用錯覺

不同色彩互相搭配時,分別會產生凸出或凹入的效果;同長而曲度不同的線條放在一起,會產生長短有別的錯覺;沒框的圖似乎比有框的圖大;諸如此類視覺上圖形會因與其他圖形的相對位置而產生的錯覺變化,可使廣告產生與實際狀況不同的效果,應視情況善加利用。

㈤留白處理

留白指在底色或底紋上無其它廣告元素,如文字或圖片。留白可使廣告圖面不致太過擁擠,而顯得空闊,亦能用以與周圍干擾閱覽的其它廣告或文章產生間隔。留白處理應適度,通常約為廣告畫面的20～50％即可。

㈥求新求變

應勇於採用大膽而特出的圖形,務使人們接觸廣告的瞬間,產生想知道廣告內容的衝動,即使未能詳讀,也對畫面或各標題留下印象。圖文在版面上的編排,則仍宜遵照基本規則去實行,因為太具變化性的編排往往也意味著閱覽動線的混亂,或雖具視覺創意,卻無法吸引人讀內文。

例如某汽車廣告,小字體之單色文案密密填滿全頁報紙版面,既無小標題,也不分段,讓人忍不住想看一看,到底是什麼廣告。知道後本想順便對此車多些了解,卻找不到其它捷徑,結果人們看該廣告的步驟往往只進行到大標題就停止,廣告便僅發揮宣揚車名的效能,未能作更進一步的促銷說明,如何有助於行銷?

依據以上原則,設計人員可先決定重點編排方式,再進行圖面構成設計。

三、重點編排方式

廣告畫面由文字與圖形組成,在編排設計前,需考慮整個版面重點所在。如果標題具震撼性,則圖面焦點應在標題;如採用動人的圖片,則畫面焦點應在圖片;若二者分量約略相同,則設法加強其一。依編排重點之不同加以分類,茲就幾種常見者說明於下以供參考。

㈠標題型

有好的標題,宜採用標題型,以標題為主,圖片為輔。由於人們

對圖片的注意度比對文字高，欲使人在有圖的情況下先看標題，標題應誇大設計，且字體要特出，例如特黑、綜藝體。編排順序為標題在先，接著是圖片、廣告文案，品牌、公司名在後。標題型將標題置於圖面之前，是希望讀者先看到標題，被標題吸引而看下去；圖片用以增強對標題的印象，然後引起看內文的衝動。

標題內容也可以是品牌名、商品名或公司名，常用在新品牌、新商品上市，或新公司成立時，以之迅速提昇知名度。

◎強調標題◎

◎強調標題◎

㈡圖片型

　　圖片型以圖片爲主，標題爲輔。圖片型的圖片內容通常很搶眼，常佔全頁的四分之一以上，甚至全頁。

　　一般圖片內容以產品爲多，生活圖片、手繪圖片、世界名畫……均可，有時圖面內容也可以採用商標。以商標爲圖片通常用在企業形象廣告，爲公司打知名度，如遷移新址、成立新營業處時，用以提醒人們再度注意到該商標所代表的公司，爲公司造勢。企業採用新商標時，更有必要以商標爲圖面重心，昭告大衆，臺灣電視公司、豐田汽車公司均曾如此做。

　　圖片型編排方式可分爲兩種，說明如下：

1.標準型

　　標準型編排方式爲圖片放在圖面的最前面或最上端，其次放標題，然後是內文與商標、公司名。此爲先以圖片吸引閱覽者的注意，再以標題來說明，然後誘使繼續看內文，甚至品牌、公司名。標準型由於廣告效果佳，是最常採用的設計形式。

　　標準型的好處是，會提高讀者閱讀標題與內文的比率。因爲圖片容易引起人們的好奇心，想知道放這張圖究竟是什麼意思？而看標題是了解該圖片的捷徑，視線往下就看到了緊接的標題，自然再往下而看到內文。如果標題在圖片上方，視線往上行，就未必會再往下看。

◎圖片以產品爲主◎

2.全面圖型

　　係指圖片佔滿全畫面，而廣告文案設計在畫面上。圖形對人們的吸引力既然勝過文字，傳達的力量也遠勝文字，而大幅的圖比小張的圖更能帶來強烈的衝擊或親和力，更容易在諸多廣告中贏得注目，也能產生更深刻的記憶效果，因此全面圖型是一種很好的編排方式。

　　但是在圖片上放文案，有諸多設計配置上的限制，如標題位置、文案色彩與圖片底色的搭配，當在繁雜的圖形上壓印文字時，往往文字會消逝在圖紋之間，不容易突顯，在設計時必須格外謹慎，圖面上應有相當比例的整片留白，供放置文案，且在色彩配置上要非常小心，以使文案仍足夠明顯。所以除非對文案與圖面搭配的效果有把握，否則不宜輕易嘗試。

◎全面圖型圖片佔滿全畫面，再加上
文案◎

（三）文字型

　　文字型以文案為主體，即使有圖片，也僅是點綴性的小圖，有時根本沒有圖片。有些廣告訊息重要而抽象，或內容很長，例如政黨宣揚政治理念的廣告，廠商解決某些同業往來紛爭的公告啟事（如仿冒者道歉），學校招生廣告等。由於僅有文字，或以文字為主，為增加其吸引力，其編排可採用各種文字變化手法，如排成圖形、標題排成不規則形、以加網的圖片或圖案當做底紋、用花邊裝飾等。

◎文字型以文案爲主◎

　　也有商品故意採用文字型廣告，以期在衆多配置圖片的廣告中凸顯自己，其編排極盡巧思，如以圖化文字爲版面重心，或將內文排成商標圖形，或以不同色彩點綴首字，或用小卡通圖形裝飾於版面上等，使廣告表現出獨特而別緻效果。

㈣新聞型

　　新聞型係以新聞報導的方式來介紹商品，其編排方式仿同新聞，

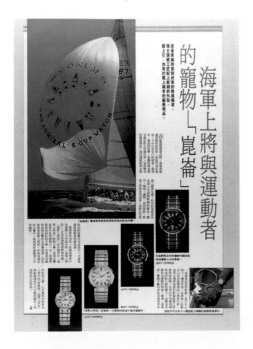

◎以新聞報導方式介紹商品◎

而將品牌或公司名巧妙地介紹出，或以某公司董事長、總經理之專訪型式，來宣揚該公司商品，提升企業形象。此型式讓人們誤以為新聞而閱讀，而達到廣告目的。如特意避提公司名或品牌名者，也會在其旁刊登該商品的廣告。

㈤其他型

廣告亦可設計成如漫畫、信件、支票，或採用不同材質、不同大小連頁、切出不規則形邊緣、打洞、立體活動畫面……等，不拘形式地編排。

四、圖版型式

在選取圖片時，應注意版面的整體效果，同時還要考慮圖片在版面上的比例，不管是正片、負片、照片或印刷圖片，最好能以描圖紙蒙在黑白稿上，再與黑白稿置放圖片位置，用鉛筆將圖形選取範圍畫於描圖紙上。

圖片在版面上的放置方式，有以下三種：

㈠角版

在版面上畫一封閉曲線，線框中置照片，這是最基本的圖版表現形式，稱為角版。

整齊有序的角版版面，可以置入去背版的照片，而使版面柔和。

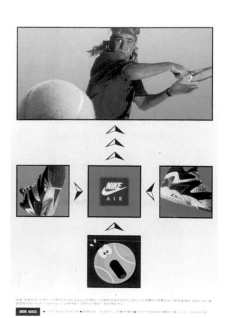

◎圖片均以角版設計◎

小面積的去背版圖片，搭配大面積角版圖片，可產生對比效果。框可用幾何形，如矩形、圓形，亦可用不規則形，框只用來標示圖片在版面上的大小及位置，框線本身不一定要印出。

㈡出血版

如果圖片佔滿整個版面，裝訂裁切之後四週都不露白邊，或者圖片的一邊或兩邊延伸至版邊，佔滿空白部分，這種圖版的形式稱爲出血版。

◎圖面採全頁出血版設計◎

㈢去背版

將照片順著所要部分的邊緣除去不想要的背景，而留下照片中部分圖形，這種圖版的形式稱爲去背版。去背版能使焦點集中在想要的圖形上，降低背景的干擾；背景亦可以加網使之淡化，或去除成爲留白，或放上別的圖形、文字。利用去背版能合併不同圖片，成爲新的畫面，例如把一張去背版的人像，疊置於一張挖出與人像同形空缺的風景圖上，即形同人在景中。大量採用多幀去背版圖片，因圖片外緣不規則，易使畫面紛亂，在配置上宜設法將各圖融合在一起，如爲同幀圖片，亦可與角版照片搭配使用。

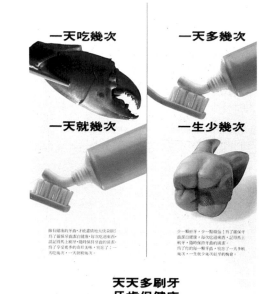

一天吃幾次　　　一天多幾次

一天就幾次　　　一生少幾次

天天多刷牙
牙齒保健康

讓牙齒更健康！每半年請記得到牙醫診所費一次徹底的牙齒保健檢查。

中華牙醫學會製作 黑人牙膏／遠見贊助

◎圖片採去背版設計◎

第三節　字體的功能與種類

　　雖然圖片具有較強的誘目性，但單憑圖片人們仍不易了解明確的廣告訊息，需要加上文字說明，如此才能賦予圖片意義，而產生較佳且正確的記憶，故廣告畫面上文字部分的設計，與圖片同等重要。

一、字體設計的功能

　　文案可採用各種字體，如照相打字、電腦打字、手寫字體等，使文案可看性提高，並配合圖形，讓畫面更美觀。字體設計在廣告上的效用有：

㈠加強文案的吸引力

　　經過字體設計的文案，由於不同字體筆畫粗細有別，置於圖面上，不同字體的區域如同加網般，各自形成深淺不同的色塊，不再整片單調而無變化的灰色塊；若各字體區域分別設計為不同顏色，而產生色相的差異，更可賦予文案生命力，如同圖畫般悅目迷人。

㈡區隔標題與內文

使用字形不同與大小不同的字體,來區分標題與內文,使標題鮮明搶眼,並凸顯內文重點,讓人們易於抓住廣告主張。

㈢輔助圖形設計

廣告人員亦可利用文案排成圖形,或將文字圖形化,使文字產生圖的功能,以強調廣告訴求。

二、字體的種類

字體的種類極多,從排字房的活字、打字機打的字、照相打字、電腦打字、手寫字,到美工人員設計出的各式各樣美術字,不時有新的字體被整套設計出來,使得可利用的字體變化增加。字形又可將之拉長、壓平、抽斜,作出多種變形。

由於字體種類不斷創新,及電腦排版軟體功能日新月異,使廣告版面之字體應用更為靈活,設計人員必須知道各種字體及其特點,與其變形方式,就廣告內容與表現基調,選擇合適者搭配運用,以充分發揮字體魅力。茲就廣告設計之字體來源,分類說明如下:

㈠排字字體

以排字版排版所採用的為鉛質活字,如有錯字要修改時,需取出錯字更換填入,各欄之間以鉛條隔開,如果內容需要增、刪、移位,改來非常麻煩。鉛字字體有老宋、正楷、方體、長宋⋯⋯等,種類不多,其字形以號數計,由一號到六號,數字越大字越小,更大的字則以行計,如八行老宋,意為其字大小同六號字並排八個字高、八行寬的正方形。鉛字因字形與字體大小號數較少,不能任意變形,且排字速度慢,所以打字機打字興起後,即迅速被取代。目前鉛排字僅用於小面積的特殊印刷,例如名片、請帖、貼紙等。

㈡打字字體

打字字體以打字機打出,其字型的設計有一定的規則,字型大小、筆畫粗細均一致,打出的文案排列整齊,看來理智而冷靜。

打字字體種類繁多,有明體、黑體、圓體、花圓體、空心、立體、重疊、楷書、楷書注音、隸書、行書、方新書、圓新書、新藝體、綜藝體、堪亭流、新潮體、中印篆、淡古印體、漫畫體,及多種英文字體,其中最常用的數種字體,還可再依筆畫粗細,分為細、

照相打字中文字體樣本

【正楷體】
文淵沛盛　傳承文化薪火建立書香社會

【細明體】
文淵沛盛　傳承文化薪火建立書香社會

【中明體】
文淵沛盛　傳承文化薪火建立書香社會

【粗明體】
文淵沛盛　傳承文化薪火建立書香社會

【特明體】
文淵沛盛　傳承文化薪火建立書香社會

【超明體】
文淵沛盛　傳承文化薪火建立書香社會

【細黑體】
文淵沛盛　傳承文化薪火建立書香社會

【中黑體】
文淵沛盛　傳承文化薪火建立書香社會

【粗黑體】
文淵沛盛　傳承文化薪火建立書香社會

【特黑體】
文淵沛盛　傳承文化薪火建立書香社會

【超黑體】
文淵沛盛　傳承文化薪火建立書香社會

【細圓體】
文淵沛盛　傳承文化薪火建立書香社會

【中圓體】
文淵沛盛　傳承文化薪火建立書香社會

【粗圓體】
文淵沛盛　傳承文化薪火建立書香社會

【特圓體】
文淵沛盛　傳承文化薪火建立書香社會

【特黑立體】
文淵沛盛　傳承文化薪火建立書香社會

【特黑重疊】
文淵沛盛　傳承文化薪火建立書香社會

【空心黑體】
文淵沛盛　傳承文化薪火建立書香社會

【空心圓體】
文淵沛盛　傳承文化薪火建立書香社會

【重疊圓】
文淵沛盛　傳承文化薪火建立書香社會

【重疊空圓】
文淵沛盛　傳承文化薪火建立書香社會

【行書體】
文淵沛盛　傳承文化薪火建立書香社會

【仿宋體】
文淵沛盛　傳承文化薪火建立書香社會

【隸書體】
文淵沛盛　傳承文化薪火建立書香社會

【古印體】
文淵沛盛　傳承文化薪火建立書香社會

【勘亭流體】
文淵沛盛　傳承文化薪火建立書香社會

【綜藝體】
文淵沛盛　傳承文化薪火建立書香社會

【圓新書體】
文淵沛盛　傳承文化薪火建立書香社會

【角新書體】
文淵沛盛　傳承文化薪火建立書香社會

【蘭明體】
文淵沛盛　傳承文化薪火建立書香社會

【本蘭中明】
文淵沛盛　傳承文化薪火建立書香社會

【斜明體】
文淵沛盛　傳承文化薪火建立書香社會

【新潮體】
文淵沛盛　傳承文化薪火建立書香社會

【正楷注音】
文淵沛盛　傳承文化薪火建立書香社會

【細明注音】
文淵沛盛　傳承文化薪火建立書香社會

【標準注音】
文淵沛盛　傳承文化薪火建立書香社會

〈EA43〉
ABCDEFGHIJKLMNOPQRSTUVWXYZ 1234567890 *abcdefghijklmnopqrstuvwxyz* *ABCDEFGHIJKLM*

〈EAB30-2〉
ABCDEFGHIJKLMNOPQRSTUVWXYZ 1234567890 *abcdefghijklmnopqrstuvwxyz* *ABCDEFGH*

〈ET14〉
𝕬𝕭𝕮𝕯𝕰𝕱𝕲𝕳𝕴𝕵𝕶𝕷𝕸𝕹𝕺𝕻𝕼𝕽𝕾𝕿𝖀𝖁𝖂𝖃𝖄𝖅 1234567890 abcdefghijklmnopqrstuvwxyz

〈EAB30-1〉
ABCDEFGHIJKLMNOPQRSTUVWXYZ 1234567890 *abcdefghijklmnopqrstuvwxyz* *ABCDEFGHIJKLMNOPQ*

〈E3-3〉
ABCDEFGHIJKLMNOPQRSTUVWXYZ 1234567890 abcdefghijklmnopq

〈EB12〉
ABCDEFGHIJKLMNOPQRSTUVWXYZ 1234567890 abcdefghijklmnopqrstuvw

〈EB17-1〉
ABCDEFGHIJKLMNOPQRSTUVWXYZ 1234567890 abcdefghijklmnopqrstuv

〈CHR-62〉
ABCDEFGHIJKLMNOPQRSTUVWXYZ 1234567890 abcdefghijkl

〈EB88〉
ABCDEFGHIJKLMNOPQRSTUVWXYZ 1234567890 abcdefghijklmnopqrstuvwxyz ABCDEFGHIJ

〈EA96〉
ABCDEFGHIJKLMNOPQRSTUVWXYZ 1234567890 abcdefghijklmnopqrstuvwxyz ABCDEFGHIJ

〈EA95〉
ABCDEFGHIJKLMNOPQRSTUVWXYZ 1234567890 abcdefghijklmnopqrstuvwxyz ABCDEFGHIJKLMNOPQR

〈EA82〉
ABCDEFGHIJKLMNOPQRSTUVWXYZ 1234567890 abcdefghijklmnopqrstuvwxyz ABCDEFGHIJKLMNOPQR

・〈E20-74〉
ABCDEFGHIJKLMNOPQRSTUVWXYZ 1234567890 abcdefghijk

〈EA31-1〉
ABCDEFGHIJKLMNOPQRSTUVWXYZ 1234567890 abcdefghijklmno

〈REAB22-2〉
ABCDEFGHIJKLMNOPQRSTUVWXYZ 1234567890 abcdefghijklmn

〈RET1008-1〉
ABCDEFGHIJKLMNOPQRSTUVWXYZ 1234567890 abcdefghijklmnopqrstu

〈CHR1-71〉 （無小寫）
ABCDEFGHIJKLMNOPQRSTUVWXYZ 12345678

〈E33-84〉 （無小寫）
ABCDEFGHIJKLMNOPQRSTUVWXYZ 1234567890 ABCD

〈EB28-1〉
ABCDEFGHIJKLMNOPQRSTUVWXYZ 1234567890 abcdefghijklmnopqrstuvwxyz **ABCDEFGHIJKL**

〈EB47-2〉
ABCDEFGHIJKLMNOPQRSTUVWXYZ 1234567890 abcdefghijklmnopqrstuvwxyz ABCDE

〈EB34〉
ABCDEFGHIJKLMNOPQRSTUVWXYZ 1234567890 abcdefghijklmnopqrstuvwxyz ABCDEFGHIJKLMNOPQRSTUVWXYZ 1

〈EB86〉
ABCDEFGHIJKLMNOPQRSTUVWXYZ 1234567890 abcdefghijklmnopqrstuvwx

〈Juni-H-1〉
ABCDEFGHIJKLMNOPQRSTUVWXYZ 1234567890 abcdefghijklmnopqrstu

〈RE〉
ABCDEFGHIJKLMNOPQRSTUVWXYZ 1234567890 abcdefghijkl

〈EB10-09之1〉
ABCDEFGHIJKLMNOPQRSTUVWXYZ 1234567890 abcdefghijklmnopqrs

〈EAB45-1〉
ABCDEFGHIJKLMNOPQRSTUVWXYZ 1234567890 abcdefghijklm

〈LE83-8〉
ABCDEFGHIJKLMNOPQRSTUVWXYZ 1234567890 abcdefghijklmnop

照相打字英文字體樣本

中、粗、特、超特等字體，此外每過一段時間，更有新的字體不斷被設計開發。一般書籍內文均以明體字印刷，廣告的內文喜用中圓或細圓，標題用粗級以上的字體，如粗黑、特明等。

依打字方式之別，可分為以下三種：

1. 鉛字打字

中文打字機所用的鉛字亦為鉛活字，放在整片的字盤上，移動字盤找字打出。鉛字用久會受損，字體筆畫會有缺斷現象，需挑出換新。打字稿如打錯時，需補打該字，切下貼上。若需要增、刪，則得部分重打貼上。鉛字因字型與字體大小號數較少，不能任意變形，打字速度較慢，字也易有部分缺損或不清晰現象，所以電腦打字興起後，鉛字打字不數年即被淘汰。

2. 照相打字

照相打字機的字盤是玻璃製的，玻璃為黑底，密排透明的字，不同字體置不同字盤上，將鏡頭對準所要的字照相，直接在相紙上感光，洗成相片。照相打字字體豐富，且可以更換鏡頭、焦距，調整字的大小，也可以將字變形，字跡清楚美觀。照相打字依字的大小按字數計價，費用貴，但因字體變化多而精美，廣告設計稿件多以照相打字完稿。但由於電腦打字進步迅速，不久也會被淘汰。

3. 電腦打字

電腦打字優點遠勝其它打字方式，目前中文電腦打字、排版系統多而完善，中、英文可混合打字，其他語文可更換軟體打出，數學、化學符號也能應付，打字速度極快，可同時在螢幕上編排圖文，所能

◎圖面上有多種印刷字體◎

採用的字體，隨著各種字體的軟體相繼開發，照相打字的字體紛紛收錄入軟體內而大增；又可在電腦上造字，字體大小、變形、行間、字間、對齊方式，乃至不規則形排版，均能直接設定做出；亦可畫表格、線條、花邊；精密的雷射印表機更使印出的字形漂亮而無瑕疵，筆畫不再看得出以點構成。

　　電腦打字與排版資料均記錄在磁碟片上，保存、修改均方便，且能隨時印出所需內容片段或全部，而電腦之硬體、軟體價格又比照相打字機便宜，體積又小，因此目前各打字行均已改用電腦打字排版。

㈢手寫字體

　　手寫字體字型無規則性，大小不一，筆畫不同，是富於個性與親切感的字體。手寫字體可用毛筆、蠟筆或麥克筆等不同的工具來書寫，利用粗麥克筆寫的文字，其橫豎線條粗細不等，具有藝術感，常用於 POP 廣告；用蠟筆寫的正楷，易傳達原始與純真的感情，常用在與兒童相關的廣告；毛筆字用在傾向古典風格的廣告。因各人寫字風格不同，字體從柔弱到陽剛變化頗大，可表達出多樣的個性。但因人們對手寫字體不如常用的印刷字體熟悉，閱讀時較不順暢，如果長篇採用或筆跡稍潦草時，常缺乏看完的耐性。

◎手寫文字是一種流露自然個性與感情的字體◎

㈣美術字體

美術字體為針對特殊需求而設計的字體，可分為兩種：

1.規律化字體

以儀器繪製，筆畫粗細比例、轉折角度均予訂定規則，複製時需依照規定而行，不可任意改變，如商品品牌名、企業名稱等，此種字體通常會申請專利。如果依照規則作出成套的字，且為打字業者接受，可發展成通用的印刷字體。

2.創意化字體

亦以儀器繪製，但不若規律字體嚴謹，而得以自由發揮。最常見者為繪製立體字，在字面上設計出金屬反光的光澤或特殊質感；亦可打立體空心字，另畫一所需質感畫面，由製版社利用照相組合底片方法，將質感襯入空心部分，或以加特殊網的方式去作出類似效果。

◎將標題疊成好萊塢電影片頭狀◎

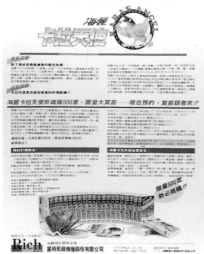

◎大標題繪成具有金屬光澤的字體◎

(五)圖化字體

◎以古典的花體字裝飾圖面◎

◎在文字上飾以圖形◎

◎把產品和與產品相關的物體,以文
　字結合在一起◎

結合文字與圖案，或文字上飾以圖案、花紋，或字變形爲圖案，均稱爲圖化字體。古人曾仿照人、動物或器物的形狀，將之繪下，創出繪畫文字與象形文字。中世紀時，以羊皮紙抄寫的聖經，每章開頭第一個字通常特別放大，並且加上許多花俏的裝飾，後來有許多英文字體均以此手法設計，稱之爲花體字。另一種方式爲將字的部分筆畫以圖或商品替代。

圖化字體容易引人注意，而且裝飾性濃，具有親切感，往往可以構形成插畫的效果，也可以單獨使用成爲圖面的重心。

㈥合成字體

改變字體結構，取字根組合成新字，以創造新的意義。可利用照相打字打出若干字，剪取各字部分將之組合，或利用造字系統在電腦上造字。這種字通常需要加以修潤，才能勻稱美觀，例如將「招財進寶」各取部分併爲一個字。

◎把三個字合成一個字，代表產品具
　有三個效果◎

㈦電腦字體

螢幕或液晶顯示幕上的字體，乃利用光點組成的矩陣，以各點明或暗的形式排成字形，這種由粗疏的點或短線段所構成的字，即稱爲電腦字體。電腦字體易於讓人產生科技的聯想，是具有現代感而個性化的字體。

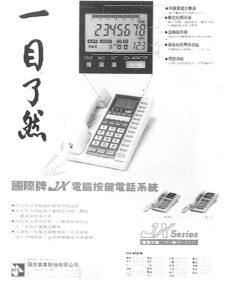

◎液晶顯示幕上由粗疏的點所構成的
電腦字體◎

㈧網紋字體

　　運用網紋可以使文字筆畫由多變的紋路構成。較常用的如直線網版、沙目網版、同心圓網版、波浪網版等，其他還有許多種網版如布網、金屬網，可配合設計需求，爲字體增加變化。

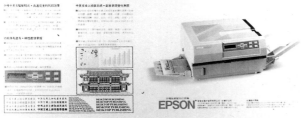

◎運用不同線數的網版做出漸層效果◎

㈨缺陷字體

缺陷字體係利用撕裂、燒烤、影印、加網、曝光過度，或在粗糙紙面上絹印之類種種技巧，使字體出現如拓印、渲染、斑剝、模糊或磨擦……等破損的現象，而呈現歷經滄桑之感。這種有缺陷的字體，具有時間的痕跡，常用在強調懷古或強調歷時久遠的廣告上。

◎筆畫如雕於石面之缺陷字體◎

三、字的大小與變形

㈠字體大小

中文字體的大小，照相打字爲以「級」爲單位，1 級＝0.25mm×0.25mm 大小，七級以下的字體，由於字太小不易閱讀，通常以七級爲最低限。字間、行間距離以「齒」爲單位，此因以齒輪調字間、行間之故，一齒亦等於 0.25mm。

英文打字機字體以點（point）爲計量單位，點數代表字的高度，1 pica＝12 points＝1/6 inch＝0.423cm。電腦排版系統之字體大小、字間、行間亦以點（point）爲單位，由於相鄰數目的點數之字體大小太接近，無實用價值，所以比照級數變化，按比例增加點數，點數愈多，字體愈大。

由於同級數雖代表每字之邊界大小相同，但有些字體上、下、左、右筆畫皆到邊界，有些則否，因此一個字真正的大小，不同字體有別。同級數的隸書、行書，看起來就比中明、細圓等字體小，一般而言，具有瘦長特性如仿宋，或扁平特性者如隸書字較小，如爲方正的字，筆畫細者看起來似乎比筆畫粗者大。

字體看起來較小者例如：

隸　書　　　廣告設計

行　書　　　廣告設計

正　楷　　　廣告設計

仿　宋　　　廣告設計

字體看起來較大者例如：

特　明　　　**廣告設計**

堪亭流　　　**廣告設計**

角新書　　　廣告設計

綜藝體　　　**廣告設計**

英文字有上升字（如 b、i）和下沈字（如 g、p）之別，其字高爲字身主高度（x-height，例如 a、o 之高）加上上升部分或下沈部分或二者全加之和。英文各個字母的寬度也各不相同（如 i、m），打字時其間距視字母而定，所以無法像中文般能上下對齊。

在決定所要用字體的級數時，目測很容易發生偏差，務必以級數表去量，找出最合用的字體與大小。

選擇字體時，以打字行提供的字體範本去挑選，因爲各打字行擁有的字體不盡相同，而且即使是相同字體，不同廠牌打字機字型有時仍會略有小別，尤其是黑體字。

㈡字的變形

照相打字時，採用變形鏡頭便可扭曲字形，電腦上亦可利用變形指令來改變字形，把原本正方形的文字，變形成矮胖、瘦長或歪斜。

長體的長意思爲字變窄，由長 1 到長 5，可由正常字寬逐漸變形到一半字寬；平體的平意思爲字變矮，由平 1 到平 5，可由正常字高變形到一半字高。斜體分爲左斜、右斜兩類，其下各又分爲正斜、長斜、平斜三種，以國字直豎呈 90° 角，在斜體時可向左或向右逐漸傾斜至增、減 30°，各分爲五階段傾斜。

在電腦上可將字拉扯擠壓，做不規則形的變形，這種變形字很難處理做到美觀，因此一般設計上並不使用。

較常用的變形字爲長 1、長 2、長 3、平 1、平 2、平 3，其中的 1、2、3，代表瘦 10%、20%、30%，矮 10%、20%、30%。斜體字

表 10-2　變形字體表

長體	平體
長體①　□ 國光電動照相打字行	平體①　□ 國光電動照相打字行
長體②　□ 國光電動照相打字行	平體②　□ 國光電動照相打字行
長體③　□ 國光電動照相打字行	平體③　□ 國光電動照相打字行
長體④　□ 國光電動照相打字行	平體④　□ 國光電動照相打字行

右斜長體15°	左斜長體15°
右斜長①　□ 國光電動照相打字行	左斜長 ①　□ 國光電動照相打字行
右斜長②　□ 國光電動照相打字行	左斜長 ②　□ 國光電動照相打字行
右斜長③　□ 國光電動照相打字行	左斜長 ③　□ 國光電動照相打字行
右斜長④　□ 國光電動照相打字行	左斜長 ④　□ 國光電動照相打字行
	左斜長 ⑤　□ 國光電動照相打字行

右斜長體 30°	左斜長體30°
右斜長 ①　□ 國光電動照相打字行	左斜長①　□ 國光電動照相打字行
右斜長 ②　□ 國光電動照相打字行	左斜長②　□ 國光電動照相打字行
右斜長 ③　□ 國光電動照相打字行	左斜長③　□ 國光電動照相打字行
右斜長 ④　□ 國光電動照相打字行	左斜長④　□ 國光電動照相打字行
右斜長 ⑤　□ 國光電動照相打字行	

右正斜體 45°

右正斜 [1]
□ 國光電動照相打字行
右正斜 [2]
□ 國光電動照相打字行
右正斜 [3]
□ 國光電動照相打字行
右正斜 [4]
□ 國光電動照相打字行
右正斜 [5]
□ 國光電動照相打字行

左正斜體 45°

左正斜 [1]
□ 國光電動照相打字行
左正斜 [2]
□ 國光電動照相打字行
左正斜 [3]
□ 國光電動照相打字行
左正斜 [4]
□ 國光電動照相打字行
左正斜 [5]
□ 國光電動照相打字行

右斜平體 60°

右斜平 [1]
□ 國光電動照相打字行
右斜平 [2]
□ 國光電動照相打字行
右斜平 [3]
□ 國光電動照相打字行
右斜平 [4]
□ 國光電動照相打字行
右斜平 [5]
□ 國光電動照相打字行

左斜平體 60°

左斜平 [1]
□ 國光電動照相打字行
左斜平 [2]
□ 國光電動照相打字行
左斜平 [3]
□ 國光電動照相打字行
左斜平 [4]
□ 國光電動照相打字行
左斜平 [5]
□ 國光電動照相打字行

右斜平體 75°

右斜平 [1]
□ 國光電動照相打字行
右斜平 [2]
□ 國光電動照相打字行
右斜平 [3]
□ 國光電動照相打字行
右斜平 [4]
□ 國光電動照相打字行
右斜平 [5]
□ 國光電動照相打字行

左斜平體 75°

左斜平 [1]
□ 國光電動照相打字行
左斜平 [2]
□ 國光電動照相打字行
左斜平 [3]
□ 國光電動照相打字行
左斜平 [4]
□ 國光電動照相打字行
左斜平 [5]
□ 國光電動照相打字行

通常用右斜字，從右斜長1到右斜長3，或右斜平1到右斜平3，亦可左斜，但少有人使用。

如果變形的程度過大，會使字體橫豎筆畫比例失衡而不美觀，尤其變形率超過30％的粗級以上字體，如特黑、超圓，其扭曲程度特別顯著，必須修正字形，為避免麻煩，宜少使用。

斜體字近似手寫字體，顯得較不正式，比起同樣大小的正體字，辨識率也較低而不搶眼。如欲用以作為標題或強調重點，在設計上應格外審慎。

使用斜體字時，最好不要排得太整齊，以增加和正體字之間的對比關係，例如採用不同級數的字體，排成彎曲的線條狀，每行長短不齊，或在一片正體字中，取數行或若干字採用斜體字。

◎照相打字時更換變形鏡頭，製造變形體文字◎

第四節　字體的運用

一、字體的搭配

欲從繁多的字體中，選擇出幾種搭配運用，使畫面美觀且閱讀容易，有以下原則：

㈠大標題，小內文

利用字體大小的差異，表現標題及內文不同的重要程度。大標題最少高與寬均需為內文的三倍以上，才能凸顯出其領導地位。副標題高與寬必須小於大標題一半以下，才不至於減弱大標題的力量。小標題可與內文一樣大或略大些，但不宜比內文小。內文應有 12 級以上的大小，不可整片小如蚊蠅，讓人閱讀吃力，便無法發揮作用。

㈡粗標題，細內文

標題要粗，有如洪亮地聲音，轟然打入腦海，以最快速度搶入眼中，印象才會深刻。橫豎筆畫粗細相差太多的字體，看起來會比粗細接近者吃力，筆畫太粗而整個字擠成一團者，在辨識上也較慢。細筆畫的字體或行書，作大標題會有纖柔之感，力量較弱，也不及粗者搶眼，如欲使用，以柔性廣告為宜。副標題只要比大標題筆畫細即可。小標題若筆畫較粗，可與內文同大，因看來雖有略小之感，仍頗明顯；若較細，則要比內文略大，以免失去重點提示的力量。內文筆畫要細，因字型小時粗字筆畫易連在一起，細字較清楚易辨。

㈢字體少，字型少

同一組廣告內採用的字體宜在三種以內，以不同的字體區隔標題、副標題，但內文與標題可同字體亦可不同。當字體少時，整個文案會顯得和諧，尤其在多頁廣告或系列廣告時，字體運用更應講求整體感，例如以圓體為主，明體為輔，大、小標題與內文字型變化各有規定，全部廣告均需遵行，每頁均同，如此即使內容有別，人們卻會覺得具統一印象，廣告的衝擊力才強。字型大小的變化亦不宜太多，大約三至六個層次即可。例如家電廣告，大標題用特黑，副標題用粗黑，小標題用粗圓，內文用細圓，經銷商名錄亦用細圓，採用兩組字體，五種大小字型。

㈣字體與廣告內容配合

著重理性說服者，宜採用較冷靜理智的方正型字體，如黑體、圓體；訴諸感性者，不妨採用較具變化感的字體，例如月餅廣告，大標題用毛筆寫，副標題用行書，內文用明體。

總之，字體與字型均不可太多，但變化要足夠，才能明顯標示重點並區隔內容，適切表達出廣告訴求。如果字體與字型種類太多，會使廣告顯得雜亂，看到這種圖面，讀者不會感受到設計者為了變化而付出的加倍心力，只會覺得視覺混淆而心生抗拒，甚至懷疑商品品

質，而降低廣告效果。

二、字族的運用

一般字體在大小、粗細上有多樣變化，足以讓設計人員在區隔重要性不同的文案時運用自如。

字族就是以某種字型為藍本，將之加以變化的一組字，它們有一個總稱，例如「黑體」字族有細黑、中黑、粗黑、特黑、超黑、反白立體、長黑、平黑、斜黑，但筆畫形狀都互相類似，舉例如下：

廣告設計　　**廣告設計**　　廣告設計
廣告設計　　*廣告設計*
廣告設計　　廣告設計　　廣告設計
廣告設計　　廣告設計

廣告採用同一字族多種不同字體來製造變化，字體間的相似性，能讓廣告產生整體的印象，字體間的小差異，也能使廣告顯得精緻而有活力。

三、字體印刷設計

字體花樣宜謹慎處理，因為每種非常態的做法，如白紙印黃字，均會影響到其可讀性，為避免降低可讀性，除非對印刷效果有相當把握，否則勿輕易嚐試特殊處理手法。通常字體筆畫愈細，危險性愈高。最易出錯的印刷狀況如下：

㈠素面反白字

在淡色調的素面底色上置反白字，如採用白字或同樣淡色調的字，因明度都偏高，彩度都偏低，看起來一片淺淡，反白字可讀性會很差。改進方法為不用反白，文案採用明度比底色低，彩度與底色有一段差距的色彩印刷；或仍然反白，但在字的部分襯一塊深色底。

㈡圖片上反白字

當背景駁雜，且其中含有淺色斑紋時，反白字筆畫很容易融入背景的淺色部分而使字的筆畫不完整，不易辨認。改進方法為字筆畫與背景色彩深淺接近之處，改為非反白字，而使一個字明顯分成兩個色塊；整行字若均如此，字會顯得瑣細而不俐落，且照相組版時程序增加，也不易處理到很完美。因此放置文案時，不妨選擇照片上色調較暗或色彩較單純的地方放反白字，亦可仍放於斑駁之處，但應選擇背

景斑紋色彩中淺色調成分最少之處。有時候只好把反白字加框,框內部分的背景加網,或改爲色塊,以襯出反白字。有時候則把與背景色彩相近之筆畫改爲非反白。

(三)圖片上印字

宜選擇照片上素面之處印字,減少圖紋干擾。字的色彩與圖片色彩差距要大,其問題與解決方法類似圖上印反白字。

(四)特別紙上印字

例如印在有圖案、有凹凸紋或含有纖維的紙上。在圖案上印字的困擾及處理方法同反白字。在有凹凸紋的紙上印字,凹處不易沾到油墨,使字斷線。用鉛字排版或凸版印刷,印刷時對紙的壓力較大,情況會比較好,但未必能完全改善。含有纖維的紙有時纖維上不沾染油墨,或吸墨度與其他部分相差很大,會使印上的字斷線,或筆畫深淺不一,或字的油墨沿纖維暈開。解決之道惟有選擇擇吸墨度接近且均勻的紙張。

(五)在疊色印刷底色上印反白字

疊印時本就不易套色準確,若字反白且筆畫小,失敗機率更高,只要稍套不準,筆畫處預留的空白就會被疊印到,而前功盡棄。若字筆畫細,疊印時油墨量增加,也容易到字處,而無法清楚留白。

如果一定要採用以上印刷設計方式,亦可以用加大字體、加粗字體、變換字體等方式,或視情形併用數項,從字體的改變上來改善可讀性。

最大的反差還是白紙和黑字。如果白紙加了網點或上色,減弱其明度,則加大在其上的字體,可彌補反差的程度與可讀性。如果字體的筆畫加粗,每個的形狀都會加強,亦可提升至原來的可讀程度。

如果字體是印在深色的背景上,尤其是滿版色或好幾層疊印構成的顏色時,一定得選用粗而大的字體,因爲紙張有毛細管作用,油墨會向外擴散,而使原來留白的地方變小,在比較大的反白區變小的情況不明顯,但細而小的字筆畫很容易被擴散的油墨染成斷線。深色背景上的白線,會比印在白紙上等粗的黑線看起來更弱更細,亦爲同樣原因所致。

第五節　文案編排原則

文案編排原則，茲依類別說明於下：

一、大標題、副標題

(1)以不同的字體區隔大標題、副標題。

(2)標題字體變化宜少，全部標題字體不可太多，以免雜亂。

(3)標題字體和廣告內容要相呼應，訊息才會強烈且明確，而能吸引閱覽者看內文。

(4)以大小不同的字型區隔各標題，大標題最大，副標題其次，小標題最小。

(5)大標題字數宜少，字數少則字可大，行可短，題意能在一瞬間即進入人們腦海。

(6)四周留白可使標題明顯。四周留白的小型標題，有時候比四周不留的的中型標題還醒目。

(7)在大標題與第一段內文間應適當留白，以凸顯大標題並使版面清爽。

(8)大標題與副標題居中排列時，看起來會顯得很重要而具有權威，但也會顯得平穩而缺少活力。

(9)標題的起頭或結尾若與內文、圖片對齊，則會產生圖文一體的力量，並使版面具有上下呼應的韻律。

(10)在圖片可明確表達廣告訊息時，大標題即使不太明顯亦無所謂。例如海報上為全面運動照片加上五色環標誌，人們一看便知是宣傳奧運的廣告，這時即使大標題字型小又放到角落，也無礙於廣告訊息的傳遞。

二、小標題

小標題的設置，因主題、功用及內文撰寫方式而異。若小標題用來分段，使內文易於閱讀，字型與內文字型大小宜相同；若小標題是內文的濃縮，具有引導閱讀內文的作用，則宜採用較大字體，並配合設計手法來表現其重要性。小標題可以多種設計手法，來加強分段效果，常用者為：

(1)小標題上方空一行。

(2)內文的首行緊接在小標題之下。

(3)在小標題上方或下方畫線。

(4)在小標題上、下方畫等長的頂線和底線。

(5)用方框框起小標題。

(6)小標題前端可置色塊或單格花邊，或略突出內文一兩字。

(7)內文較長時，可將段首數行縮排，縮排處放小標題。

(8)小標題放在同段內文最前面。可採用不同於內文之粗體字，如用同樣字體則放大。

(9)小標題字數宜少，排在同一行，盡量不排成兩行以上。

(10)內文中欲引人注意之重點，可用小標題手法處理，例如以與內文同大小之斜體字或較粗之字體替換重點字，或於重點下畫線。

三、圖片說明文

圖片說明應靠近它所說明的圖片，與該圖合而爲一。說明附屬於圖片，因此詞句宜用小而細的字體，勿比內文字體更大或更粗。同頁有多張圖片時，說明文前或尾宜加上箭頭，指示該說明附屬何圖。

圖片說明文的位置宜一端與照片邊緣對齊，另一端則無所謂。橫打通常左邊齊頭；直打通常句尾齊圖底邊。除非只有圖片名稱，否則圖片說明文不宜放在圖片任一邊的中間。圖片旁如有大片留白，而說明文需置留白處，宜置留白一側，並與圖片一邊對齊，使剩下的留白集中而完整。

四、內文

(1)段與段之間空一行，新起的一段可從齊頭開始或縮行開始。

(2)前一段末行最好能長到超過下一段起首處。

(3)分隔不同類的內文可利用空行、畫線條或裝飾線。

(4)水平線或垂直線具有結束與隔離之意，最好靠近上側或右側的內文，如同其一部分，與下一段距離較行間大的空間。

(5)首字處理可爲版面帶來圖案的趣味，設計時需注意：

　(a)首字字型通常大於內文。

　(b)字體要與內文字體諧調。

　(c)字腳要排列整齊，即字的上端或下端，要與旁邊內文字的頂或腳對齊。

(6)首字亦可以隨意放在版面上任何地方，甚至可以只憑直覺隔開

段落，但須考慮整體畫面效果，讓錯落安放了數個處理過的首字之圖面，仍能保持平衡。

(7)不同性質的內文，例如問題與解答，可分別採用不同字體。

(8)齊頭不齊尾的編排，每行結尾應在該斷句的地方，以便易於閱讀。齊頭不齊尾的編排適用於較長的圖片說明、產品分析，或需要放多張照片時，可使原本互相獨立的文句或照片，在視覺上產生關連。

(9)對稱式內文在排列對稱軸宜位於版面中央，如此會使版面顯得優雅大方。

(10)少於三行的文案，如放在小標題下面，會使那一點文案顯得孤單，但如放在廣告小冊一頁的頂部或底部，則會特出而令人好奇。

(11)文案不宜排成方整的灰色塊，有如大豆乾，可用縮排製造變化，使行末參差起伏。「窗戶」（一段最後不滿一行的結尾）的效果與縮排相同。

(12)字間要維持一個適合字體本身大小的空間，不要太寬，更不可寬於行間，讓每行字看起來不擁擠而又有聯貫性，才容易閱讀。

五、截角印花與其它資料

(1)促銷活動的廣告，常印有贈品印花，贈品印花為了避免破壞廣告畫面，通常安排於廣告一角，以截線區分出小小的三角形或矩形區域，如憑此印花集多少個，或填上印花內容，寄至某公司，可得贈品或參加抽獎等。截角印花應盡量設計在廣告的外側或角落，以便利讀者剪取。

(2)品牌名應放在版面頂部或底部，放頂部易被注意到，放底部可提醒閱覽者。

(3)廠商地址、電話，銷售點等廣告主基本資料，通常放在廣告最下方，或靠左、右邊一側。廠商資料如廣告主有特定之商標標誌與字體時，要事先向廣告主取得，勿任意打字運用。

六、固定欄式

為同一企業或同一商品製作一系列的廣告或廣告小冊時，應嚴格規定版面及文案各欄的大小，使用字體與字型，圖片、標題位置等，在各廣告單元與廣告小冊各頁均遵照設計，非遇特殊狀況，不輕改變格式，如此能產生統一的整體風格，可強化廣告效果。

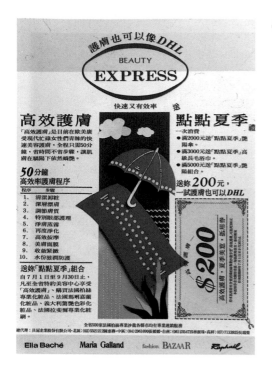

◎截角印花放在廣告左下角，以便於
剪取◎

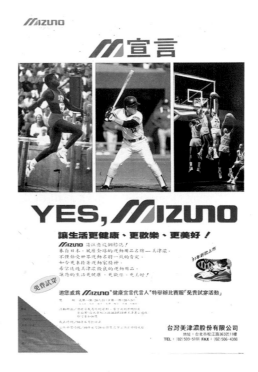

第六節　文句構圖方式

　　文案之字句在構圖上有多種表現方式，並非僅整齊排列而已，在
版面設計時應善加利用，使文字更能發揮其魅力。

(一)線狀式

　　如果只把文句平板的直直排列起來，對讀者的吸引力絕比不上將
之排列成不規則變化形。藉著字的排列方式與字體的改變，能呈現出
語調變化，有高低大小聲的差別，音質亦可剛可柔。

◎字的排列變化可吸引讀者注意◎

(二)圖形式

　　文句可排成一個面，產生群化效果；亦可利用文字本身造形特色或字義象徵，加以設計成具象化的圖形。如此設計出的文字圖形可以成為插圖的一部分，也可以作為主要畫面。

◎以 PHILIPS 排成房屋形◎

(三)分開式

　　標題字可一個個分開排列，看起來會顯得簡潔而具現代感。

◎標題文字分開排列，顯得輕鬆而有現代感◎

㈣強調首字式

　　文案內容如果很多或很長，可以把第一個字的字體加大。此種編排方式會使文案段落明確，畫面產生變化，且具有導讀性，較容易讓人讀下去。

◎將大標題用字涵義一個個說明◎

㈤剪貼式

把整段的文句，以剪刀截切、徒手撕裂或燒灼其邊緣，使之成爲不規則或隨意的形狀，直接貼到畫面上，產生剪貼的效果，其表現方式具有現代感或粗獷獨特之意象。

亦可將文案以反白字處理，置於深色底版面上，利用明暗對比作用產生近似剪貼的效果。若背景是深色時，則剪貼白色底的字塊置於其上。亦可以圖片爲背景，字塊疊置其上，來作出剪貼效果。

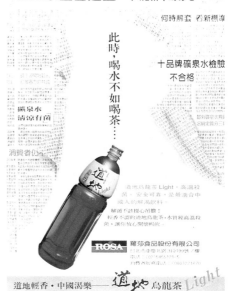

◎把媒體上的文字報導剪下拼妥影印，放到畫面上◎

㈥疊印式

圖與文可互相重疊，一般爲文字印在有圖形的背景上，宜選擇背景單純部分疊印，或將疊印處之圖加網，例如加 20％ 網，圖會變淡，而使字在對比之下顯得較清晰。

如果把圖案壓在文字上，字會成爲圖的背景，版面會具有新鮮的現代感。圖宜加網產生薄紗效果，使字被雖遮住，仍然可讀；或以圖爲焦點，擋住標題一角，因標題字大，較無可讀性降低的困擾。

亦可利用已刊出的文字或畫面，或應用製版印刷套印的技巧，把文案疊印到既有物體上，如同原本就已印在該物體表面上一般。例如報紙爲現有既成物品，把報紙相關的報導剪下放到廣告上，作爲主畫

◎把商品照片去背景，疊印於文字
　上，字成爲商品的背景◎

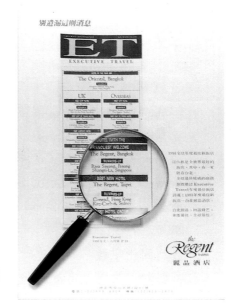

◎把媒體上的文字報導拍照，放到廣
　告畫面上◎

面；或者將照片中的房子、飲料罐、衣物、汽車等既有成物體上，利
用印刷技巧印上文案，看來如同原來就漆印在物體上似的，此種改造
的照片，可省下實地拍攝的麻煩，且具有與實體拍照的同樣說服力。

㈦圖排成字

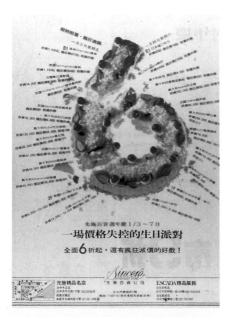

◎將蛋糕做成一個數字「6」，強調
　六折◎

圖片可用來排成字體形狀。比如貨品排成「6」折圖案，十分搶眼，具可促銷效果。把許多圖形排成商標狀或公司名，也是常見的運用方式。

習　　題

1. 何謂編排設計？試說明其意義。
2. 請說明編排設計的程序。
3. 何謂標題型編排方式？試舉一廣告實例說明。
4. 何謂標準型編排方式？試舉一廣告實例說明。
5. 何謂角版？何謂出血版？何謂去背版？請各舉一廣告實例加以說明。
6. 何謂圖化字體？試申述之，並舉一廣告實例說明。
7. 字型如何改變？有那幾種變化方式？試申述之。
8. 字體搭配原則為何？試申述之。
9. 內文編排原則為何？試申述之。
10. 文句構圖方式有那幾種？請簡要說明。

圖面構成設計

第一節　插圖

　　廣告圖面之於廣告，有如外表之於人，圖面給人的第一印象，對廣告是否能發揮功能影響極大。圖形如同人的服裝，盛裝的廣告比僅有文案的廣告更易清楚表達出廣告訴求。圖文配合有若服裝與人之搭配，必須能發散出獨特的氣質，經過細心設計的圖面，能表達出強烈的廣告訴求威力。

　　廣告設計圖面，其表現方式極多，諸如繪畫、攝影與印刷等。可以同時採用數種技巧於同一廣告畫面上。廣告之圖面設計具有表達廣告內容的功能，主要目的在於增進人們對廣告的理解與認同，強化對廣告的信心與記憶，接受廣告訴求之主張，並促成實行。

　　廣告圖面內所採用的圖形，來源大致可分爲以下三類：

　　⑴插圖：如照片、繪畫、圖案、説明性圖解、各式造形等。

　　⑵邊框圖形：如線框、花紋框等。

　　⑶標誌圖形：如品牌商標、公司標誌、檢驗標誌、吉祥動物等。

本節説明插圖，第二節再説明邊框圖形與標誌圖形。

一、插圖的意義

　　插圖具有解説、例證、圖飾、圖解等意義，包括插畫、圖案、攝影、漫畫、圖表，以及各種抽象記號與具象的物形等素材。插圖在廣告圖面構成要素中，是廣告內容之主角，爲吸引視線的重要因素，看過廣告畫面所留下的明確印象，大多來自插圖。插圖也具有輔助説明廣告內容的功能。

二、插圖類別

　　插圖是指在特定目的之前提下，爲達成某種廣告意念，以適當的素材利用技巧繪製而成。插圖依製作方式，可分爲手繪插圖、攝影插圖、電腦繪圖、立體插圖、現成圖畫、商標、圖案、説明性圖表、切割插圖、其他造形等十種，説明如下。

㈠手繪插圖

　　手繪插圖係以各種不同繪畫材料，利用繪畫技巧徒手繪製而成。

手繪插圖在表現手法上，可依據文案訴求內容，做抽象或具象的表現。譬如可以將過去現在及未來的事物以具象手法於圖上繪出，或者以抽象手法表達出精神層面的意境。

　　廣告畫面為因應某種情懷，需要表達寫實感時，手繪插圖比攝影更能符合廣告訴求，製造出美好的畫面。例如強調商品功能或特點時，無法以攝影或印刷技術表現，插畫可以畫出廣告畫面要求的各項細節，包括某些特殊效果。

　　從圖形內容來看，手繪插圖包括抽象性插圖、寫實性插圖及兩者兼具之插圖。抽象插圖包含圖表、幾何造形、圖案等形式；寫實插圖包括人物、動物、植物、建築、山水等圖樣；抽象與寫實綜合插圖，例如科幻插圖、幻想性插圖等。漫畫也是常用的手繪插圖。

　　手繪插圖所使用之工具分類，包含了鉛筆、針筆、麥克筆、水彩筆、噴槍、電腦……等。

1.筆繪插圖

　　可以表現出不同的筆觸，如針筆較精細，粉彩較柔細，蠟筆具觸感，麥克筆的顏色可重疊，各有特色。

2.噴畫

　　是利用壓縮機傳送之的空氣，將顏料透過噴筆來作畫之一種用技術，其特色為沒有筆觸，而以「噴修」的方式表現出自然均勻的質感。使用範圍非亦常廣泛，適合一些無筆觸、精密度要求較高的明暗漸層表現，如具有光澤表面的產品、蔬菜、水果等。其畫面質感比一般筆塗的效果細膩。

◎噴畫畫面質感細膩而逼真◎

(二)攝影插圖

　　手繪插圖受限於人手繪製，即使用精密器材，以高超的個人繪畫技巧作最精細的描繪，也只能近於逼真，而不及攝影。

　　攝影插圖寫實性強，比手繪插圖更能表現出實體感，由於攝影器材不斷推陳出新，可拍攝出極具吸引力、說服力及震撼力的照片。廣告內容為了取信消費者，可採用攝影插圖。例如以商品實際使用狀況的照片作為例證，能消除人們擔心受騙的疑慮。

　　攝影插圖經由透過鏡頭的選用、背景的安排，以及各種印刷技術的配合，可以製造出多種特殊效果，如律動、重複等畫面效果。

　　由於照片拍攝容易、迅速，成本又低，是商業廣告最主要的插圖來源。

只有少數人能一眼看出這是相見恨晚的藍鰭鮪
————藍鰭鮪————
生魚片中的極品。秋季時，它們常被用燈射燻載著，透從北美繞過大半個地球，送到日本老饕的餐桌上。

海尼根
專門氏少數人嚐就的啤酒

◎攝影插圖透過鏡頭可製造不同訴求氣氛◎

(三)電腦繪圖

　　近年來電腦科技發達，使創意不再受限於繪圖或攝影技巧，使原屬高難度的一些廣告表現方式，有了更多的發展空間。

　　電腦繪圖係採用電腦軟硬體設備，設計製作各種圖畫效果。1980年代起，各種彩色繪圖軟體相繼開發出來，可以模仿所有畫筆筆觸，例如畫出水彩、油畫等效果圖形；也可以利用電腦將現有圖片進行合

成設計；其他如馬賽克、噴修特殊繪圖效果，均能產生，亦可製成動畫。圖形如果不滿意，只要叫出資料修改，不必重畫。資料儲存於電腦內，隨時能以印表機印出，張數無限制。

利用電腦可以將創意的視覺表現推向極限，如今諸多超現實廣告畫面，多採用電腦繪製，例如精密的機械產品爆炸圖，用電腦繪圖不但可輕易表現出任意角度、外觀透視圖形，並可以逐步拆解，展現出內部所有的細節，逼真又詳實。隨著電腦軟硬體能的開發，電腦已成為現今表達能力最強的插畫工具。

◎電腦繪圖可表現特殊效果◎

㈣立體插圖

立體插圖有兩種處理方式：
⑴製作成立體形狀，拍成照片，再加以應用。
⑵利用紙雕設計技巧，直接在廣告上表現出立體造形。

立體形狀之插圖，必須具備造形能力；廣告物以立體造形呈現，需有空間概念及折紙、剪紙技巧。

《天下》雜誌為臺灣最早大量使用立體插圖於封面設計者，帶動國內立體插圖風氣，且於 1980 年代迅速興盛，這些立體插圖大部分為紙雕及紙黏土作品，翻拍成照片加以應用。1990 年代電腦繪圖興起，使得設計人員不再受限於繪圖能力，更能藉著電腦繪出更具創造力與想像力的立體圖面。

可活動之立體插圖幼兒書籍非常風行，年節之賀卡、廣告卡也有採用立體插圖者，合起是平的，打開即成為立體狀。

◎利用紙雕技巧作出立體造形◎

◎利用紙雕技巧作出立體造形◎

(五)現成圖畫

現成圖畫係指非爲廣告而創作之既有圖形。採用現成圖畫屬於間接形式的插圖表現手法，譬如以世界名畫或雕塑藝術作品，用於廣告畫面，不但能以之引喻廣告內容，亦使廣告畫面更具美感及可看性。

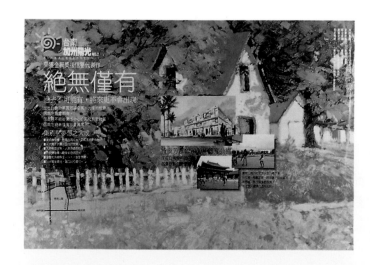

◎以現成圖畫配合廣告內容
　訴求◎

在使用名畫時亦可加以改變，例如最常被引用的名畫蒙娜麗莎，在廣
告上便變化很多。

㈥商標

　　商標也可以作爲廣告畫面主題，尤其在企業推出新商標或推動企
業識別系統時，更需藉廣告公諸大眾，畫面中當然以商標爲重點。企
業形象廣告或事件活動造勢廣告，也會以商標來提醒消費者，再次加
深商標圖案在人們心目中的印象。以商標爲圖，通常不一定採用實的
商標原樣，常以金屬打法成的立體狀，或雕刻在石上、木塊上，或以
物體排成商標狀，使之更富變化，再拍成照片。

◎以長城圍成商標狀，加深人們印象◎

㈦圖案

　　圖案圖形係採用繪圖儀器或電腦設備，以基本造形元素，如線
條、面塊，所構成之具象或抽象圖形。圖案常被設計成重複性圖形，
而用於邊框。

㈧說明性圖表

　　廣告畫面對商品特點的訴求，有時單靠文字不容易表達，可再藉
著說明性圖解，如銷售量曲線圖、產品分解圖、產品配備表、飛航城
市地圖等加以補充說明，使消費者對文案更易理解。

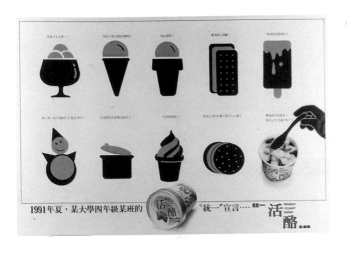

◎以多種簡單圖案及對話式文案，
暗喻該產品最值得選用◎

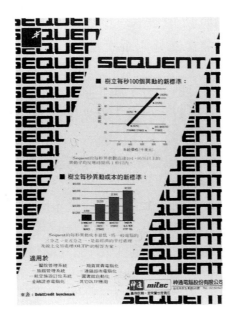

◎以圖表代替成串的數據，比較容易
讓人了解◎

　　商品資料圖表是證實商品優良相當有力的依證，但因包含大量數
據，閱覽者往往不耐煩細看，所以宜將之簡化爲曲線圖、表格等，讓
人一目瞭然。

　　某些廣告畫面欲使冷硬的圖表具親和力，以漫畫手法繪出，或用
不同數量之象徵物來表達圖表中之量值。

㈨切割插圖

　　廣告邊緣可以切割爲不平整的形狀。最簡單者爲每頁寬度不同，
逐頁遞減，露出每頁的頁邊，在頁邊不同設計上花樣或、標題；紙中
挖洞也很常見，洞中露出裡層部分圖形；應用最多的方式爲卡紙或硬

◎POP 順著廣告標題切割後折，可
插放在貨架上◎

紙板製作的 POP 廣告，例如圖面印上產品形狀，產品上半外緣沿線
切割，再將產品外側紙面後折，就成了可以立置或插置在架上的廣
告。

切割設計的廣告，如非直邊，而為其他特別形狀的切痕，需另加
斬刀費，比較貴，但廣告看來精美而有變化，較引人注目。

㈩其他造形

除上述插圖類別外，其他尚有一些造形，例如剪影圖形、不規則
造形等。不規則造形常具有現代畫的風味，將不規則的點、線、塊以
不同明暗、色彩顯現，構成特殊的趣味。

◎以不規則的方式，將不同產品的外
包裝拼湊在一起◎

第二節　邊框與標誌圖形

一、邊框圖形

　　邊框可用以圈出廣告，強調圖片或標題，尤其是小標題，也可用以裝飾畫面。舉辦活動的廣告，更需要以邊框強調參加活動辦法，或參加印花。

　　最簡單的邊框是直線方框，報紙廣告通常都加有直線邊框，框出其廣告畫面範圍。當畫面較大時，可以採用四角的角框花邊，再者圖案或照片也可做成邊框狀態，使廣告畫面凸顯，更具特色。各打字行均備有許多不同的花邊及邊框，可供選擇使用。

　　茲將邊框在廣告畫面中功能性，說明如下：

㈠裝飾性

　　邊框圖形具有裝飾性的功能。採用獨特之邊框圖形，可留給人們深刻的印象，為了新產品促銷，可以將品牌名做為邊框圖案，突顯廣告效果，如光陽翔鶴 50 機車廣告；或者可採用特殊標誌符號做為邊框的連續圖案，如端午節採用竹葉香包邊框，聖誕節採用聖誕紅邊框。

◎用品牌標誌為花邊框飾◎

(二)區隔性

　　邊框具強烈的區隔性。當兩個以上的廣告同時呈現時，宜使用邊框加以區隔，以免閱讀時相互干擾。

◎分類廣告各以不同的邊框將它們一
　一區隔◎

(三)引導性

　　邊框具引導閱讀功能。當人們閱讀廣告時，會先注意到有框的地方，看框內的圖形或文字，再看框外的圖文。封閉式邊框更具有使閱讀時視線集中框內的效果，因此常用來標示重點，以引導人們先看。

◎以框線將讓消費者填寫的表格框
　起，讓消費者注意到◎

㈣統一性

　　使用同樣的邊框，可使不同廣告產生統一的視覺形象，而造成同一系列或同樣來源的整體感，人們的印象也會特別深刻，對於企業形象的建立相當有利。企業如欲使自己不同產品建立整體形象，可使用嵌有企業標誌或公司名稱之邊框，以加強廣告訴求力。

◎用廠商產品廣告，採用統一形狀的
邊框加強記憶功能◎

㈤搭配性

◎配合文案而設計的畫面邊框◎

邊框的造形，可配合廣告畫面基調而設計，構成整體諧調的視覺印象。例如古典花紋的邊框，可搭配優雅的中古名畫廣告；卡通動物的邊框，能強調出遊樂園廣告的歡樂氣氛

二、標誌圖形

標誌圖形大致可分成企業標誌、品牌標誌、企業造形、事件活動標誌等四種，分別說明於下。

㈠企業標誌

企業標誌是企業形象的象徵標誌，代表企業精神，能將企業的經營策略、理念與目標，以簡單的標誌圖形表達出來，讓員工及社會大眾了解並認同，亦有助於人們對企業及其商品之辨識。

◎企業標誌可表達企業精神◎

㈡品牌標誌

在產品多元化的大企業，為了塑造個別商品獨特的形象，與區隔行銷市場，有時候會為分別為各種類的商品另行塑造一個品牌標誌，以展現出不同的商品特色，與其他品牌清楚劃分，並獲取不同族群消費者的好感。例如香吉士、歐香、綠洲都是黑松公司的飲料品牌，這

◎品牌名 Gereration Ⅱ（第二代）
強調商品適用於意興飛揚的年輕人◎

些品牌的特性在市場上便分得很清楚。

㈢企業造形

　　企業為了利用親切而直接的方式，來強調企業理念或商品特性，常會塑造一個獨特的企業造形。企業造形通常具有平易近人、親和可愛的形狀，以插圖方式表達，可讓人產生強烈的印象。

　　企業造形可採自通俗的自然界生物，或以與企業相關的題材塑造，亦可就故事中的人、事、物之精神或特殊性格而設計。例如職業棒球隊的味全龍、兄弟象、統一獅、三商虎，速食業的麥當勞叔叔、肯塔基上校，迪斯耐樂園的米老鼠，均為大家所熟知的企業造形。

㈣事件活動標誌

　　舉辦活動時，為了讓消費者對該活動產生興趣與參與欲望，及活動中創造團體的認同感與歸屬感，常特地設計一個屬於該活動的標誌，以供人們辨認。

　　針對特定活動而製作的標誌，其使用期限雖短，往往能在活動期間形成獨特的印象，成功的標誌有時可以成為流行的象徵圖案，如多年前聖經公會「我找到了」笑臉標誌，至今仍為大眾所愛用。活動標誌也能使參與者看到佩戴或使用該標誌的人，產生是我同類的親切感，而塑造出整體的認同氣氛，兼具提升士氣與廣告宣揚的效果。

◎全面品質提昇運動的標誌◎

第三節　圖面設計美的原理

廣告圖面設計之原理與其他藝術創作原理大致相同,將廣告圖文各要素,依據商品特質、訴求內容與訴求對象,在圖面上作合乎美感的編排,產生視覺引導的作用,使人們注意到廣告,產生想知道內容的欲望,輕易地了解廣告內容,並認同廣告主張。

美的原理為設計之基本概念,其規則敍述於下,並舉廣告實例畫面說明。

一、對稱

對稱指並放在一起的兩個主體,其質與量相同,而外表之左右或上下位置相反。對稱是秩序之美最簡單的形式,能表現出最佳的安定感,為自然界物體形成的基本原則,如人體、動物、植物之構造,均具有對稱的特性。

對稱編排基本形式有左右對稱、放射對稱兩種,分述如下:

㈠左右對稱

左右對稱係以一對稱軸為中心,在軸左右兩側相對位置的圖文形

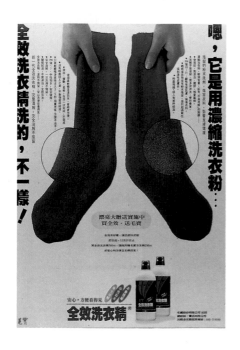

◎主要圖形、標題及文案均作左右對
　稱的編排◎

態相同，方向相反。將對稱軸角度偏斜，圖面上亦可成爲上下對稱，
或斜向對稱。

㈡放射對稱

　　放射對稱係以一點爲中心，主體複製成偶數之多數個，依相同而
等分圓周的角度，迴轉排列而形成。以任何通過中心的直線將此放射
對稱圖形分爲兩半，均爲對等而位置相反。由於從中心點向直線兩端
延伸，等距之兩點必相同，所以此型式又稱爲點對稱。

◎圖片背景做放射對稱處理◎

二、平衡

　　平衡係指以某一點、線或面為支點，衡量支點左右兩部分的質量，可構成力學或視覺上的平均狀態，而形成靜止現象。在實體度量上，平衡指兩個物體的重量相等；但在畫面構圖上，則指圖文在視覺上支點兩側具有相等的重量感。所以畫面的平衡係指以圖面中央線為支點，位於支點兩側圖文要素之色彩、面積、材質等，在視覺上產生的輕重感相等。平衡構圖能使廣告畫面形成穩定而平靜的氣氛，但有時候也會產生單調而枯燥的感覺，故在編排上必須靈活運用。

　　平衡的編排方式有對稱平衡及非對稱平衡兩種，分述如下：

㈠對稱平衡

　　對稱平衡又稱靜的平衡，指廣告畫面中心點兩側圖文形式具有相同的內容與質量，而形成靜止狀態。它包含左右對稱與輻射對稱兩種形式。對稱平衡具有穩重、莊嚴的特性，又稱為正式平衡。

◎對稱平衡畫面有穩定感◎

㈡非對稱平衡

非對稱平衡又稱動的平衡或非正式平衡,指圖面中心線兩個相對部分形態不同,量的感覺卻相似,而形成平衡現象。適宜用來作非對稱平衡設計之圖文要素並不多,可善加利用視覺所引起的心理感覺,以不同大小、分量感覺相似的素材,分置於畫面上,營造出平衡的視覺效果,使畫面在穩重中兼具活力。由於並非對稱平衡,故安定性稍弱,但卻較生動而有變化。

◎非對稱平衡可產生動感◎

三、對比

對比是將兩個質或量差距很大的要素並置時,兩者間產生的強烈差異效果。對比可分為質的對比與量的對比,分述如下:

㈠質的對比

鮮濁、濃淡、明暗、凹凸、曲直、尖鈍、方圓、強弱、軟硬、乾濕、粗糙與細膩,皆屬於質的對比。

㈡量的對比

　　長短、高低、寬窄、厚薄、大小、輕重、多少等，可用度量衡單位表示者，皆屬於量的對比。

　　在畫面設計上，量的對比通常來自意念上的感覺，而非真正以量計算，而且量的對比常受質的變化影響，如同樣大小的圓，紅色顯得大，黑色顯得小。因此設計時可利用質來改變量的感覺而強化對比。

　　對比的編排具有強調、比較、注目的特質，廣告常藉編排設計之對比手法，來強調廣告訴求重點，並吸引人們的注意與認知。

◎有、無的對比◎

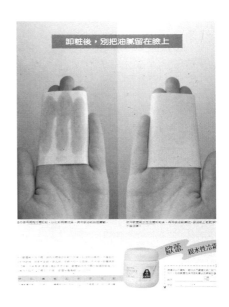

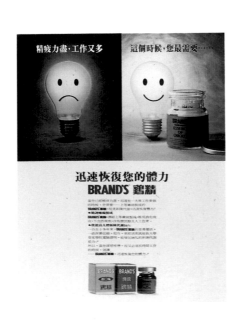

◎明、暗的對比◎

◎把產品大、小的對比，巧妙地嵌入
　標題內◎

◎線條粗糙和光滑的對比◎

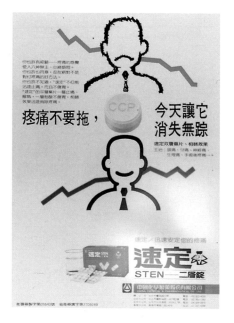

◎新、舊的對比◎

四、重複

　　重複指類似的元素作至少兩次以上的再現，所產生的規律效果。重複相同的元素會產生統一感，重複相似的元素可於統一中包含變化，重複相異元素則變化中會具有整體感。同一元素不斷重複容易單調，而太多相異元素重複易太複雜，因此重複應求適中。

　　重複既具有強調及統一整個廣告圖面之效，因此構成重複的元素，應具有共同的特質，例如特定的圖形、線條、色彩、字體或編排方式等。不但同一廣告畫面中可採用重複手法，在系列廣告中亦可以重複方式如邊框、圖片、文案位置、標題色彩，均以相同設計手法重複利用，使原本不同的兩個廣告，在人們視覺中產生關聯。

◎同樣形式在某種節奏下反覆出現
　時，會產生調和感◎

五、比例

　　比例是指依一定的比率分割，也就是整體中的部分與部分之間，具有尺寸上某個固定數目的關係，而形成和諧的感覺。在圖面設計上，並非任何數目的分割方式，均可形成有秩序的美感，而需要合乎某些數理條件，例如數學上的等差數列、等比數列和黃金比例，皆是構成優美圖面的重要比例。

◎以量逐次減半的比例形成變化◎

　　最有名的比例規則是古希臘風行之黃金比例，其分割方式爲2：3或5：8或8：13，當時普遍應用於藝術創作，認爲各細部均合乎黃金黃金比例者最美。

　　圖面設計時，各部分之長度應具有良好的比例關係，例如圖形與留白的比例，文案篇幅與圖片的比例等，才能獲得良好的效果。

六、漸層

◎由清楚而朦朧的明度漸層，產生動
　態感◎

　　漸層爲一種依固定比例逐漸變化的重複形式，其變化方式包括質與量的漸變，例如由小而大、由尖而圓、由細而粗、由短而長，或色彩上的漸變如由紅而黃、由明而暗等，這些變化會在視覺上產生收縮或擴張的感覺，且其改變過程具有合於節奏的律動性。廣告圖面常以底色漸層來使圖面具有深度感，或以漸層圖形來強調畫面焦點。

七、 韻律

　　韻律又稱律動，原爲音樂舞蹈名詞，轉用於圖面設計，係指構成圖面之多個要素，以某種規律組合時，於視覺或心理上所產生的節奏感。若組成單元僅具單純的規律，例如複製圖形，以固定比例的間隔排列，圖形相同，間隔相等，只能產生單調而平淡的韻律感；若構成單元變化較多，例如間隔依幾何級數改變，或各圖形均在比前一圖稍後處略作改變，則會產生較獨特及豐富的韻律感；如果構成單元變化太多，則易失去秩序而導致混亂。

　　廣告圖面的韻律效果，主要經由漸層、重複、比例等方式形成，這些方式在組成元素均爲同樣或類似且數量多，並依某種規律排列時，即可產生韻律感。

◎將畫面之同形要素作連續變化，能
　造成韻律感◎

八、調和

　　調和是指整體相當和諧,部分與部分之間能產生相互協調之關係。必須有兩個以上的形式或色彩並列,才能產生調和。這些並列的元素之間,要具有某些共同點,同時存在部分差異,當共同點多時,可構成類似調和;差異很大時,可構成對比調和。

　　類似調和係採用相同或類似的造形元素重複編排而產生,具有柔和、莊重的感覺,組成元素的形式或色彩愈近似,其效果愈明顯。對比調和則是以不同的造形元素作對比編排而產生,具有鮮銳、強烈的感覺;然而對比的元素在編排下並不一定能作出對比調和。如果元素的對比關係不至太強,多能產生調和效果;但如涉及質的對比,或質與量同時對比時,則需充分應用重複手法作質的調整,才能使極端對比的形式產生調和效果。

◎以類似的色彩共同結合,而能給人
　融洽之調和感◎

九、主與賓

　　主與賓指造形部分與部分之間有從屬的關係,且相互呼應。主居於支配領導的地位,賓居於從屬的地位;在圖面上最引人注目,支配

◎利用色彩之對比，也能輕易地表達
主賓之意◎

整個圖面氣氛者為主，其餘為賓。通常居於主的地位者都是大的、鮮明的、強烈的；而賓常為小的、灰暗的、柔弱的。賓既用來作為主的陪襯，其元素必須與主有關，且能互相連結而形成完整的支持網。

廣告圖面的主通常為與主題有關的大幅圖片，或大標題，而其他小圖片與內文則是賓。主必須力求醒目，才能成為畫面的焦點；而賓的分量不可太重，以免喧賓奪主，減弱廣告訴求力量。

十、統一

統一指依據以上設計原理，例如對稱、平衡、比例、韻律、主與賓等之任一或多種，應用於圖面設計的完整表現，在統一原則下，所有的圖面構成元素之位置與組合方式，均有規則可循，各元素之間的關係，顯現秩序性。因此在同一圖面上，應選定某些規則，將構成元素同質化，以免異質成分太多，無規則可言，使畫面混亂而不統一。

圖面設計之美的原理規則各異，效果不同，實際進行廣告圖面設計時，應化零為整，斟酌併用。在編排設計上，採用好的比例可以將圖面作出精美的分割，使圖面結構勻稱；注意平衡可營建穩定的感覺，製造韻律能添加生動的活力；聯結賓以烘托主，可強調畫面焦點；講究和諧能整合所有元素，產生統一的整體感。由於圖面編排最後的結果是一個不可分割的整體，因此在設計時應融合上述原理，作整體性的表現，才能創造出完美的圖面，使廣告散發強烈的魅力。

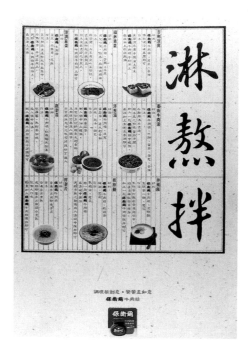

◎統一性是各種形共通的原則，也是
　構成秩序的因素◎

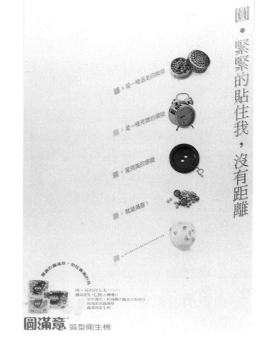

◎將均衡、比例、韻動等設計原理，
　正確應用的完整表現，就是統一◎

第四節　圖面構成型式

　　由於廣告業的發達，廣告圖面上的文字編排與圖形配置，也日益
講求美感與創意，製作精美而富於變化，不但使圖面設計形同藝術創
作，也使廣告的可看性隨之提高。茲將廣告圖面構成型式，歸納為以
下多種，以供執行圖面設計時參考利用。

㈠貫穿型

　　貫穿型的特點是圖文編排由一端至相對之另一端，兩端均出血，
可分為縱貫型與橫貫型兩種。

1.縱貫型

　　廣告圖文在圖面上以縱向排列，縱貫圖面上下端，是廣告效果良
好，又不容易出錯的構圖方式。

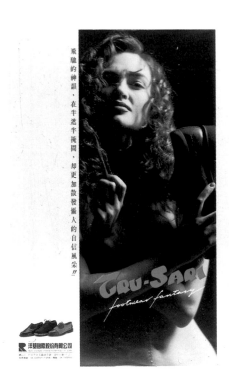

◎圖文編排縱貫圖面◎

2.橫貫型

廣告圖文在圖面上呈橫向排列，橫跨圖面左、右端，若插圖爲橫
貫的長形圖，會具有電影大螢幕般滂薄氣勢。

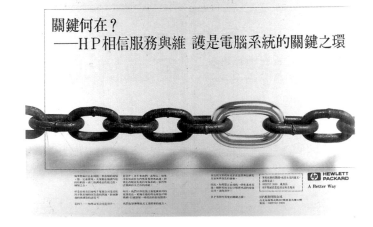

◎橫貫左右端的插圖，能產生磅礡的
　氣勢◎

(二)兩半型

　　圖面垂直分割爲左、右兩半或水平分割爲上、下兩半，其圖文有時分置兩邊，有時一起偏置一側，使圖面產生分成兩半的感覺，可分成兩種型式：

1.中軸型

　　中軸型的畫面在正中央有一道實際或象徵性的直線，有時候以圖、文中間的空隙代表，圖、文分居中軸兩側，或集中於一側，或圖、文兩邊對稱，依軸向之縱、橫，可再細分爲縱中軸型與橫中軸型。中軸型具對稱之美感，但構圖方式較單調，故宜在圖面上做些小變化。

◎同色系的兩張圖裁成同寬置於同側，與文案形成左、右區隔◎

　　若廣告內容均放在同半邊，會產生對比及導引視線的效果，有「從此處開始」的暗示，適宜作多頁廣告的分類內容所在之起頁。廣告內容放在兩邊時，構圖平穩而安靜；有時圖片為長形，可將圖片置半邊，文案置另半邊，縱長的圖片與其旁橫打的字行，往往可以成為很有力的對比。以垂直方式分割畫面成兩部分時，左右兩面常採用對比配置，倘若再有明暗等對比性的表現，那麼對比效果將會更加明顯。

　　此型廣告與其他廣告並置同一版面上時，圖片亦可產生分隔作用，例如其左側為另一廣告時，則可將圖片放在左邊，像牆一樣把文案擋在右邊，而與左側廣告有明顯的區隔。

2.偏軸型

　　偏軸型的畫面軸線不在正中，但一樣把整個畫面分成兩部分，在文案與圖片處理上較富彈性。廣告圖、文都集中在同一邊，或圖、文分置兩邊。依據軸的方向，可再細分為縱偏軸型與橫偏軸型。

◎大部分的圖文左右編排，為圖在
　左、文在右◎

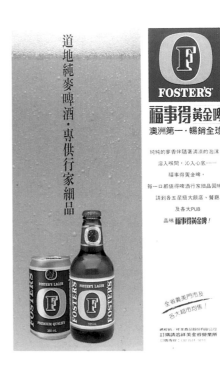

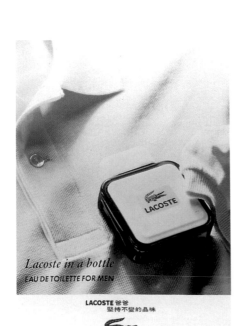

◎圖片本身即可說明廣告內容，故文
案僅佔下方小部分，而且字小◎

縱偏軸型軸為縱向，將畫面分為左、右兩部分，其構圖在一邊成縱向直條狀，另一邊通常因文案的關係而參差不齊。構圖時最好把圖、文放在縱線的左邊，如此編排處理較容易；如果文案很短，放在右邊也可有很好的效果。縱偏軸型的缺點是缺乏完美的平衡感，但這也正是它魅力所在。

　　橫偏軸型軸為橫向，將畫面分為上、下兩部分。由於畫面上圖片屬於較重的設計元素，而文字較輕，在圖面編排設計時宜考慮上、下部分的比例，以調整其輕重；上輕下重可產生穩定感；上重下輕時，宜採用設計手法，使之產生槓桿原理般的平衡感。

㈢兩端型

　　兩端型係將文字或圖面配置在畫面的兩端時，會產生對應的趣味，及對稱或平衡之美感。強調兩端的廣告畫面構圖方式很少見，因為缺少凝聚力，畫面焦點不易定位，其訴求力量因圖文分散在相距遙遠的兩端而變薄弱，但如仔細構思，仍可形成相當別緻的畫面。依圖文所在位置，可分為上下兩端型及左右兩端型。

1.上下兩端型

　　此型圖文，配置於畫面的上下兩端，可使整個畫面產生垂直的構圖，在中段留白，給予閱覽者想像填補的空間。亦可以未作強調設計之內文點綴於中間留白處，使讀者在視線由上圖移向下圖時，無可避免地經過中間文案，而在廣告上停留較長時間。

◎下端直置的一只錶遙指上端橫疊的
兩隻手，形成溫馨的暗示◎

2.左右兩端型

重點分置圖面左、右兩端，產生穩重與牆般限制的效果，使人們因對中間空白感到好奇，而主動探尋兩端間的關係。

兩端型的廣告最好不要與其它廣告放在一起，而應單獨出現，因其重心分據兩端，各易與旁邊的廣告相混，而使廣告力量大為降低。

(四)T字型

T字型係將圖、文在畫面上同時作垂直與水平配置，而產生T字形結構，具有垂直與水平對比的趣味。

1.正T字型

構圖呈正T字形，具有對稱平衡感。

2.倒T字型

構圖呈倒T字形，下平上豎，穩定感佳，如圖面作成仰視角設計，能增加圖面深度與高度。辦公大樓廣告常以此方式強調高層建築之高大。

3.橫T字型

構圖呈橫T字形，有不平衡之動感。

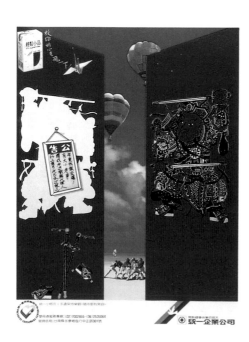

◎複雜的T字型構圖，以變化產生活潑氣氛◎

◎略開的左右門扇，露出T字型藍天，產生焦點在中央的指示力量◎

㈤斜型

斜型之圖文在圖面上採斜向分割,可分成兩種型式:

1.對角線型

以對角線分割圖面,把圖文配置在對角線兩側,可使圖面產生對稱及安定的感覺;或將圖面焦點斜置對角線上,由於斜跨圖面中央地帶,又非習見的直置或橫置,格外引人注目。

2.斜向分割型

構圖時將圖文全部或主要部分斜向右邊或左邊。利用斜向配置或斜線來分割畫面,畫面相當活潑,會產生視覺上的動感。此型設計手法較常為高科技產品廣告所採用,效果非常生動。

◎在全面圖中將產品斜置,左偏的斜
　向分割較少◎

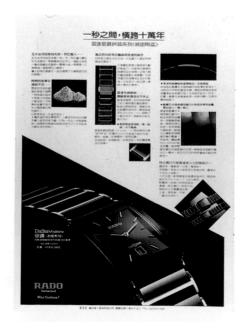

◎圖在下的斜向分割◎

㈥交叉型

　　交叉型為圖片與圖片、圖片與文案、文案與文案在畫面中交叉設置，圖文配置於交叉線構成之四格，或互相交疊呈交叉狀。在交疊狀況下，交叉點往往成為廣告的焦點，所以設計前應想清楚圖片與文案到底要何者在上，何者在下。交叉型又可細分為十字型與X型。

1.十字型

　　圖文配置如田字，其界限呈十字形，或圖文以十字交疊方式配置。例如圖片橫跨圖面中央，文案呈長條狀垂直放置，在圖面中央成立體十字交叉。又如在十字左上側放圖片，其右為文案；右下側亦放圖片，其左置文案，形成對稱。

2.X型

　　圖文採菱形配置，界線構成X形；或圖文交疊成X形。

　　交叉型種構圖具有節奏感，及明快的味道，但如交叉得很端正，會顯得呆板，可利用底色的變化，與小部分的交錯，增加生動感。

◎十字型構圖可凝視線於交叉點，落
　於產品及商標之上◎

◎X型構圖具有節奏感，在視線焦點
　放大標題◎

㈦三角型

三角型係指圖文在圖面中分設於三個角落,而呈三角形。可分為正三角型、倒三角型、隨意三角型等構圖形式。

1. 正三角型

圖文在圖面上配置成頂點向上三角形。在基本幾何形狀中,最具安定感的是金字塔型,雖然此型構圖未必三邊均等,仍具有此特性。正三角型由於安定性強,應稍予變化以增加其動感及趣味性。

2. 倒三角型

圖文在圖面上配置成頂點在下、底邊在上的倒三角形,具有不安定的動感,但如配置得當,仍可使之平衡。

◎正三角型編排◎

◎倒三角型不僅具有平衡感,也隱含動感◎

3.橫三角型

圖文在圖面上配置成橫向三角形，由於爲傾斜狀態，這種三角形的構圖，具有很強的不安定感，與活潑好動的特性。

◎橫三角型構圖具有強烈的動感◎

㈧迂迴型

迂迴型圖面結構呈迂迴狀，可細分成以下五型：

1.L型

把大型圖配置於版面四隅的任何一方時，圖片的兩邊做出血版的

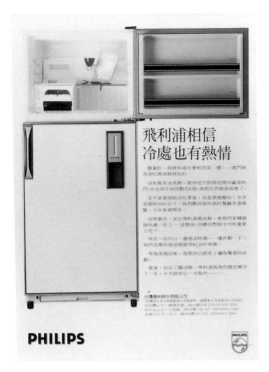

◎倒 L 型構圖，以圖片形成 L 型◎

處理，版面的其他兩邊自然就會產生 L 形的留白，或露出底紋，亦可以圖、文構成 L 形，而圖面一角留白。這種圖面構成方式簡潔有力，類似加框，若與其他廣告並置可強調出本廣告。

2. U 型

把圖文配置於版面中央，在圖文三側留白、置底紋或加邊框，形成 U 形構圖；亦可將圖文排成 U 形，中央留白。U 型平行的兩側常設計成對稱狀，這種構圖看起來具對稱美感，易於強化圖面之視覺效果。

◎正 U 型構圖，圖面中央放文案，而以三邊圖形為邊框◎

◎橫∪型構圖，把圖片放中央，以三
邊置文案◎

3. 彎折型

　　圖文安排成Ｎ字形、倒Ｎ字形、Ｚ字形或反Ｚ字形。這種上下或左右圖文平行，而中間斜向分割的圖面，具有強烈的視線引導力，可使人們的視線照曲折線移動，依序看到廣告希望人們注意的地方，整個版面也不因分割而顯得凌亂，反而靈活生動。上下或左右稱稱的配置，亦可使畫面形成自然的均衡。

◎正Ｚ型構圖，讀者視線走向同Ｚ字
筆順◎

4.曲線型

　　圖面結構呈曲線狀，將圖文編排成正S、倒S、橫S或彎曲形。
這種構圖很少見，非常新奇大膽，通常以字串排成曲線狀，或將曲線
狀之圖形置於圖面中央，而形成此種構圖。

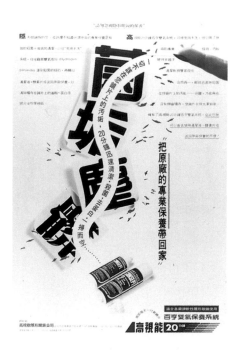

5.回字型

◎回字型的茶葉將產品及文案圍在中
央，強烈地凸顯出主題◎

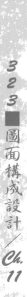

在圖面中央配置圖片或留白，或在圖面四周置圖片，中央放文案，而使畫面呈回字型。如果編排重點在中央，可將圖形或標題設置於中央，四周圖片亦可採用多種圖案組成，而使圖面形成豐富、生動的氣氛。

(九)四點型

四點型將圖文置於畫面中央，畫面的四角或四邊中段，分別飾以小圖片或花紋，如照片的框角般壓住四隅，使原本穩重的構圖增添活潑的趣味性。

◎四點型編排使原本穩重的插圖活潑
　起來◎

(十)圓圖型

圓圖型係將圖文編排成圓形、半圓形或橢圓形。一般廣告圖、文很少在畫面上共同組成圓形，但畫面上的主題可規劃成圓形，其旁再配置文案。此種構圖方式之圖面，以圓形部分為圖面焦點，即使放在多篇廣告中，很容易使閱覽者的視線聚集至圓心。

◎將圖文共同組成長圓形，生動而易
　明瞭◎

◎文案圍繞圓形之圖片編排，也是圓
　圖型的一種變化◎

㈡條格型

　　條格型圖面分割成多條或多格狀，圖文被區分爲許多顏色不同的
縱、橫長條或矩形格，有如拼圖。

　　若廣告文案屬於長篇大論型，需要人們花較多時間去閱讀，卻缺
少有力標題，或文案內容平淡，不易引起讀者興趣時，有賴高超的畫
面設計，以彌補文案吸引力弱的缺點。此時可採用條格型圖面，創造
熱鬧或豐盛的氣氛，引起人們的閱讀興趣。

　　設計時可將圖面以縱向、橫向或棋盤狀地分成好幾部分，然後把
廣告圖文各單元分別放入各格裡，有時爲應需要，可將其中數格打
通，稍微打亂格子的次序性，以形成變化。當廣告內包含多項不同商
品時，條格型設計可使雜亂的內容變得有秩序且容易閱讀。

◎條格型也可加以變化，與文案構成
大樹狀◎

㈢拼盤型

　　拼盤型將許多圖片與文案，散置於全畫面上稱之為拼盤型，此種
畫面規劃設計相當活潑醒目，使得使廣告更易吸引人處，但如果配置
不當，則變成雜亂而使閱視者，抓不住重點不知從何看起。當需要有

◎大小差別很大的多幀圖片，在圖面
上呈現古典的裝飾風格◎

多張圖片及很多段案表現之文的廣告，可採用拼盤型，往往會產生意想不到的趣味性效果。

㈢並置型

並置型將圖片並置於圖面上，可與以上其他圖面構成型式並用。並置在構圖上採用重複手法，圖片內容雖可重複，但通常內容有差別，由圖片內容可分為比較並置型、時間並置與群化並置型。

1.比較並置型

並置不同圖片，讓閱覽者比較圖片中事物。

2.時間並置型

並置之圖片，其內容互有連接的關係，即如實驗照片圖解說明一般，可以表達一連串的程序和時間的軌跡，常以箭頭標示方向，具有說理作用，由於一目瞭然，所以效果頗佳。

3.群化並置型

不同圖片可並置使之產生關聯，形成一體的印象。例如利用圖片

◎兩個不同品牌的廣告，以相同構圖
　方式左右並置，有相輔相成之效◎

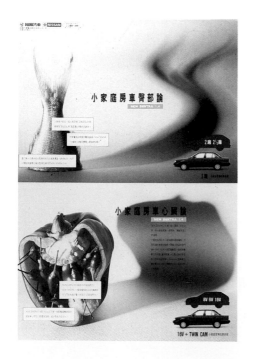

◎上、下並置的圖形具有重複的
　韻律感◎

不同比例的縮放，將圖片內的線條在並置時連成同一水平線，讓多張圖片產生合而為一的錯覺，使場景加寬加深。

若就並置方式區別，可分為左右並置型與上下並置型：

1.左右並置型

將圖片左右並置時，強烈暗示圖片的地位相同，而且這些圖片具有某些重要的共同或相反的特質，並置使這些特質明顯凸現。左右並置之穩定性與平衡性均佳，能產生相互呼應的效果。

2.上下並置型

將圖片上下並置時暗示著變化，圖片的地位往往不相等，通常是最重要的或時間最早的放最上面。

如果多幀圖片並置之目的僅在以量多來使圖面變化增多，而非具有說明比較的意義，則圖片並置方式為左右或上下便無計較必要。

第五節　圖面色彩設計

一、色彩設計的功能

廣告圖面上除了圖形與文字之外還有色彩，雖然黑白廣告仍然不少，但廣告彩色化乃無可避免的趨勢，目前彩色廣告不但為廣告設計之主流，即使一般單色廣告，也多利用黑色以外的油墨，或印在彩色紙張上，以產生彩色的感覺。

色彩在廣告設計上的功能，大致有以下五項：

1.擴大創意空間

有彩色的廣告比黑白的廣告變化增加很多，使與色彩相關的創意可實現於廣告圖面。

2.展現真實狀況

人眼中的實物均具有色彩，廣告圖面以彩色重現實物形色，具有強烈真實感，可讓人們如見實物、實況，而提高對廣告的信賴度。

3.突顯訴求重點

圖文用不同色彩標示，可讓閱覽者馬上注意到，而能抓住廣告重點。

4.引起注意

彩色的畫面遠比黑白畫面鮮明，誘目性高，容易吸引人注意。

5.激發認同感

人們對每個顏色各有特定之情感聯想，使不同的色彩產生不同的

象徵意義，設計時可藉色彩激起閱覽者的聯想，而對商品產生認同感及好感。

　　人眼視物，先辨其色，再識其形，所以人們看到廣告的第一順位為色彩，其次是圖形，再來才是文字，因此色彩為廣告吸引閱覽者的前鋒，在設計時應考慮周詳，以發揮廣告上色彩的功能。進行色彩設計時，可參照圖面結構、色彩感覺、色彩特性，依據配色原理加以活用，茲分別說明於後。

二、圖面色彩結構

　　圖、文可藉由對色彩之色相、明度、彩度與面積之設計，加以區隔為許多細部，原本各自獨立的圖、文，亦可經由色彩，整合成為和諧完美的圖面。依據廣告圖面結構，廣告的色彩可區分為主導色彩、輔助色彩及背景色彩三部分，其作用各不相同。可以採用高彩度色彩或大面積色彩，以作出強烈的誘目效果。

1. 主導色彩

　　指廣告圖面上作為訴求焦點之主要圖形或大標題的色彩，主導色彩之規劃以引人注目為原則，不一定要鮮豔，只要和背景色彩搭配能凸顯廣告主題，即為合適的主導色彩。

2. 輔助色彩

　　主體之外尚有其他居於從屬地位之圖形，當其面積大時，如說明圖、內文，宜使之形成較不鮮明的色彩區塊；當其面積小時，如框、線，及小標題、標語、標誌、價格……等，常採用鮮豔明亮的色彩，以發揮向閱覽者提示重點，與裝飾圖面的功效。

3. 背景色彩

　　指廣告畫面的圖形與文字以外之底面色彩，通常佔廣告畫面相當大的部分。背景色彩宜採用高明度、低彩度色彩或無彩色（即灰色調），較易發揮襯托主體的功能。

　　有時為了特殊的廣告訴求，在實際運用時，應就廣告表現上的需求，調整背景、主體、輔助色彩，使之產生最佳視覺效果。

三、色彩感覺

　　從人們對色彩的生理及心理之共同反應，可以推測到消費者對商品色彩的認知及喜好。色彩能引起各種心理感覺之反應，如膨脹、收縮、寒暖、軟硬、悲哀、歡樂、活潑、沈靜……等，色彩也會引起不同的味覺，許多色彩具有感覺上的代表意義，例如紅色代表溫暖、

辣味；紫色代表神祕、高貴；白色代表寒冷、純潔。在此就十個不同
方向，舉例説明人們對特定色彩的感覺認知，及在設計上的應用。

1.性別

女性較喜歡柔和、明朗的色調，如粉紅、鵝黃；男性常採用深
暗、冷硬的色彩，如皮革般的褐色、深藍色。隨身用品的色彩常視使
用者的性別而採取差異化設計。

2.年齡

年輕人適用明亮、活潑的色彩，長者宜採濁暗的色彩。

3.季節

四季各有不同的代表色，如春天的綠，秋天的黃。色彩也有寒色
與暖色之別，夏季廣告強調清涼用寒色系之綠藍、藍、藍紫；雪地用
品以高明度、高彩度、鮮豔的純色為主。

4.味覺

如紅色覺得辣，綠色感到酸，褐色看來苦等。

5.節慶

春節喜慶的紅色，母親節康乃馨的紅色和白色，端午節粽葉和菖
蒲、艾草的綠等，廣告常配合節慶用色。

6.價值

不同配色其價值感不同。金、銀色有高價之感；黃色、黑色搭配
常用於高級的洋酒；價昂的商品，喜採用無彩色配以中彩度或低彩度
色；色彩眾多的熱鬧畫面，常用來促銷廉價品。

7.民族偏好

各民族有不同的喜好色彩，與色彩使用上的禁忌，例如在我國喜
慶用紅色，鳳冠霞披為紅色；西洋婚禮新娘著白紗；在日本參加婚
禮，男女賀客禮服均為黑色；而我國喜事忌用黑色。

8.傳統習慣

傳統圖形搭配傳統色彩，可引起人們懷舊心理，感到親切而產生
購買欲望。如雙喜圖案習用紅色，改用藍色就很奇怪。

9.審美觀

不同階層背景的消費者，對色彩的審美觀念也不同，廣告色彩，
應針對不同消費群的喜好去設計。例如針對兒童作的廣告色數可多，
色彩宜鮮明；少女用品廣告可用柔和的粉色系。

10.意念

利用色彩心理感覺，可表達出許多抽象意念。例如前進與後退感
之應用，在淺色旁置深色陰影即可表達立體；較小塊的膨脹色與較大
塊的收縮色，均可用來表示相等的面積。

四、色彩特性

1.標準性

(1)企業色彩：企業識別體系規劃有標準色彩，可據以設計廣告，以加強與企業之聯結，可建立獨特的廣告色彩特色，增強人們對企業的識別力。例如長榮航運的代表色為綠色；紅、藍、白斜條紋為遠東百貨的標記。

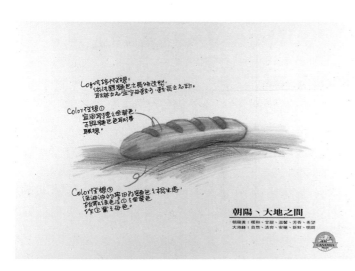

◎依據廣告主 CIS 規範來設計廣告之色彩◎

(2)商品色彩：人們對某些商品的色彩已具有習慣性看法，在消費前會先想到商品是否為心目中所以為的顏色。例如皮革家具廣告，優先考慮的色彩會是褐色，因為在消費者心目中，真皮是褐色的，即使真皮能染成別的顏色，或者有的皮面家具為假皮，廣告中的主要色彩仍以褐色為重，以便讓人們看到廣告就覺得充滿真皮的感覺。

既然商品色彩易讓人們聯想到商品，很多廣告遂以商品色彩為廣告主要色系，尤其食品類包裝與廣告，例如芋頭冰採用紫色，草莓採用紅色，烏龍茶用褐色，既容易辨識，還令人聯想起其香、甜、甘的滋味，不由得垂涎。所以廣告色彩與商品本身的色彩常為同色系。

◎運用色彩之識別性，可加強消費者之印象◎

2.說明性

若色彩特性運用得宜，可強化廣告文案訴求重點，並具有輔助圖面造形之表現功能。例如富士彩色軟片以同色系之畫面配合歌詞「紅就是紅，藍就是藍，綠就是綠。」效果極佳。

◎以畫面之色彩配合標題之訴求◎

3. 區隔性

　　經由色彩計畫，可使廣告在消費者心中建立獨特明確的色彩區隔，進而強化本身的競爭力。例如卡文・克萊服飾之廣告，皆為出血之全頁黑白照片，加上低彩度的文字，讓人一見之下，即使沒詳看內容，也知道是卡文・克萊服飾的廣告，與其他服飾廣告區隔極明顯。

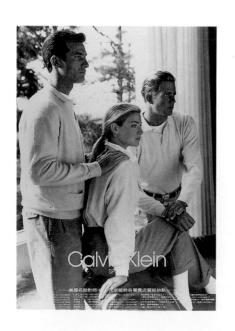

◎全頁之白照片，加上低彩度之文字，形成獨特廣告風格◎

4.季節性

　　大多數商品均有銷售上的淡旺季，及隨季節改變的特色，可利用色彩計畫將廣告傳達出節令改換的訊息，促使消費者進行消費。例如十二月的廣告常以綠、紅及白色的設計，表現出濃厚的耶誕氣息。

◎季節性的獨特色彩，表現出濃厚節
　期氣息◎

5.象徵性

◎畫面色調採用商品色，使廣告與商
　品產生聯結◎

人們經常對色彩賦予不同的感情與具體的聯想，使色彩具有一些特定的象徵意義，廣告可透過色彩象徵性之意義，以此特質強化商品的個性與機能。例如綠色代表大自然、環保；藍色代表天空、冷靜；黃色為小心、危險、尊貴等。

五、圖面配色原理

　　進行廣告色彩配色時，依據色彩調和原理，可區分為類似色彩配色及對比色彩配色兩種型態。

㈠類似色彩配色

　　類似色彩配色包括同色相配色與相鄰色相配色：

1.同色相配色

　　採用同一色相不同色調的色彩，可產生調和與統一的感覺，但因僅在同色相內作明度與彩度的變化，仍易顯得單調，不妨加入無彩色之黑、白、灰等與之搭配，可增加生動感。由於圖面配色單純，所表達之色彩感覺明確而強烈，頗適於換季、節慶廣告，如春節時大量之紅色系禮品廣告；或強調企業識別的商品，如長榮海運之綠色系企業廣告。

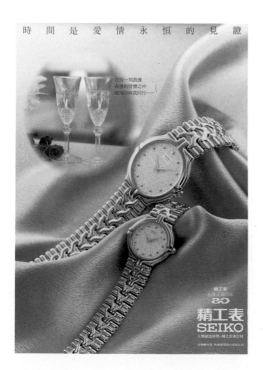

◎單色相色彩廣告常用以提高商品識別性◎

2.相鄰色相配色

　　採用相鄰色相之色彩，色彩之色相雖不同，仍屬接近，可使圖面色彩不僅和諧、統一，更蘊含變化的效果。此種配色亦可搭配白色使畫面更明亮；或以灰色搭配，讓圖面較柔和；或用黑色來增加厚實感。

◎統一而蘊含變化之效果，可酌量加
　入無彩色來達成◎

(二)對比色彩配色

　　對比色彩配色包括單一補色配色、分裂補色配色、三角色配色、雙重補色配色、多色配色等類型，由於色彩感覺較強烈，可加入無彩色緩和，以增加調和與統一之感。茲說明如下：

1.單一補色配色

◎強烈的補色對可加入無彩色
　以之緩和◎

以色相環上任一對補色之色彩所形成的配色，利用視覺上對比作用，圖面極鮮明而具高度衝擊力，亦可搭配少量其他色彩，來緩和強烈的色彩感覺。

2.分裂補色配色

　　係由色相環上任一色及其補色的一組分裂色組成，共有三色。例如在 Munsell 色相環上，R 的補色爲 BG，BG 的分裂色爲 B 及 G，則 R、G、B 可作爲一組；再如 BG 的補色爲 R，但 R 不能分裂爲 RP 與 YR，所以 RP、YR、BG 不能作爲一組分裂補色組合。因分裂補色並非真正的補色，雖然仍有近似對比的效果，但卻不夠強烈，而有種不安定的感覺。

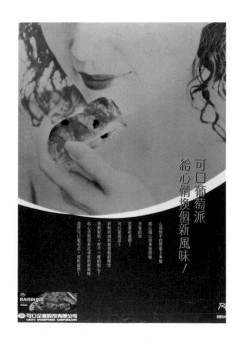

◎分裂補色配色廣告，由紫、黃、綠構成◎

3.三角配色

　　係以色相環上形成正三角形關係的三個色彩，產生三色調和及三重對比的效果。色彩感覺強烈，活力充沛而不安定。

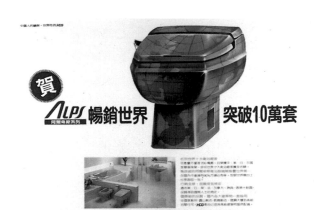

◎三角色色彩配色廣告◎

4.雙重補色配色

　　係以兩組在色相環上相鄰的補色，例如 YR、B 與 Y、PB，利用兩組類似色的對比關係，在畫面上形成雙重對比及調和效果。此種配色因有相鄰色加入，緩和了對比感，而不及單一補色配色強烈，但因有兩對補色，畫面色彩更繁複。

◎雙重色不若單一補色強烈，卻更具
　統一感與變化◎

5.多色配色

　　利用在色相環上四色或更多色互相搭配，以產生多色調和或對比的效果。

綠的秋日‧色彩繽紛

綠的秋日裏，世界依然亮麗！
Green 綠的休閒服，長袖絲質細眼製，19種新色彩柔和的色彩
尺碼俱全，搭配Green 綠的休閒長褲或裙子，活躍在
秋高氣爽的季節裏，展現典雅不同的個性！
首數和家品的您，Green綠的是您最佳的選擇！
請迅全省百貨公司專櫃或親切服務的店選購

◎鮮豔多樣的色彩，傳達出秋高氣爽
　的愉悅的氣氛◎

習　　題

1. 何謂插圖？可分為那幾種？

2. 邊框具有那些作用？試說明之。

3. 何謂企業標誌？何謂品牌標誌？何謂企業造形？

4. 何謂放射對稱？何謂非對稱平衡？試舉現有廣告實例加以說明。

5. 何謂對比？何謂比例？試申述其義，並舉現有廣告實例加以說明。

6. 邊框圖形在廣告畫面設計上具有那些功能？試以現有廣告實例加以
　　說明。

7. 何謂兩半型圖面構成型式？試申述其義，並舉現有廣告實例說明其
　　細分之型式。

8. 何謂交叉型圖面構成？試說明其義，並舉廣告實例加以說明。

9. 何謂並置型圖面構成？試申述其義，並舉廣告實例加以說明。

12

完稿製版印刷

第一節　設計製作程序

　　廣告設計無論爲個別廣告、系列廣告或廣告冊，均需依據廣告表現之創意設計，繪出許多畫面構想，經過篩選與再三修潤，才進行完稿製作，其設計過程可分成以下四個程序：

一、草圖製作

　　草圖（Idea Sketch）係設計人員在廣告表現構思過程中，將創意以速寫手法記錄下來的畫面。草圖一般以鉛筆粗略描繪，通常會畫很多張，從中篩選出少數，作進一步的構圖發展。

二、粗稿製作

　　粗稿（Rough Sketch）係由草圖中挑選較佳者，繪製成彩色廣告稿，畫面圖形、標題、內文等以徒手書寫或框出其所在空間，供廣告設計小組檢討是否切合廣告主張，有否待改進之處。粗稿亦可交由廣告主評估，如經認可，即成爲製作完稿之依據。

◎手繪粗稿範例◎

◎手繪粗稿畫面已具成品輪廓◎

三、精稿製作

　　精稿亦稱半正稿、細稿，精稿製作較精緻，文案需全部打字，至少標題打字而內文以影印之字群貼上，圖形以實物攝影照片或精描表現，可讓客戶在廣告正式印出前，看到最接近成品的畫面。

　　由於電腦繪圖排版系統普及，可將文字及圖形藉由掃描或攝影方式進入電腦內，在螢幕上進行編排、上色，然後以彩色印表機印出，因此精稿的製作已較從前容易許多。如果客戶要求修改，也能迅速將改好的稿件印出給客戶確認，而大大降低完稿發生錯誤的可能性。

◎以精細手繪技巧表達的粗稿◎

◎最終印刷成品◎

四、完稿製作

　　當粗稿或精稿經客戶認同,即可製作完稿(Finished Art),或稱正稿、黑白稿。完稿是在完稿紙上繪出成品上欲出現的線、框、圖片放置框線,黏貼文案,有必要之處貼網點紙,並在保護稿面的描圖紙上寫明畫面上各細部的顏色印刷標示,以備製版、印刷之用。

第二節　完稿製作

一、工具

　　完稿製作需要一些專業性器材,茲分述如下:

(一)紙

　　(1)完稿紙:以高磅的雪面銅版紙或雪銅西卡紙爲佳。市面所售完稿紙上印有以公分爲單位的淺藍(綠)色方格紋,繪稿、貼稿時能掌握正確位置。

　　(2)描圖紙:厚描圖紙適用於描繪線稿,薄描圖紙用以保護完稿紙面整潔,並可以用來標示印刷之色彩及網點。

　　(3)透明膠片:可以用來保護完稿版面整潔,且具有不揭開即可看清楚完稿上的圖文之特性。

(二)筆

　　(1)鉛筆:各種類鉛筆皆可使用,自動鉛筆尤佳,可用來畫底稿。

(2)針筆：畫正式的墨線用針筆最佳。針筆筆尖爲針管狀，所繪線條粗細均勻，墨色黑亮，稍候即乾，也有白色墨液，可用來畫反白線。繪圖時筆尖要與紙面垂直，輕觸紙面即可，用力畫則墨水流不順易斷線，且易刮傷紙面。畫完要拭淨筆尖立刻蓋上，以免墨凝結堵塞。

(3)油性簽字筆：大面積的 100％ 網色塊區，用粗的黑色油性簽字筆塗抹最快，濃度均勻，細簽字筆可以用來做細微的修改。

(4)圭筆：極細的毛筆，有大、中、小號，用來塗繪文字和色塊。最小號的圭筆適宜做細微的修改。

(5)水彩筆：輔助圭筆作色塊塗繪。

(6)麥克筆：粗細不同顏色不同之麥克筆，可用來塗繪文字和圈示色塊。

(7)色鉛筆：不同顏色色鉛筆可以配合印刷色彩，圈示色塊區域。以上爲完稿較常使用者，其餘尚有如鴨嘴筆、毛筆、沾水筆等。

(三)顏料

(1)黑色繪圖墨水及黑色廣告顏料：作大面積塗抹時，水性的繪圖墨水不易均勻，廣告顏料乾後易脫落，可將兩者混合再使用，效果較佳。

(2)白色廣告顏料：作修補之用，以遮蓋畫錯的地方。使用時調入一點無色的膠水，修補後才不會恢復粉狀而脫落。

(3)修正液：快乾的修正液很方便，但修改細微處則不易控制塗抹範圍。

(四)尺規

尺規最易沾上墨色，需時時以紙擦拭，保持清潔，以免將殘墨印到完稿紙上。

(1)直尺：切割紙張時用鋼尺，不可用塑膠尺，以免損傷尺邊。

(2)三角板、平行尺：畫垂直線和平行線的工具，以大的直角三角板和平行尺併用特別方便。

(3)圓洞板、橢圓板：板上有不同直徑的圓及橢圓，用板下有凸粒者，畫時板面懸空，不會沾到剛畫好而未乾的線，畫時筆要垂直，尺寸才會正確。

(4)曲線規、蛇尺：曲線規用以畫弧線，蛇尺可彎成曲線規不足以畫的曲線。

(5)圓規：圓規用來畫圓，宜採用以齒輪鈕開合圓規者，定好角度後，規腳較不會滑開；規腳要能換裝針筆及鴨嘴筆者。

(五)剪貼工具

(1)美工刀、剪刀：切割文案用。美工刀以 30° 刀最好用。

(2)塑膠割墊：切割時用來墊底，上有方格可協助定位，並避免傷及桌面。

(3)尖鑷、沾水筆：用鑷頭極尖者，夾取文案沾膠水黏貼最便利；小片文案亦可用最小號的沾水筆筆尖叉取黏貼，仍不及尖鑷俐落。

(4)膠水：可黏貼較薄的紙張，但相紙背面質地光滑不易黏住，照相打字文案相紙厚者可用美工刀撕掉紙背一層紙，使紙背毛毛的，便於黏妥。

(5)口紅膠：塗抹方便，但黏性比膠水弱，黏好的紙容易掉，需抹厚些。

(6)噴膠：裝在噴罐內，噴在素材背後，膠乾後仍黏黏的，黏性中等，可重複撕下再黏，而不傷版面。

(7)樹脂：黏性強，快乾，但易弄髒手及版面。

(六)其他工具

(1)級數表：照相打字的級數表，係將不同級數大小字體之方格，印在透明膠片上，持之在版面上比對文案空間，以決定要打的字體的級數大小。

(2)量歪表：印有全面 0.25 公分平方方格之透明膠片，覆在版面上，可看出圖、文及線條是否貼歪、畫歪。

(3)字體樣本：中英文照相打字樣本、電腦打字樣本一般，各打字行字體體會略有差異，宜多收集數家樣本，斟酌選用。

(4)演色表：以紅、黃、藍、黑四色油墨不同網點組合，印出多種色彩，供色彩設計時選色參考，標註完稿各細部之網點組合成分。演色表應採用至少具備一千色以上者。

(5)色票：如用網點印成者，其網線宜細密到看不出網點，原色均融成一色；或選用 100% 網油墨印成者，如 DIC、PANTON 色票。

(6)計算機：計算圖片放大、縮小的比例。

(7)描圖桌或燈箱：描圖桌桌面為覆著平面毛玻璃之燈箱，可透光看到紙下圖形，供圖片複描之用。

(8)影印機：放大、縮小圖片，文案。

(9)繪圖桌：其上有平行尺，繪稿用。

写研

写真植字Q数表（全角）

株式会社 写 研・作製

号	P	Q
8	5	7
7	5.5	8
	6	9
	7	10
6	7.5	11
	8	12
	9	13
	10	14
5	10.5	15
	11	16
	12	18
4	14	20
3	16	24
	20	28
2	22	32
1	26	38
	31	44
	34	50
	38	56
	42	62

100Q (71P)

90Q (64P)

80Q (57P)

70Q (50P)

二、完稿過程

當圖片和文字稿完成之後，接下來的工作，就是製作一張可供製版的完稿，由於其以墨線、黑字構成，因此又稱黑白稿。

完稿不用彩色而用黑、白色，係因黑色與白色可達到最高反差效果，所得底片線條及背景界限明晰，可將修版負擔減至最低。如果是其他感光度較差的色彩，底片上則易發生細線中斷、字跡不夠清楚的情形，所以完稿圖面該黑的部分要越黑越好，該白的地方則要保持清潔，斷線要連上，紙面的黑點要修去，如此印出成品才會乾淨明晰。

完稿圖面上的尺寸及界限線包括完成尺寸、製版尺寸、裁切線、框線與圖形線、摺線、十字規線等。繪製過程如下：

㈠準備紙張

完稿紙以白度高、磅數較重紙張為宜，如150磅以上雪面銅版紙、白西卡紙。完稿紙印有淺藍（綠）方格，用來繪稿頗方便，但市面完稿紙吸水性略強，上墨線或修改時較不滑順。完稿後可浮貼透明膠片以保護稿面清潔，再浮貼描圖紙於其上，將色彩標示、圖文放大、縮小標示於描圖紙，待製版社處理之文字稿與圖片稿亦可浮貼於描圖紙，或另裝袋釘於完稿紙圖面外側。膠片與描圖紙浮貼應便於翻起，以免妨礙製版社拍照，一側可固定於完稿紙背面，再翻折過來覆於正面。

㈡繪製版墨線

畫線條時除非採用有格的完稿紙，若用白紙宜在製圖桌上進行。先擦乾淨桌面，放正紙張，以平行尺畫出最下面的水平線作為基準，再以三角板抓取垂直線、平行線，務求繪出的尺寸精確。步驟如下：

⑴打稿：以鉛筆照設計稿先在紙面上標示墨線位置。

⑵繪完成尺寸：完成尺寸指實際刊登時的尺寸，通常比頁面小。若設計出血，出血之側的位置即為紙邊緣裁切位置；若全版面均出血，完成尺寸即為雜誌或廣告冊裝訂、裁切後成品的尺寸。完成尺寸以顏色較淺的鉛筆線或較亮的藍色線標示，因灰色與天藍色均不易感光，翻拍時不會顯現於底片。

⑶繪製版尺寸：製版尺寸指製版、印刷時實際印出的版面大小。修邊通常會切掉0.3～0.5公分，所以實際印刷的版面必須比成品大些，因此製版尺寸之長寬均比完成尺寸稍大。

製版尺寸以墨線畫於平行尺寸外圍，以0.3～0.5公分的距離與之

平行。將全開紙張長寬各減去 1 吋，再就成品開數分別計算長與寬，即可求出製版尺寸。減去的 1 吋供印刷機咬口及安置十字規線之用。

　　廣告畫面比頁面小時，製版尺寸對設計圖面沒影響。報紙四周留白邊，不作出血設計。雜誌、廣告小冊、廣告單畫面出血時，出血該側的圖面要依製版尺寸去設計，並預估裁切後所餘完成尺寸畫面狀況，以免裁切完才發現廣告圖面被多切了，或印不夠以致露出白邊。

　　由於紙張的種類與規格繁多，在繪製完稿時，宜先考慮印刷用紙的大小，針對實際可印面積，調整製版尺寸。例如菊八開的印刷品，若完成尺寸為 8.5″×12″，以菊對開印刷，在四邊滿版時，如用銅版紙印，銅版紙面積為 25″×17.5″，扣除咬口所需尺寸，不致發生問題；但如以模造紙印，模造紙面積為 24.5″×17.25″，就無法將所設計的畫面完全印出，在咬口側的邊緣會印不到。

(4)繪裁切線：裁切線用來標示初次裁切位置，又稱角線，用墨線或紅線標示。將完成尺寸之四條界線向兩端延伸，以與製版尺寸線交界之處為起點，延伸向外畫出 0.5 公分長的直線，即裁切線。不到全頁的廣告或報紙廣告並無裁切線，廣告單、全頁出血廣告、包裝盒的裁切線等於完成尺寸。

(5)繪框線與圖形線：用墨線標示。將畫面採用的攝影圖形、插畫圖形、色塊圖形，就該照片或圖形之完成尺寸，以墨線繪其邊緣線於紙上，圖形或文案有加框或加網者要畫出區塊範圍之框線。

(6)繪摺線：多頁廣告、包裝盒均需折疊，摺線以虛線標示，位於製版尺寸外用黑色或紅色畫，位於製版尺寸內用鉛筆或藍色畫。

(7)繪十字規線：以黑線在製版尺寸線四邊中央外側 0.5 公分處畫十字形，用來對準完稿圖樣與貼在其上的描圖紙說明，與拼版時用來對準完稿底片及分色片。由於十字線在套色試印時仍不易辨識疊印之微小誤差，，製版社常改用一個圓圈上疊一個十字的十字規，於翻拍底片時貼於整張組好的版邊緣，以供印刷人員印刷時校正印版位置。

報紙廣告稿完稿尺寸繪法

— 輪廓線（代表完成尺寸）

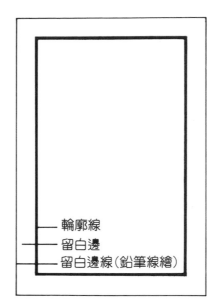

— 輪廓線
— 留白邊
— 留白邊線（鉛筆線繪）

報紙廣告稿都以輪廓線來代表它的完成尺寸，輪廓線必須用墨線繪製。如果輪廓以外要留白邊，白邊的大小以鉛筆線繪製。

雜誌廣告稿完稿尺寸繪法

— 輪廓線（墨線）

— 留白邊

— 留白邊線（鉛筆線）

版面未滿一頁的雜誌廣告稿的繪法與報紙廣告稿相同。單頁雜誌稿的繪法與單張型錄相同。跨頁雜誌稿的繪法與裝訂成冊的繪法相同。

海報、單張 DM、傳單、說明書、型錄尺寸繪法

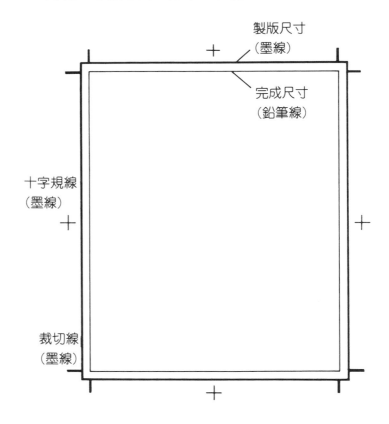

製版尺寸（墨線）

完成尺寸（鉛筆線）

十字規線（墨線）

裁切線（墨線）

對頁、裝訂成冊尺寸繪法

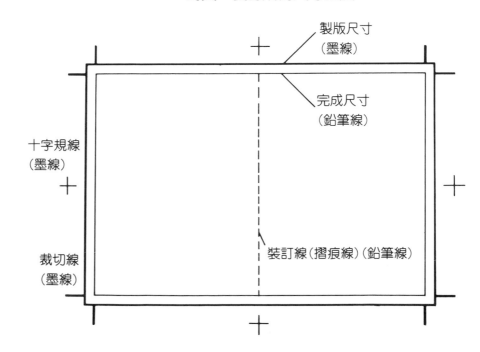

製版尺寸（墨線）

完成尺寸（鉛筆線）

十字規線（墨線）

裁切線（墨線）

裝訂線（摺痕線）（鉛筆線）

封面、封底、書背尺寸繪法

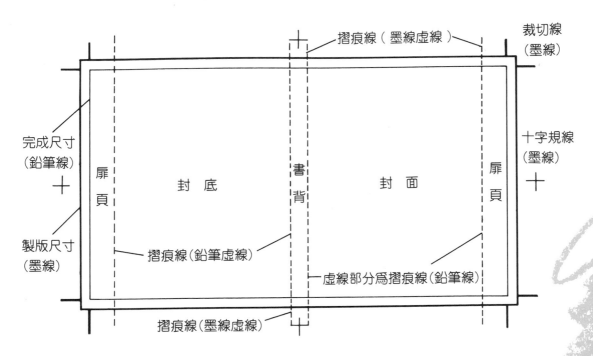

此爲西式翻法（中式翻法時封面和封底對調）

(三)黏貼文字稿

　　廣告文字稿以照相打字爲主，電腦打字亦佳，亦有手寫者，可斟酌運用。打好字後先校對有無錯字、漏字，再將文案就規劃好的位置以膠水在完稿紙上貼牢。

　　黏貼文字稿可使用量歪表作文字位置的校正，以免歪斜。黏貼小片的文案或修改單字時，應先切下所要的字，以最尖細的尖頭鑷夾取沾膠黏貼，或用小支的沾水筆或美工刀尖黏取。

　　版面上所有的文字稿需採用相同比例。特別大的標題文案，或採用特殊字體與商標的品牌名、公司名，可浮貼在完稿表面的描圖紙上，把放大或縮小後的正確尺寸及位置，以鉛筆畫矩形框標示在完稿紙上，由製版社翻拍處理。

　　當文字稿過大或太小，需指示放大、縮小者，完稿紙上預定位置以鉛筆畫完成大小之矩形框標示，文字稿則浮貼在完稿紙表面覆蓋的描圖紙同樣位置上，用對角線放大、縮小法標示，方法爲將文字稿置於完稿紙上欲放的位置一角，先以鉛筆沿字邊標出矩形格，再就其中一角拉對角線，並予延長；自該角端矩形兩邊亦分別延長，就所欲放大或縮小之長度，在一邊上定點，向對角線方向作垂直線與對角線相

交，自該交點再作出與延長之另一邊垂直的直線即完成。文字稿非不得已，應盡量打成所需大小，以減少製版麻煩及失誤機會。

對角線放大縮小法

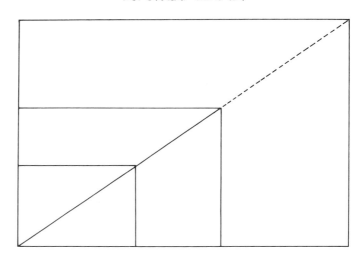

㈣圖片處理

所有圖片的位置均在完稿紙上畫黑線框，與圖同大則採用原圖尺寸，如有縮放，以對角線比例法在完稿紙上標示，並在描圖紙上同位置，以鉛筆複繪完成後之圖形輪廓，作爲製版參考。將圖片之正片放入放大機或描圖機中，調到所要大小，即可用鉛筆描畫出圖形的輪廓線，一次完成圖片之放大、縮小。如係照片或一般圖片，可影印放大、縮小，襯於描圖紙下畫出輪廓線，亦可放到描圖桌或燈箱上畫。

若圖片只取用部分時，需在描圖紙上標出範圍，畫出對角線，延著對角線再畫上放大或縮小後的圖框。當圖片須作部分切割時，最好長、寬兩邊的大小都能計算一下，是否改變倍率後所要的部分合於圖面空間，以免實際縮放後的圖形範圍與原先想要者有所偏差。

需加網的圖片，例如照片，勿黏貼到完稿紙上，應另貼白紙上，或另裝袋內，表面需貼透明膠片或描圖紙保護，有多張圖片時要將其編號，並在完稿紙上該圖位置註明。

㈤商標、品牌及公司名稱

商標、品牌與公司名稱通常有固定形式及字體，需向廣告主取得圖形與文字，就適當比例放大、縮小，置於適當位置。一般而言，公司、經銷商店之地址、電話等資料，大都放在廣告稿的左、右或下側

◎公司、經銷商店資料常置於廣告畫
面下側◎

邊，採帶狀編排，資料少時則偏左下角或偏右下角安置。

㈥加網標示

　　黑白稿製作完成後，在完稿紙的表面先貼透明膠片，以保護稿面清潔，其上再貼一張描圖紙，利用色筆或細麥克筆在上面作加網標示，指示各細部欲套何種形式的網及網目百分比。如果資料太複雜，可層層多貼幾張作說明。

　　欲套印色彩的色塊或文字，可查演色表選取所要採用的顏色，以四原色的網點百分比法標示，特別色則貼色票標示。套色範圍應標示清楚，可用近似顏色的色筆在描圖紙上圈出，或在線框內畫滿平行線表示其爲色塊區。

　　網點標示法之四原色，分別以英文字母代表，洋紅（Magenta）即原色紅爲M，原色黃（Yellow）爲Y，原色藍（Cyan）爲C，黑（Black）爲BL。例如橙色，橙色有許多近似色，由演色表內選出洋紅 30％加上黃色 80％形成的橙色，在圈出的色塊區內或其旁寫 M30％＋Y80％。

　　若爲漸層色，則在漸層區內或其旁畫出漸層區高、低界限之直線，兩線內側各寫上最終色彩成分，其間再畫上反向箭頭。例如橙色漸層到綠色，可寫爲：

　　　｜M20％＋Y70％＋C0％ ←→ M0％＋Y90％＋C70％｜

　　特別色要附上色票，圖面內各色塊網點標示方式同上，但四原色色名改爲特別色色名。

㈦校對與打樣複檢

錯字是廣告的致命傷，廣告篇幅不大，錯字很容易被發現，而且會讓人產生該企業品管不佳，商品有瑕疵的印象。美工完稿人員並非編校人員，鮮能做到精詳的校對，撰文員應對自己文案負校對之責。

由於報紙、雜誌一經正式刊出與讀者見面，錯誤絕無機會補救，所以脫稿前必須仔細校對文字與各種印刷標示，是否內容正確，標示清楚而無誤。校對一定要有耐心，要做得徹底而精詳，絕不可縱容自己偷懶。

文案剛打好字即需先校對內容，改正好再貼上完稿紙；完稿後又要再校，特別要注意成組的標題與內文，有否交互放錯，大標題最容易被疏忽，數目字則需比對再三。修改完先校對錯字是否全已改正，再從頭細看一遍，如此至少三次，至全部正確為止。因為即使只是一個字的小錯誤，比如廣告上的價錢少一個零，可能就需重新製版印刷，造成時間與金錢上的損失，不但賠上製作此廣告案的利潤，廣告公司甚至可能因信譽下跌而失去客戶，豈能不慎？

美術設計人員要負責校對圖面，是否所有該標示印刷注意事項的地方均已註明？各色區的框線要保留或去除全寫明否？線框保留者為何色？小標題色彩標示有無遺漏？數數看，也許五個小標題只圈了四個。反白字底色是否彩度夠高或明度夠低？若底色與字色彩接近會看不清。15級以下細字如為反白，或者兩色以上套印，需考慮印刷廠的印刷技術，及紙質吸水性，細字易被旁邊色彩暈染而模糊，以單色機套印易因紙張伸縮而套不準，最好多加考慮。

凡用黃色的地方要格外小心，如底色為黃色，其上的字、線條不宜用黃色系者，若採用白色字，也看不清；如字、線條為黃色，其底色不宜為白色。相鄰兩色之明度、彩度均接近時，要注意印刷效果。

稿件付印時可要求報社、雜誌、印刷廠打樣，作最後複檢，如不盡理想，尚可及時補救。

三、完稿製作圖例

平面廣告完稿方式均相同，如為內容相近之系列稿尚可一稿多用。在此以一長方形袋之包裝完稿圖做為範例，先製作一張完稿，再將之複製，把系列稿中其他各稿與母稿之不同處，如標題或圖片，及色彩差異等，標示於複製之完稿上，或在同一完稿上多貼幾張描圖紙，將不同系列稿需修改之資料浮貼其上，並作標示即可。若系列稿差異大時，以個別製作完稿為宜。

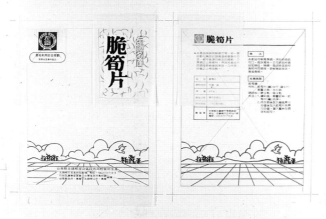

◎黑白稿◎

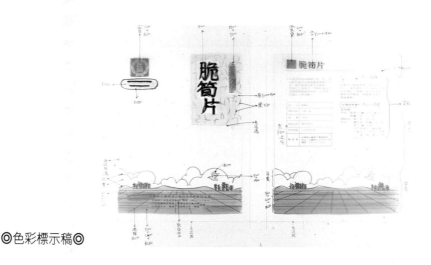

◎色彩標示稿◎

第三節　圖片的選用

　　廣告上的圖片，要能與所設計的版面之大小、角度、色彩等配合。在先有圖再設計版面細節的情況下，較無圖文配合的困擾；若先設計版面再去拍攝照片，拍照時要參酌構想，照片中預留供放置文字或另外圖案的空間，並決定拍攝的角度為橫拍或直拍，最好多拍幾張，增加圖面設計選擇機會。

　　圖片主題四周需拍寬裕些，可供設計及製版時外緣調整緩衝之需。例如出血設計，印刷後看起來邊緣空太多，但裁邊就會修掉多餘空間；若圖片內容太滿，放大後裁邊又被切掉一部分，會顯得格外擁擠。所以圖片原稿最好在主體四周均留有較寬廣的背景。

一、圖片選擇

圖片原稿包括透射稿及反射稿兩種。透射稿即正片（幻燈片），反射稿為需要翻拍才能成為正片的圖片稿，如負片、照片、印刷圖片、插畫等。選擇圖片原稿有以下要點：

㈠彩色正片

選擇比正常曝光稍低些之正片，可使印刷成品色彩呈現較多層次；但若拍攝主體色彩較暗，則選擇正常曝光者。

㈡彩色照片

採用光面照片，不用布紋紙照片，照片色調與版面色調最好有一點差距，例如版面偏暗，照片偏亮，當照片放入版面中時廣告畫面較生動。若以彩色照片翻印為黑白之版面圖片，可能會與原先呈現的色彩感覺有很大差異，例如紅與綠在彩色照片裡很鮮明，但改為黑白會成為相似的灰色，而喪失對比特質，反不如同色系之深色與淺色改為黑白時搶眼，應特別注意。

以彩色圖片作黑白插圖時，可就彩色圖片之四原色分色片中，選取其中之一作黑白印刷用，應選用圖面完整色調層次分明之色片，以減少印出的圖片缺漏情形。

㈢黑白照片

選擇連續色調照片，即由黑到白能表現出多層次不同濃淡灰色者。連續色調照片可用來作成高反差圖片，呈現強烈黑白對比；或表現浮雕效果，使圖形僅餘鏤空狀線條。若整個版面色調偏暗，最好勿採用黑白照片。黑白照片亦可改以別種色彩印刷，例如以褐色印刷，會具有古老的風味。但其餘色彩均不如黑色明度低，所以用別色印刷時層次會減弱，其程度視該色明度與彩度而定。

㈣印刷圖片

印刷的圖片由網點構成，應選擇網點細，畫面清晰者；如為彩色圖片，還要套印準確。印刷圖片如再放大，會顯現粗糙顆粒，所以在設計時宜將原圖縮小 20～80%。

㈤手繪圖片

手繪圖片最好直接用電子分色機分色，如此可減少翻拍造成的失

◎藝術品照片色彩層次細膩，
務求逼真◎

真，才能得到最接近原色的印刷效果。採用藝術品圖片時，例如高品質之月曆廣告，對形、色忠實再現的要求遠高於其他種類圖片，即使無法以手稿直接分色，在拍攝正片時也應力求色調接近，層次豐富，且宜採用較高線數網線，務求精緻。

二、底片特性

底片的放大倍率與印刷效果成反比，若將底片放大愈多，圖形的顆粒就愈粗糙，如欲有較細膩之成品，應採用較大張的底片拍攝圖片稿，再送交製版社。常用的底片為 4″×5″、120 及 35mm 此三種規格，它們的特性如下：

㈠4″×5″ 片裝底片

為印刷用標準原稿尺寸底片，其放大倍率適中，以大型相機拍攝，攝影師作特約之商品攝影時用之，海報、廣告型錄、彩色精印廣告經常採用。

㈡120 捲裝底片

120 底片價格比 4″×5″ 底片便宜，分為 5×5cm、6×6cm、6×9cm 等規格，採用之相機便於攜帶，隨處可拍。

㈢35mm 捲裝底片

35mm 的底片較小(2.4cm×3.6cm)，即一般人照相用的底片，若採用高解析度底片配合好相機，亦可得到細膩的照片。但大型海報仍宜避免以小型底片作爲原稿。

第四節 網紋與演色表

一、網紋形成方式

網紋形成方式可分爲照相製版時過網，及完稿時貼平網兩種。

㈠照相過網

連續色調的圖片稿之圖形必須轉變成半色調的網點，才能利用油墨將圖形照原樣印刷於紙面。所以圖片必須過網，在翻拍圖片爲底片時，光線經由格子狀的網目屏照射到底片上，使底片感光而顯現出格狀網構成的圖形。而油墨便就網點的位置及大小，在紙上印出同樣的網點而構成圖形。彩色圖則以紅、黃、藍、黑四色油墨，各依據不同比例的網點套印在紙上，而再現全彩色的畫面。

㈡貼平網

平網係將網紋印在背面上膠的透明紙上，可直接貼到完稿紙上，不必照相過網即便能產生網紋。貼平網可免去照相過網的麻煩，但平網均爲粗網線，而無細網。

使用時切取比欲貼網的圖形稍大之網紙，將之輕貼在圖面上，以美工刀沿圖形的邊緣劃破網紙，再揭下不用的部分即成。圖形的細部花紋，例如磚牆、屋瓦、細石子路、服裝花紋，或邊框、標題下的陰影等，均可選取適當網紋貼上，比手繪整齊美觀，且省時又方便。

平網的紋樣成百上千，遠多於製版社現成的網目屏，可將平網交製版社縮放翻拍成底片，而得到更細或更粗的網紋，應用於版面設計過網方式得到相同效果，但都比在完稿上作業麻煩許多。

二、網的變化

網的線數疏密粗細不同，形成的網點大小不同，網紋也有許多的

變化，茲說明於下。

(一)網線

　　製版用底片上的圖既然由網點構成，網目屏上每單位面積內網線越多，表示網點越細密，越能表現出圖片微小深淺變化，印出的圖形就越精緻。網點標示單位為每吋寬包含的網線數，如 100 線即 1 吋內有 100 條網線，每排可構成 100 個網點，其餘依此類推。常用網線線數為 60、80、100、133、150、175、200、300 線，其中凸版及孔版印刷常用 60 到 100 線，單色印刷常用 133 到 175 線，彩色印刷常用 150 到 200 線，立體印刷用 300 線。隨著印刷品質的提升，各種印刷使用網線數均有增加趨勢。

　　100 線以下為粗網線，除了用於較粗糙紙面印刷之外，在極低網線時，圖形過網後由粗大的點或線構成，會產生圖案般的效果。若欲增加畫面真實感，則應採用高線數的網，印在白而光滑的紙上。

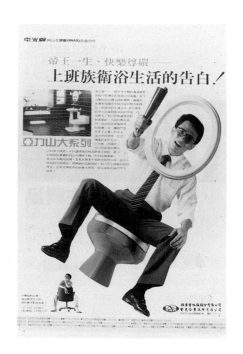

◎利用不同疏密的網線，使圖面呈現
不同的質感◎

(二)網點

　　網點控製油墨量的多寡。同線數的網，網點大小與油墨量成正比，以網點面積佔單位面積的比例標示，例如 10％網指在單位面積內網點面積佔 1/10，依此類推。網點一般用 5％、10％、20％、30％、40％、50％、60％、70％、80％、90％、100％等，亦有其他

比例的網點，但很少用。5％網印刷術語爲半號點，10％網爲 1 號點，20％網爲 2 號點……100％網爲滿版。

網點圖

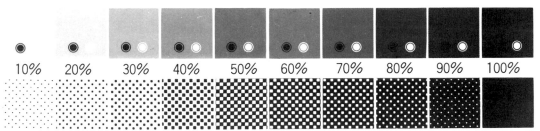

10%　20%　30%　40%　50%　60%　70%　80%　90%　100%

上列網點放大10倍

(三)網紋

網紋的種類很多，一般概分爲兩大類：

1. 規則性網

網紋呈規律排列，例如點網、線網。規律排列的網會具有方向性，使用時不同的分色片要以不同角度錯開過網，否則會撞網，在印出的圖面上產生規則的暗紋；翻拍印刷品圖片時，也要錯開印刷圖片所用網紋的角度。

2. 不規則性網

網紋形狀不規則，排列也不規律，無方向性，使用時不會有撞網的現象。

茲介紹幾種常用的不規則性網紋：

(1)點網：由格狀點構成，習用於正常的實物照片、圖片。

(2)磚紋網：近似點網，但其中 50％以上網點爲條狀，層層交錯排列有如磚牆。

(3)十字網：近似點網，但在中明度時網紋呈十字形，低明度至中明度間反差較強，適於用在直橫線條的畫面，如建築物圖片。

(4)直線網：由等距之直線構成，用不同粗細的直線顯示濃淡，適用於具有方向性及透視感的畫面，畫面效果平滑而安定。

(5)截線網：近似直線網，在中明度以下網紋呈線狀，中明度以上

平網網紋範例

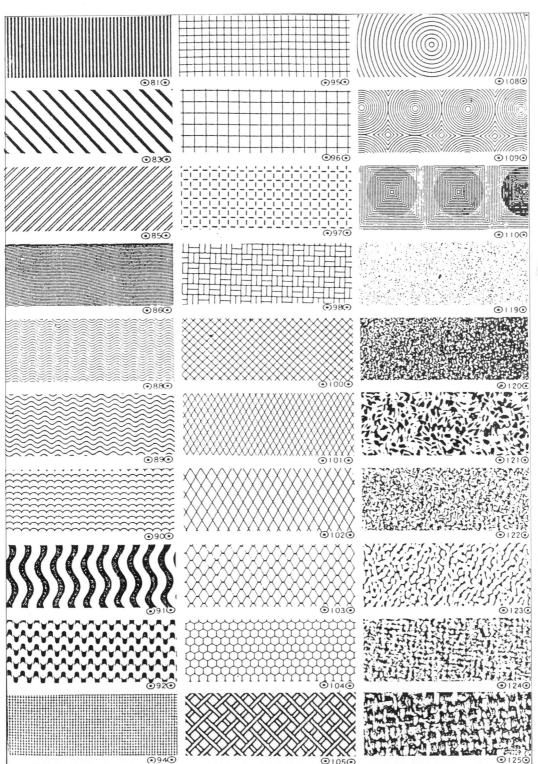

81 83 85 86 88 89 90 91 92 94 95 96 97 98 100 101 102 103 104 105 108 109 110 119 120 121 122 123 124 125

網紋呈長點狀，明度越高點越短，使畫面具有流動性。

(6)波浪形網：由等距之同弧度波浪形線條構成，適用於律動的畫面，例如以之代表水波。

(7)圓線網：網紋由等距之同心圓線構成，圓心可作爲圖片焦點；圖片上如有多個重點，可利用多個不同圓心之圓線網形成特殊效果。

(8)沙網：沙網具不規則之沙狀網紋，有細沙網、中沙網、粗沙網之別，過沙網的圖會顯得粗糙，適用於粗曠的圖片，及翻拍印刷品。

(9)布網：由織品的紋樣構成，有多種變化，如棉布網、麻布網等，能使畫面產生如同印在布面上的感覺。

(10)金屬網：由類似金屬雕版的紋路構成，如鐵線網、銅蝕網等，能使畫面近似版畫，具有雕刻的古典風味，適用於古物、古建築、歷史圖片等。

　　廣告圖面上各不同部分可依需求採用不同的照相網及平網，使畫面更生動，但因網紋種類及疏密變化複雜，應避免在同一廣告上濫用大量不同形式的網紋，使畫面淪於雜亂，而無法凸顯圖面焦點。

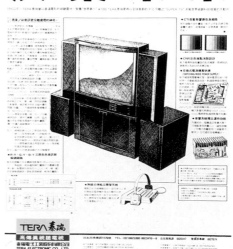

◎布紋網應用於圖形上◎

三、演色表

　　印刷係以單位面積內網點大小的改變，將不同量的油墨印到紙上，基於視覺上的色彩融合現象，這些不同色點的組合，在人眼中會形成色調深淺濃淡的層次變化，而將圖形再現。

　　演色表係以不同百分比網點的洋紅(M)、黃(Y)、藍(C)、黑(BL)油墨，疊印而構成不同的色塊，一般的網點數以 10％爲一階，從 0％～100％共 11 階，或以 5％爲一階，但因油墨會在印刷紙面上擴散，％數太接近，網點所印出的色彩幾乎相同，所以通常不再細分。

　　油墨所構成的顏色，若洋紅、黃、藍任兩色相加，會改變色相，此時如再加上第三色，只會使色彩變暗，顏色變濁，而色相不變，效果與添加黑色油墨相同。所以四色並無全部使用之必要，只需三原色中之任兩色加黑色即可，也就是在運用網點配色時，最多只需以三色相加即可。

　　並非人眼可見的任何色彩，都可以用網點配色的方式印出。由於以網點構成的色彩，其最高彩度色出現於 100％網點時，而油墨之洋紅、黃、藍 100％網所能組成的混合色，僅有橙、綠、紫，即介於此六色間之任何色彩，皆非以 100％網印出，也就是其他色彩之彩度，無法達到最高數值。所以低彩度、高明度之色彩，以網點印出者，與調色後以 100％印成之同色色票比較，會明顯地不夠鮮明。要改善這種情形，惟有用 100％網特別色印刷，即此色由印刷廠直接用油墨調出，而非以四原色疊印而成，特別色需附色票供印刷廠比對調色。特別色通常用在有大面積之單一色彩，或該色彩在畫面上佔有重要分量時，如套色印刷。

　　特別色也可以加網，印出不同濃淡，有些演色表亦包括橙、綠、紫等常用油墨之個別網點變化。例如爲了節省版費，又不願採用習見的紅、黑色油墨，可以單色之特別色印刷，而在圖面上用不同之網點來增加色彩層次的變化。但設計時要注意，特別色加網印出仍爲同色，只是深淺不同，如果特別色本身明度偏高，在低階網色彩會變得很淡，設計時必須加以注意。由於特別色由兩色油墨加黑油墨調成，若經費夠，在只多一組版錢的情形下，亦可改用雙色印刷（不用黑色），印出的色彩變化會比單色印刷豐富很多。

　　利用演色表，可查出所要採用顏色之四原色比例，於廣告完稿上註明，製版社再據以爲分色片加網，經由印刷將該色重現。

常用色彩‧220色

◎演色表由不同油墨、不同網點之正
方形色塊組成◎

◎以加網方式印出之色塊，
其色彩均勻◎

第五節　紙張規格與特性

一、紙張的尺寸

　　紙張規格有國際標準組織（ISO）紙張尺寸，及我國習用紙張尺寸兩種，說明如下：

　　⑴國際標準組織紙張有 A、B、C 三種，全紙尺寸如下：

　　　A0＝ 841mm×1189mm＝33 1/8″×46 3/4″
　　　B0＝1000mm×1414mm＝39 3/8″×55 5/8″
　　　C0＝ 917mm×1297mm＝36 1/8″×51″

　　兩倍大的 A0 稱為 2A，四倍大為 4A；A0 的 1/8 為 A3，依此類推，B、C 紙張稱法也如此。影印紙規格 A3、A4、B4、B5 等，即採用國際標準組織紙張尺寸。

　　⑵我國習用紙張尺寸：有菊版、四六版、菊倍三種，尺寸如下：

　　　菊　版：634mm× 888mm＝25″×35″
　　　四六版：786mm×1091mm＝31″×43″
　　　菊　倍：888mm×1193mm＝35″×47″

　　菊倍紙張通常又稱為大版紙，例如卡紙類之牛皮紙即有此尺寸。

多種手抄紙的規格很奇特，使用特殊紙張前應先查明規格再去設計。

(3)開數：印刷成品的大小以開數計。開數簡寫爲K，以製版尺寸爲基準計算，也就是全紙之長、寬各減1吋之後，整張全紙爲全開，全開的一半爲2K或對開，2K的一半爲4K，4K的一半爲8K，再來爲16K、32K……等。裁紙方式並非只能對切，所以又有3K、6K、9K、10K……等特殊開數。一張粉彩紙全紙爲四六版全開，一張報紙爲四六版對開，本書尺寸爲四六版16開。

紙張開數分割方式，以四六版爲例，可分爲四種。

四六版開數尺寸表

單位：釐米、臺寸

四六版紙	1092mm	546	364	273	218	182	156	136	121	109	91mm
787mm	36寸×26寸	18寸	12寸	9寸	7.2寸	6寸	5.1寸	4.5寸	4寸	3.6寸	3寸
393mm	13寸	4B3	6方	8B4	10	12	14	16	18	20	24
262mm	8.6寸	6長	9	12方	15方	18	21	24	27	30	36
196mm	6.5寸	8	12長	16 B5	20方	24	28	32B6	36	40	48
157mm	5.2寸	10	15長	20長	25	30方	35	40	45	50	60
131mm	4.3寸	12	18	24	30長	36	42	48	54	60	72
112mm	3.7寸	14	21	28	35	42	49	56	63	70	84
98mm	3.2寸	16	24	32	40	48	56	64B7	72	80	96
87mm	2.8寸	18	27	36	45	54	63	72	81	90	108
78mm	2.6寸	20	30	40	50	60	70	80	90	100	120
65mm	2.1寸	24	36	48	60	72	84	96	108	120	144

1. 上側及左側尺寸分別爲紙長及紙寬。
2. 最上一行及最左一行爲釐米，上起第二行及左起第二行爲臺寸。
3. 各尺寸尾數均爲捨去，所以公分和臺寸不盡相同。
4. 開數列於表中央。
5. 開數與ISO同一尺寸者並列。如16B5表示16開，亦等於B5。
6. 有些開數能以不同長寬比裁出，方代表略似方形，長代表長矩形。

菊版開數尺寸表

單位：釐米，臺寸

菊版紙		872mm 20.5寸×28.8寸	436 14.4寸	290 9.6寸	218 7.2寸	174 5.7寸	145 4.8寸	124 4.1寸	109 3.6寸	96mm 3.2寸	87mm 2.8寸	72mm 2.4寸
621mm	20.5寸×28.8寸											
310mm	10.2寸		4 A3	6方	8 A4	10	12	14	16	18	20	24
207mm	6.8寸		6長	9	12方	15方	18	21	24	27	30	36
155mm	5.1寸		8	12長	16A5	20方	24	28	32A6	36	40	48
124mm	4.1寸		10	15長	20長	25	30方	35	40	45	50	60
103mm	3.4寸		12	18	24	30長	36	42	48	54	60	72
88mm	2.9寸		14	21	28	35	42	49	56	63	70	84
77mm	2.5寸		16	24	32	40	48	56	64A7	72	80	96
69mm	2.2寸		18	27	36	45	54	63	72	81	90	108
62mm	2.0寸		20	30	40	50	60	70	80	90	100	120
51mm	1.7寸		24	36	48	60	72	84	96	108	120	144

1. 上側及左側尺寸分別為紙長及紙寬。
2. 最上一行及最左一行為釐米，上起第二行及左起第二行為臺寸。
3. 各尺寸尾數均為捨去，所以公分和臺寸不盡相同。
4. 開數列於表中央。
5. 開數與ISO同一尺寸者並列。如16B5表示16開，亦等於B5。
6. 有些開數能以不同長寬比裁出，方代表略似方形，長代表長矩形。

四六版紙張開數切割方式及尺寸

正規開數紙張切割方式及製版尺寸：
 4開：30 " ×10 1/2″
 8開：7 1/2″×21″
 12開：10″×10 1/2″
 16開：15″×15 1/4″
 32開：3 3/4″×10 1/2″
 64開：7 1/2″×2 5/8″

特殊開數紙張切割方式及製版尺寸：
 3開：30″×14″
 6開：15″×14″
 9開：10″×14″
 12開：7 1/2″×14″
 18開：10″×7″
 24開：7 1/2″×7″
 48開：3 3/4″×7″

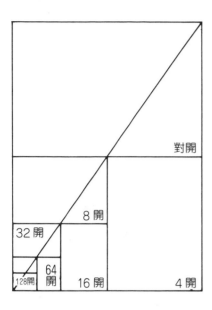

正規開數紙張切割方式及製版尺寸：
全開：30″×42″
對開：21″×30″
　4開：15″×21″
　8開：10 1/2″×15″
　16開：7 1/2″×10 1/2″
　32開：5 1/4″×7 1/2″
　64開：3 3/4″×5 1/4″
128開：3 3/4″×2 5/8″

特殊開數紙張切割方式及製版尺寸：
　6開：30″×7″
　12開：15″×7″
　30開：6″×7″
　50開：6″×4″

二、紙張的重量

紙張的度量單位有四種：

⑴捲：未分割的紙以捲計，如報紙。

⑵令：分割後的紙每 500 張全紙稱爲 1 令。

⑶磅：紙張重量的計量單位。1 令紙的重量叫做令重，單位以磅計。重的紙厚，輕的紙薄，因此紙的令重亦用來指紙張厚薄，例如一百磅的銅版紙，指每 500 張重 100 磅之厚度的四六版銅版紙。

⑷基重：紙質緻密程度之計算方式，其單位爲 g/m^2。計算時將紙張裁成 $1m \times 1m$ 大小秤重，其重量即基重。基重越重，紙質越緻密，或者越厚。例如秤得 105.5 克，則該種紙張基重爲 $105.5g/m^2$。

令重及基重換算公式爲：

$$基重 = \frac{令重 \times 1405}{長(吋) \times 寬(吋)}$$

$$令重 = 基重 \times 長(吋) \times 寬(吋) \times 0.00071117$$

$$令重 = 基重 \times 長(公分) \times 寬(公分) \times 0.000110231$$

例如四六版 180 磅的紙張，其基重爲：

$$\frac{180 \times 1405}{31 \times 43} = 190g/m^2$$

而基重爲 $70g/m^2$ 之四六版紙張令重爲：

$$\frac{70 \times 31 \times 43}{1045} = 66.5(lb)$$

紙張變更大小規格時，其基重不變，但令重改變，換算公式爲：

①四六版紙與菊版紙：四六版紙令重 $\times 0.65639 =$ 菊版紙令重

②四六版紙與大版紙：四六版紙令重 $\times 1.17329 =$ 大版紙令重

例如同樣的紙質，在四六版規格時令重 180 磅，在菊版、大版紙規格各爲幾磅？其算法有二：

⒜假設菊版紙的重量爲 X 磅，大版紙的重量爲 Y 磅，所以

$$\frac{180}{31 \times 43} = \frac{X}{25 \times 35} \quad X = 118.15$$

$$\frac{180}{34 \times 43} = \frac{Y}{34 \times 46} \quad Y = 211.19$$

⒝利用換算公式：

$180 \times 0.65639 = X = 118.1502$

$180 \times 1.17329 = Y = 211.1922$

因此菊版紙重 118.15 磅,大版紙重 211.19 磅。

三、紙張的性質

(一)紙張的成分

紙由紙漿與填料製成。紙漿分為機械紙漿及化學紙漿,二者依不同比例混合,製成不同的紙張,化學紙漿的成分愈高,紙的品質愈佳,機械紙漿質地粗糙,新聞用紙即以 100 ％的機械紙漿所製。紙張表面有毛細孔,紙質粗則表面毛糙,再者紙漿本身亦非純白,尤其是再生紙漿所製成的紙,因此需敷上填料使表面平滑潔白,填料成分為滑石、白堊之類純白、不溶於水的粉末,輕刮銅版紙表面,即可刮下。

(二)紙張的絲流

抄紙可分為機械法及手抄法,手抄法的紙張纖維無固定方向,機械法抄紙紙漿流向與纖維的排列一致。絲流係指紙張纖維方向,在順絲流方向撕紙,會撕成直條狀;將紙轉 90°則不易撕開,且撕裂處紙邊曲折,此為逆絲流方向。順絲流方向的紙強度較高,不易斷。在包裝盒製作上,盒之絲流方向與紙盒強度有很大關係。

印刷係利用網點與網點外空間之親油性及親水性的差異,將油墨印於紙上,紙吸水會伸展,而順絲流方向的伸縮小於逆絲流方向,因此多色印刷時紙張應採順絲流方向送紙,以減少伸縮,避免套印不準;單色印刷無伸縮顧慮,且紙張多較薄,用逆絲流可避免產生皺紋。

(三)紙張的印刷特性

紙張在印刷上有幾個特性對成品的精緻度影響很大,說明如下:

(1)吸水性:紙張濕度高時伸展性強,如紙張本身含水量高,印刷時又將版上墨點間的水吸入,紙張迅速伸展,第二次印刷的墨點會無法落在前次印刷墨點之同一地方,而使套印產生誤差。因此大型印刷廠都設有紙張的調濕室,在固定溫度及固定相對濕度之下,使全張紙含水量一致且適度,再送去印刷,使紙張的伸縮性減至最小,多色套印才能準確。

(2)吸墨性：紙張纖維間空隙愈大，吸墨力愈強；所以紙面填料若薄，則吸墨量大，填料厚則吸墨量少。

(3)平滑性：砑光處理係以光滑的輥碾過紙面使之平滑。平滑的紙張油墨不易暈染，網點清晰完整，圖面精緻，例如銅版紙廣告即遠較新聞紙精緻。但太平滑的紙印墨容受度會降低，使網點不完整。

(4)透明性：透明度高的紙不適合作雙面印刷。紙張表面塗布填料可降低透明度，但填料薄時有時候仍可看出紙背油墨的陰影。以模造印雙面廣告時，宜採用基重較高者，以避免印完才發現有此問題。

四、紙張的種類

印刷成品絕大部分以紙張印製，不同的紙質與印刷方式，會產生不同的印刷效果，即使印在同種類而表面處理不一樣的紙上，例如光面銅版紙及雪面銅版紙，在中間色調及暗色調部分仍有深淺程度不同的差異；因此設計時需考慮紙質，才能使印刷成品效果一如預期。

常見的印刷用紙可分爲以下五類：

(1)銅版紙：紙質微厚，表面平滑細緻，白度高，網點清晰不暈染，可採用細密網線，常用於印刷精美之彩色廣告、型錄、海報。有單面銅版紙、雙面銅版紙、雪面銅版紙、特級銅版紙。鏡面銅版紙等。

(2)模造紙：略薄，紙面平而不滑，印刷效果尚可，價錢較便宜，用於印一般書籍內頁，與成本低廉的廣告單。常用者有模造紙、畫刊紙、道林紙、壓紋模造紙、證券紙、麗光原紙等。

(3)卡紙：厚紙，作封面、卡片、包裝盒之用。如西卡紙、銅西卡紙、雪面銅西卡、白底銅版卡、白底白雪紙版等。

(4)薄紙：一般廣告少用，如聖經紙、打字紙、郵封紙、格拉新紙、糖果紙等。

(5)新聞紙：紙質粗糙，白中帶灰，稍過時日即變黃，價廉，伸縮性大，網點再現率較差，所以圖片宜採用較粗疏網目過網，常用於報紙及週刊、雜誌內頁，紙張爲捲筒式。

報紙、日曆廣告隔天即失去時效，多採用較便宜的新聞紙、模造紙或薄紙；雜誌、海報、DM、型錄等廣告時效較長，以彩色精印刷，常使用銅版紙；低成本的廣告單多利用模造紙；西卡紙用來作請柬、廣告封面；厚而硬的紙版常用來作吊卡之類POP廣告；包裝盒常採用強度高的卡紙及紙版、瓦楞紙；露天公布的廣告要能承受天氣

變化，如海報與車廂外廣告，可採用樹脂紙類，或於表面上防水膠膜；小貼紙紙背常具有自黏性背膠，以方便黏貼。

　　基於環保的要求，印刷廣告盡量採用會自然分解的紙，而避免使用塑膠材質乃時勢所趨，設計時應多尋找新紙材，來發揮創意。

第六節　製版印刷

一、照相製版過程

　　照相製版過程可分為四個階段如下：

(1)照相：以製版照相機將黑白稿上的圖文拍成底片。

(2)過網、分色：連續調圖片需過網照相，作成網點構成的陽片。如為彩色圖片或底片，則用電子分色機掃描製出印刷四原色之分色片。套色網如特殊網紋或漸層網等，另行以手工加上。然後將圖形底片與黑白稿底片就同一印刷墨色者組合，黑白印刷只有一組底片，彩色印刷一般有 M、Y、C、BL 四組底片。特別色視色數而定。

(3)拼版：依照頁次，將底片排列成與印版同大。因全紙會折疊再裝訂，故版上各頁為跳頁拼版，且未必同向。如為單純的廣告單，則複製同一廣告拼滿。

(4)曬版：拼好的底片，放到塗布感光膜的印版上，將印版曝光；之後以水清洗，顯現網點及紋路，紋路與空白間分別具有親油性及親水性，即成為可供上墨印刷的印版。每色須單獨製作一塊印版，如全彩色印刷至少須有 M、Y、C、BL 四塊印版。

二、照相製版種類

　　任何印刷物都必須經過照相製版的過程，原稿如果不是圖片，僅是無濃淡變化之文字、線條時，採用線條照相，底片宜採用高反差底片。圖片稿則利用以下三種方式攝製：

(1)連續色調照相：用一般照相底片拍攝，成品上的色調變化為漸變的，如分色用的陰片、照相凹版陰片。

(2)分色照相：以濾光鏡將彩色底片或照片，分成可供四色印刷用之單色片，每張色片上只具有該色之影像，需四色版套印後才能呈現原來色彩畫面，如彩色印刷時各色曬版用的分色陰片、

陽片。

(3)半色調照相（Half-tone Reproduction）：又稱網點照相，攝製
　　具有濃淡、立體變化網點原稿的底片，即把漸變色調的圖片過
　　網，使翻拍出的底片由網點構成，色調變化成爲躍變。

　　連續色調底片與分色底片均需再製成網點底片，才能與線條底片
一起用來拼版，曬製印刷用的版。

三、拼版合成設計

　　將不同的要素組合於廣告畫面上，其方法有四種：
(1)手繪組合：以手繪方式把選取的圖形畫到同一畫面上。
(2)攝影組合：利用攝影與暗房技巧，例如二次感光，或底片重疊
　　之類暗房技巧，可作出集錦照片效果。
(3)電腦組合：以電腦繪圖排版系統，在螢幕上修改、組合圖文。
(4)製版組合：利用拼版技術，把圖、文組合於底片上，再經印刷
　　顯現於同一畫面。

　　手繪組合限制頗多，在廣告設計上通常利用分色、過網等攝影技
巧，以拼版方式將處理過的圖文底片，就設計要求重新組合於不同的
色片上。

　　手工拼版係以手工處理加網及分色，可將底片視需要分別遮去不
要的部分，而留下要加網或套上圖文之處，做成掩片（Mask），再以
網點底片或欲加入圖文底片與之重疊翻拍，得到所要新圖形的底片。
例如將只有山與只有海的圖形合併爲有山有海的圖片；或將同樣圖形
以不同比例縮放，並排放在一起；亦可取分色片之一以特別色印刷，
或只印出其中兩色；爲圖形加上特殊網紋，或以不同線數的網改變圖

◎利用拼版翻拍，將圖片去背
　景，或切割成幾何、自由形◎

形色調，或作漸層效果；鏤空文字填上圖畫等等，技巧極多。美術設計人員應盡量吸收拼版知識，才能運用裕如。

電腦自動拼版係將圖片與文字資料輸入電腦，在螢幕上作版面圖文編排，可依設計做明暗調整、色彩改變、刪除、重組、移位、複製、疊合、漸層、貼花……等許多變化，這些資料全儲存於磁碟，可隨時修改存取，並與電子分色機聯線，將組好的版以底片輸出。由於科技的進步，以電腦拼版會更易於展現高難度的平面創意設計。

四、印刷方式與設計要點

廣告設計由草圖設計、完稿、照相過網、拼版、曬版，要到印刷出成品，才能看到設計構想的實現，其中每一個步驟都會影響到最後成果，而且到印刷時，設計上的優劣點才會全部在紙面顯現，如果出現瑕疵，僅能以磨版或變更墨色來改善。因此美術設計人員對各種印刷方式之特性應加以了解，以減少設計上的失誤，掌握成品表現。

印刷時印量與印刷機的關係，視印件的數量、印刷機的規格而定。例如 16 開的彩色傳單印一令紙（500 張全開，可印出 8000 張傳單）時，製版時只需曬四開四目（16 開的底片四張拼組成一張四開的版面去曬版）即可；若印 10 令紙，可用對開八目的版印；若是單色或雙色的 16 開傳單，只印 1000 張，用小型的快速印刷機以紙版印刷即可。

印刷方式依印版型式可分為凸版、平版、平凹版、凹版、孔版等，除孔版外其印刷方式均為將印版裝到印刷機滾筒上，以墨輥沾油墨，輾轉碾過多支墨輥滾勻，才與沾了水的印版接觸；基於油、水相斥原理，版面網點及線條會沾墨，非網線處吸水不沾墨，將油墨轉印上橡皮滾筒，再壓印到紙面。此方式印刷印速快，印量大。

凸版中之活字版如今僅用於卡帖名片、貼紙、燙金等小面積印刷，以小塊版排滿鉛活字，將版直接壓印材質上印刷。孔版印刷係以絹網蒙框上，塗藥使之感光再以水洗，圖文所在網孔會洗清，非圖文網孔部分則被遮蔽；網置物體上，於網面以刮片上墨抹勻，墨透過網孔在物體上印出圖文。孔版可用於立體曲面印刷與非紙質印刷，墨色鮮濃，不易表現連續色調，印刷速度慢，適宜單色印刷或簡單套印。

無論以何種版式印刷，在圖面設計上依色數分類，可分為單色印刷、套色印刷、全彩色印刷，分別說明如下：

㈠單色印刷

單色印刷僅以一種油墨色彩印刷，常用者為黑、藍、紅，或特別

色。雖然只用一種顏色，仍能運用設計技巧，使畫面產生色調之層次變化，而不致單調，方法為：

⑴在不同部分加上不同百分比的網點，使圖、文或底色各有深淺濃淡。

⑵利用反白方式，使字或圖形保留印刷品原來底色，而圖文周圍乃油墨色彩。

⑶使用不同網紋讓圖文呈現特殊風味。

⑷利用不同密度的網線，來製造圖形變化。

⑸採用較深暗的色彩印刷，以加大各階網點色調之差距。不要用黃色，因透明度高，且各階網點在視感上差別小，無明顯層次。

⑹可採用色紙，使廣告畫面有彩色感。半透明油墨亦能與色紙形成另一種色彩。色紙應採用淺色，圖文才能鮮明；若用深色色紙，油墨必須不透明，才能遮住底色顯出線條，例如黑底燙金、燙銀等。

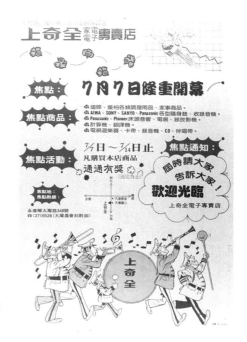

◎將單色印在彩色紙上，圖面會如同具有兩個色彩◎

(二)套色印刷

套色印刷係利用兩種以上的油墨色彩疊印，畫面色彩感覺會較單色豐富，但仍無法確切表現出實物自然色彩。所用色彩可為印刷四原

色中任何色或特別色，若以三原色中任二色套印，可形成中間色相，例如黃與藍套印可出現藍、黃、綠三色；藍與洋紅套印可出現藍、洋紅、紫三色；以特別色套印亦具特色。套色印刷配合網點能作出許多變化。

◎廣告上三張照片均由雙色版印成，
右圖為黃、黑，中圖為洋紅、藍，
左圖為洋紅、黑色版◎

◎用六色版套印的廣告，其中包括
金、銀色，每色均用滿版◎

(三)全彩色印刷

　　全彩色印刷係將實物之色彩忠實呈現之印刷方式。利用色光三原色的紅、綠、藍三種濾色鏡，將實物彩色原稿加以分色，作成紅、黃、藍、黑四色分色片，這些底片均只呈現出實物具有該色成分之處的圖形，將四種分色片各以紅、黃、藍、黑四色油墨疊印，才能將原稿圖形複製重現於印刷品上。全彩色印刷能忠實呈現商品的原來形貌，對於消費者可產生極大的信賴感與說服力。

　　在設計時挑選單一或多種的色彩印刷組合前，必須先考慮紙張以及印刷機的性能，機器的性能如無法配合，印出效果會大打折扣。紙張印越多次，套色不準的機率越大。在全彩色印刷時，如以四色機印刷紙張在極短時間內一次經過四色印版，尚可疊印精確；如以單色機印四色版，分四次印刷，由於紙張會伸縮，各色無法對得很準，成品產生雙重影像情況幾乎無法避免，而人眼非常挑剔，即使只有微釐之差，也會察覺而認為不清楚、粗糙。如為套色印刷，不採用實物圖形即使套不準也較不易分辨，則未必需要以四色機去印。

　　因此圖面上除了照片之外的其他部分，如標題、邊框等各個細部，為避免疊印多次可能造成的雙影影況，應儘可能少用混合色的設計，以較少種油墨疊印，如單色或雙色，而不用三色以上的網去印；亦可將小字、細線字、框直接印底色上，而不要在底色上預留字、線空白，若沒套準會露白，如未預留空白，即使套不準也看不出來。

◎四色版構成豐富的色彩及

美麗的畫面◎

全彩色印刷若畫面設計印刷難度高，應盡量找信譽佳的印刷廠承印，以四色機印，費用較貴，但印刷品質較能保障。

五、折疊裝釘

單張廣告需折疊者以摺紙機摺疊，非常迅速。除了一般的對摺之外，亦可運用別種的摺法，如兩側內摺如門狀，或每摺寬度不同等。

廣告印刷品中需要裝釘者以廣告小冊及型錄爲多，常用的裝釘方式有騎馬釘、平釘、膠裝、活頁裝等。

紙張折疊方式範例

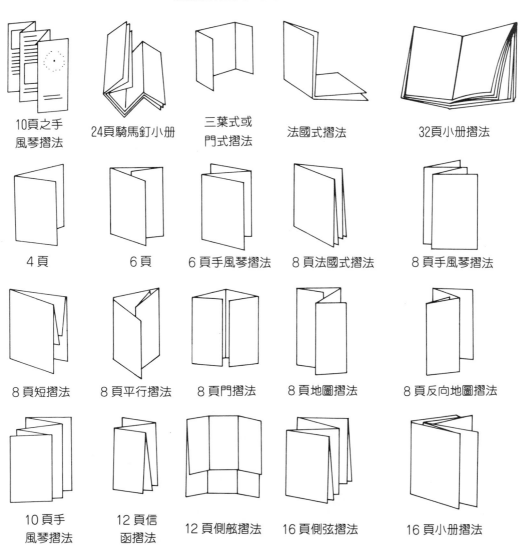

10頁之手風琴摺法　24頁騎馬釘小冊　三葉式或門式摺法　法國式摺法　32頁小冊摺法

4頁　6頁　6頁手風琴摺法　8頁法國式摺法　8頁手風琴摺法

8頁短摺法　8頁平行摺法　8頁門摺法　8頁地圖摺法　8頁反向地圖摺法

10頁手風琴摺法　12頁信函摺法　12頁側舷摺法　16頁側弦摺法　16頁小册摺法

(1)騎馬釘：小冊常用騎馬釘，內頁爲首頁與底頁、次頁與倒數第二頁之方式對稱印，攤開疊起最上面即小冊中間的相鄰頁，在書頁中央對折處打釘，有如跨騎馬背。此裝訂方式之內頁可完全展開，所以每頁均有最大的畫面可供設計發揮。

(2)平釘：平釘用在內頁較多時，將各頁按頁碼相鄰疊起，在靠近書脊處以釘書釘釘牢，書頁翻開時近裝訂處爲畫面設計界限。

裝訂方式範例

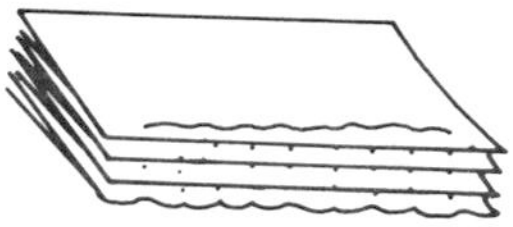

縫線平裝

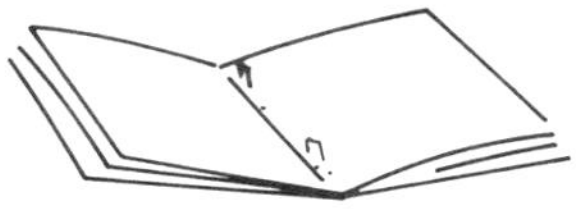

騎馬釘平裝

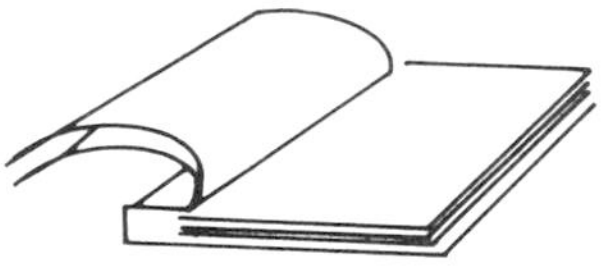

平釘平裝

穿線騎馬裝

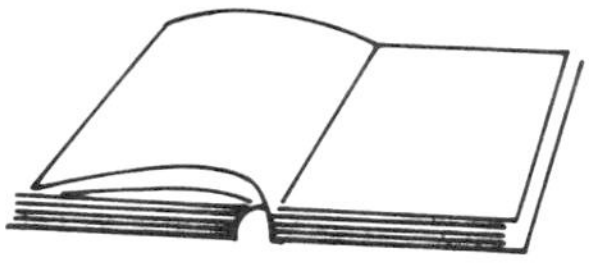

膠裝

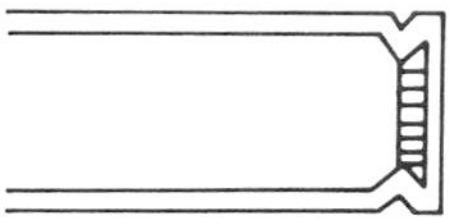

溝方背精裝

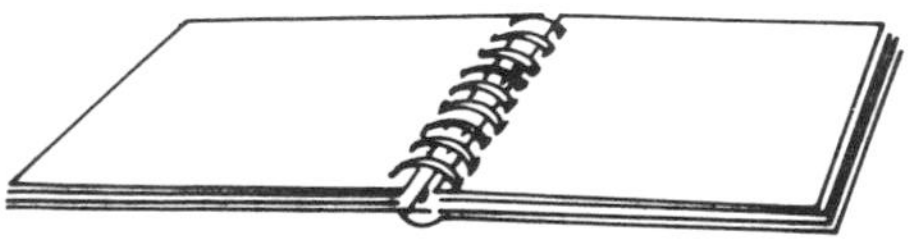

塑膠環活頁裝

(3)膠裝：型錄常用膠裝，在書脊處以一長條膠黏住，如膠層不夠厚，紙頁受力容易脫落。

(4)活頁裝：在近書脊處打洞，多採用塑膠環串起，膠環為螺旋狀或U形圈環。亦可以活頁夾裝起。

　　印刷廣告既廉宜又應用廣泛，美術設計人員對於不斷演進的各種製版印刷及印材知識應積極吸收，以拓廣創意發揮的空間，用較少的成本作出最佳效果。

習　　題

1. 何謂粗稿？何謂精稿？試申述之，並說明其不同之處。
3. 何謂完成尺寸？何謂製版尺寸？請說明其差別。
4. 圖片需要縮放時在完稿上如何標示？請舉例畫出。
5. 色彩網點如何標示？請舉例說明。
6. 彩色照片與黑白照片選擇要點為何？
7. 網紋如何形成？有那兩種方式？請說明之。
8. 何謂網線？常用的網線數有那些？何謂網點？一般網點分為那幾階？試說明之。
9. 網紋可分為那兩大類？說明其特性，並各舉三種網紋為例說明。
10. 何謂演色表？請說明其在完稿上的用途。
11. 請說明國際標準組織紙張與我國習用紙張種類與規格。
12. 何謂令重？何謂基重？如何換算？
13. 說明銅版紙與卡紙特性，並各舉出三種該類紙名。
14. 照相製版過程可分為那四個階段？請大略說明。
15. 單色印刷設計可運用技巧有那些？試說明之。
16. 廣告印刷品常用裝訂方式有那四種？試說明之。

重要媒體廣告設計製作

第一節　報紙廣告設計製作

報紙為平面印刷媒體中發行量最大，發行區域最廣，涵蓋階層最多者，影響力非常大。由於刊登費用差距大，最貴如全頁廣告為數十萬元，最便宜如分類廣告僅數百元，因此無論廣告預算多寡，皆可加以利用，因此大部分廣告案都會列入報紙廣告。現將報紙廣告在製作上所應注意事項，說明於下。

一、版面規格

報紙全張尺寸，各報大多相同，廣告版面規格則略有出入；不過以兒童為對象的報紙，全張尺寸小很多。報紙廣告的規格，其大小以批×行計算。

　　⑴批：又稱段，廣告圖面自上緣至下緣高度，每版全頁有 20 批，但廣告圖面亦可放大至 21 批。

　　⑵行：指廣告圖面自左緣至右緣寬度。每版全頁寬至多 130 行。

報紙每行字數、每批行數與每頁批數，因報別而有差異。刊登廣告時，以批與行稱呼廣告面積，如全頁稱為全 20 批，等於 20 批×130 行；半頁寬者稱為半 20 批，等於 20×65 行；半頁高者稱為全十批，等於 10 批×130 行；1/4 頁為半十批，等於 10 批×65 行。各報均印有表格供刊登廣告參考。

常見報紙廣告版面標準規格尺寸表

批　數	版面大小	批數	版面大小
全 20 批	50.0cm×37.0cm	全 3 批	7.3cm×37.0cm
全 13 批	32.4cm×37.0cm	縮 3 批	6.0cm×37.0cm
全 10 批	24.9cm×37.0cm	全 1 批	2.4cm×37.0cm
全 9 批	22.3cm×37.0cm	10 段外報頭 A	24.9cm× 8.5cm
全 6 批	14.8cm×37.0cm	7 段外報頭 B	17.3cm× 8.5cm
全 5 批	12.8cm×37.0cm	5 段報頭下 A	12.4cm× 4.7cm

二、圖面設計要點

報紙廣告畫面規格，需就所欲刊登報別，查明批數、規格、尺寸，採用彩色印刷或黑白印刷，如為分類廣告，也許只需文字稿即可，這些都決定後，再進行圖面設計。

由於報紙可攤開成為兩頁一張，其邊緣又以齒刀裁切，再者除了全版廣告獨佔整頁，或半版廣告與新聞對分同頁版面之外，一般均為多個不同廣告並置在同一頁上，故廣告均不採用出血設計，而極力設法與其他廣告作出明顯區隔。一般採用的區隔方法為加邊框及留白。

 (1)加框：報紙廣告無論大小其外緣均加框，以保持廣告圖面的完整性及獨立性，不與其它廣告或新聞內容混淆。因其目的在於區隔，故通常採用粗細不等的線條作邊框，以留下較多的版面給廣告內容。但分類廣告因內容以文案為主，很少使用圖形，在旁邊廣告均為文案之情況下，採用粗而花俏的邊框可引來較多的注意。

 (2)留白：報紙上的新聞與雜項報導和廣告並列，版面相當雜亂，廣告圖面如適度留白，可與其上、下、左、右之廣告形成明顯區隔，既可凸顯畫面的視覺效果，又能降低讀者面對大量資料的抗拒心理，而提高閱讀意願。

三、印刷設計要點

報紙採用新聞紙印刷，再製紙漿成分高，紙質較粗糙，表面非純白色，而略顯灰暗，印刷時因此無法表現出細膩、明晰的質感與色感。為了降低缺點，提高廣告成品的美觀，必須利用設計技巧加以改善，其方法如下：

㈠圖片選擇

報紙由於紙張不夠白，高明度表現力不足，黑白圖片若是以中間色調為主之軟調圖片，明暗層次不易明晰表現出來；加網的文字，明視度也較低。因此圖片應採用對比稍強者，如圖片對比弱，在分色時可視情況調整底片階調來加強彌補。

彩色圖片則應選擇中間色調者，偏豔、偏亮、偏暗的部分在圖片上的面積比例宜小，因為新聞紙毛細孔粗，油墨較易暈染，豔、暗的色彩網點大而密，很容易暈染成深暗的一片，而表現不出色調層次。太亮的部分網點細小往往印不出，形同無色。有許多家電產品外表喜

用黑色，在照相時應特別注意。

㈡網線設計

新聞紙紙質較粗糙，印刷時如果採用太細小的網點、網線，容易消失不見，因此報紙採用網線稍粗，一般爲60線至100線，免得圖形模糊。但因網線較粗疏，印刷出的圖面以肉眼即能看出明顯的網點，無法如雜誌般精緻。若圖形結構較細密，該部分應指定使用較細密之網線處理，不要照常過較粗的網目，才能印刷清楚。

㈢色彩設計

報紙大都以平版印刷機印刷，目前各大報廣告用色大致可分成黑白廣告、紅黑雙色套印廣告及彩色廣告三種。廣告無論採用上述三種那一類型印刷，皆以印刷四原色——洋紅、黃、藍、黑，以不同網點疊印而成，不能指定特別色印刷。

由於報紙本身質粗又不夠白，色彩再現率不佳，低比率的網點不清楚，應採用較高之％數者。圖面上之配色，各色色彩差距要加大，例如漸層在銅版紙印刷時採用 20～0％，在報紙可能就要改爲 30～0％，變化才能清楚。報紙伸縮性大，疊印不易準確，細線條應儘量少用疊印兩次以上的色彩，以便使套色部分維持明晰。

第二節　雜誌廣告設計製作

雜誌閱覽者因內容之別各有特定的族群，各有共同的喜好，容易區隔目標視聽衆，廣告效果佳，爲廣告主所樂意採用。現將雜誌廣告設計製作所應注意事項，說明於下。

一、版面規格

雜誌全頁廣告尺寸即雜誌開數大小，雜誌常用之開數爲四六版之八開、十六開、卅二開，及菊版之八開、十六開，與大菊八開，參見下表。

雜誌廣告規格可分爲：

⑴全頁：大部分的雜誌廣告爲全頁，其尺寸同雜誌開數，封底、封面裡、封底裡、一特頁（內頁前廣告）及大部分內頁廣告均屬之。

⑵1/2頁：內頁廣告，可採上下分割亦可採左右分割。

(3)1/3頁：內頁廣告，可縱分亦可橫分。比 1/3 頁小者已少見。

(4)跨頁：佔相鄰對頁兩頁篇幅，均以彩色印刷。

(5)疊頁：展開寬度長於雜誌寬度，摺疊裝釘。

常見雜誌尺寸規格表

八　　　開	26×38 公分	時報週刊、美華報導、獨家報導
菊 八 開	21×28 公分	天下、卓越、金錢
十 六 開	19×26 公分	汽車購買指南
菊十六開	15×21 公分	皇冠、讀者文摘
三十二開	13×19 公分	新女性
大菊八開	23.5×29.8 公分	儂儂、黛、薇薇

雜誌刊登廣告並無頁別與頁數的限制，甚至所採用的紙質或規格大小亦可不同於雜誌本身。例如在雜誌中夾以手冊般的小開數內頁，或採加長的內折廣告頁，或用有香味的紙印刷，但採用這些特殊設計及裝訂處理，費用自然增加。

二、圖面設計要點

雜誌廣告圖面可小於版面尺寸，此時通常加上邊框，框外留白；亦可採用出血設計，充分利用版面。

雜誌之一邊為裝訂邊，另三邊為裁切邊，所以規劃設計畫面時要注意雜誌規格尺寸及裁切尺寸，出血設計之完稿應特別注意，不但圖面背景要延伸到裁切部分之外緣，以免裁完露出白邊。圖形部分與文案也不要太靠近完成尺寸邊緣，以免裁完圖面顯得擁擠，或邊緣無法印出。

雜誌的彩色廣告大多用全頁刊登，以減少相鄰廣告或內文報導的干擾；非全頁雜誌廣告，多置於版面下方或側邊，由於每頁常以設置一個廣告為限，廣告所受外來干擾比報紙廣告少，因此邊框與留白的運用，不像報紙廣告那麼重要。加框廣告篇幅常小於全頁，而全頁廣告多以出血設計。

雜誌廣告編排相當有彈性，有些廣告以記事手法撰寫，宛如一篇介紹性文章，使消費者不覺得是廣告而有興趣讀下去。這類廣告往往採用新知介紹或新聞報導的手法編排，以類似雜誌內文型態表現，而

消除人們對廣告的排斥心理。此種廣告手法稱爲「合作廣告」，在製作時要注意編排與字體的設計，應與雜誌內文採用相同格式，廣告內容宜與雜誌內容相互呼應，以提高訴求效果。而且宣傳詞語不能太明顯，否則成效不彰。例如，以音響廣告置入音響器材雜誌內文中；或將藥品介紹連同該藥品廣告置入醫藥雜誌中。

三、印刷設計要點

(一)網線設計

各種雜誌使用紙張不盡相同，一本雜誌至少會採用兩種不同紙張，封面用紙磅數必高於內頁，有時候還會覆上透明膠膜。雜誌常用紙爲模造紙與銅版紙，採用新聞紙的也有，但廣告頁紙質不一定與內頁相同，常另外用銅版紙印刷，亦可以客戶指定用紙印刷，以表現商品特質與發揮廣告美感。因此設計廣告時應先問明廣告印刷紙質。

廣告若以質地細緻的紙張印刷，如銅版紙，可採用 150 線以上之較細密的網線；若印於質地較粗的紙張上，如新聞紙，可採用 100 線以下較粗疏的網目。當廣告想要表現某種特殊氣氛效果；或採用較差紙質印刷，而圖片色調平淡或有複雜細部需表現時，也可指定較細密或線紋特殊的網，如漸層網、波浪網來加強。所以雜誌廣告在紙質選擇與印刷網線的運用上，均較報紙靈活。

(二)色彩設計

雜誌廣告色彩設計前，需先瞭解所欲刊登雜誌版面顏色有何限制。雜誌廣告用色與報紙相同，亦可大致分爲黑白廣告、套色廣告與彩色廣告三種。內頁之套色廣告使用色彩同內頁文字，常爲紅、黑二色。彩色廣告還是以四色印刷爲主，亦可採用特別色，但如欲加印特別色，要事前與雜誌社溝通、確認，費用會較高。

雜誌廣告趨勢爲彩色銅版紙全頁印刷，因此大都相當精美，如雜誌本身即以高級紙張精印，在多頁彩圖、彩色廣告之間，黑白廣告會顯得蒼白無力，應就各雜誌刊登狀況斟酌選擇彩色或黑白印刷。

(三)特殊處理

雜誌廣告除非特別需要，仍以採用該雜誌固定紙質製作較經濟。但若雜誌讀者中目標消費群比例高，廣告效果佳，付出較高廣告費來製作較特殊的廣告頁亦有其宣傳價值。例如以特別色印刷，改變紙張規格，用特選紙質印刷，在紙上打洞切割，貼上樣品，諸如此類，均

需另外處理，再與雜誌其他內頁合釘。經過特殊處理的廣告頁，亦常因其與眾不同，能吸引讀者特別注意。

第三節　電訊廣告設計製作

一、何謂電訊廣告

電訊媒體係指傳達廣告訊息的電視臺及廣播電臺；由電訊媒體所傳達的廣告訊息通稱為電訊廣告。電訊廣告藉著動態的色光、影像及聲音，將廣告訊息傳達給視聽者，由於具有隨時間改變的特性，廣告播完即消失，除非再次播出，視聽者才能重複看到、聽到。

人們可憑個人喜好決定收視聽什麼節目，但是電訊廣告在電視上或廣播中何時出現，則非收視聽者所能控制，由於廣告對象係居於強迫視聽的立場接收廣告訊息，對廣告的排斥心理特別強，因此電訊廣告必須以最具衝擊力量的表現方式，於瞬間扭轉劣勢，在十數秒內讓人們甘願接收訊息，留下深刻印象，才能達到廣告目的。

為了在如此短時間內引發視聽者產生預期反應，電訊廣告當然具有特殊的製作技巧。其中廣播廣告僅利用聲音製作，而電視廣告還要加上影像，並使之產生動態。

二、電訊廣告構成要素（注①）

電訊廣告三個基本構成要素為影像（Video）、聲音（Audio）和時間（Time），其表現重點分敘如下。

㈠影像

影像是指具象的物形與色彩，使人們不需藉由想像，直接就能看到。影像是所有表達工具（如語言、文字）中，溝通力最強、最清楚的一種，具有很好的說明力，所以影像應與廣告主張緊密配合，明確表達出廣告內容，以部分放大方式強調細節，並且不妨採用較多圖形來彌補文案之不足。影像亦可以表達感情，能使廣告顯得更生動。

---

①電通株式會社，《CM 企劃》，pp.18～24，臺北，朝陽堂文化事業，1990 年。

(二)聲音

(1)語言：語言是一種傳達的工具，但要利用簡短的語言，完整且正確地表達出廣告內容與感情變化並不容易，而電訊廣告長度又極短，因此應選擇具親和力、讓人信賴的聲音，來進行廣告說明工作。如果是對話，則應就廣告中人的身分配上合適聲音，例如兒童配童音。說話的語氣要注意音調自然流暢，具有真實感，才能讓人信服。語言若運用得當，往往可讓視聽者朗朗上口，成爲流行語或口頭語。

(2)音樂：電訊廣告中之音樂，係用來傳達抽象的思想與感覺，或作爲協助文案記憶的工具。音樂可烘托出情境感覺，例如以優美的音樂來搭配畫面，能讓人感受到廣告商品所帶來的和諧與愉悅。由於廣告音樂很短，多聽幾次人們往往可以記住，因此廣告可藉由音樂，讓人們記住廣告影像、對白與商品名稱。例如海鳥洗髮乳以鄭怡唱的「心情」爲配樂，人們聽到「心情」曲調，便會想到海鳥洗髮乳。

(3)音效：係指以聲音來表達商品特質，有加強傳達影像真實感的功能。例如飲料廣告中，爲了強調飲料冷涼效果而配上滋滋聲，在炎熱夏季裡，是極具誘惑力的音效。黑松沙士、雪碧汽水皆採用此手法。音效亦可用來塑造氣氛，例如以連續鼓聲製造緊張氣氛等。

(三)時間

電訊廣告要在極短的有限時間内，將廣告訊息明確送達視聽者，在傳送上具有時間之先後性，由於可以連續輸出，因此需編排訊息順序，據以安排畫面出現次序，照畫面配以適當旁白與音樂，使廣告内容依所設定的時序以動態呈現。此種時間短暫及動態順序特質，與一般平面廣告不同，可掌握視聽者對廣告内容接收之優先順序。

例如電視廣告片甲，從做劇烈運動開始，再接喝運動飲料的畫面，代表「運動後再喝最解渴」。而乙則是先喝運動飲料再接劇烈運動的畫面，表示「喝過運動飲料後運動更具爆發力」。畫面次序的變動使時間流程隨之改變，而產生不同的意義。

三、電訊廣告片製作

傳達廣告訊息的電訊廣告，依其製作播出方式，可分爲廣告影片、錄影帶廣告片、幻燈廣告片、廣播廣告片、現場廣告，分述如

下：

㈠廣告影片

廣告影片簡稱 CF，一般使用 35mm 的底片拍攝而成，再縮成 16mm 底片，轉錄成為錄影帶，才送交電視臺播映。製作時如果對拍攝結果不滿意，底片惟有作廢，重新拍攝，因此底片消耗量很大。

廣告影片如果要在電視上播放，必須改製成錄影帶，轉錄成之錄影帶品質會降低，影像無法如原片般鮮明，音質也會較差。

㈡錄影帶廣告片

錄影帶廣告片簡稱 V. CM，是指利用錄影帶所錄製的廣告片，電視播映用的錄影帶以 2 吋及 1 吋為主。錄影帶可反覆重錄，拍攝後能以剪接機轉錄剪輯畫面，加上文字，進行圖像合成等特殊效果，並予配音。錄影帶在電視上播出，聲光形色幾乎可完全在電視螢幕上重現。

錄影帶廣告片拍攝過程及花費時間，較廣告影片短，稍不滿意即可倒帶重拍，底片很省，所需費用較低，剪接及畫面編排之製作也比廣告影片容易，因此目前廣告片大部分均以錄影帶攝製。

㈢幻燈廣告片

幻燈廣告片為將廣告內容拍攝成幻燈片，以靜態播映的廣告，播映時採用已錄好的錄音帶配音，或由電視臺播音員就廣告稿唸出廣告文案，播出速度每張 5 秒。幻燈廣告片製作簡易而迅速，成本低廉，接在動態的廣告影片後播出，具有強調廣告重點之輔助訴求功能。

　　⑴完稿尺寸：電視廣告幻燈片畫面需與電視機畫面配合，其長寬比例目前為 4：3，往後可能會改為 16：9，完稿尺寸大小無限制，合於比例即可。

　　⑵有效區域：幻燈片在電視上播出時邊緣不會映出，因此拍時應預留播映不出的部分。作成的幻燈片，播映時的有效放映範圍約為幻燈片中間 24mm×18mm，廣告圖形主體邊緣應離幻燈片邊緣略有距離，且需在此有效放映範圍之內。

　　⑶設計原則：幻燈片播出時間短，構圖宜簡單，文案宜短，以便視聽者在瞬間能看完並留下印象。

㈣廣播廣告片

廣播廣告片係以 6mm 寬的錄音帶，將廣告詞、音樂、音效等聲音收錄而成，又稱為錄音帶廣告片。錄音帶的轉速一般採用 19

CM/sec 轉，如果要獲得更好的音質，可使用 38 CM/sec 轉。

(五)現場廣告

　　現場廣告係在電視臺現場拍攝廣告，具有必須一次成功的特性，常以三臺攝影機同時拍攝，由監看器收看影像同時切換選取編輯，由於同步錄音，頗爲簡便省事。亦可於節目進行中，由節目演出者直接爲廣告主作廣告，例如在節目現場介紹廣告商提供的贈品，有時候也會同時插播出該贈品幻燈片，而收錄於節目錄影帶內，節目播出時即一起播出。廣播廣告則常由節目主持人於節目中唸廣告稿。

　　廣告影片及錄影帶廣告片都是廣告製作完成後，才決定播映時間，但現場廣告則隨該節目播出時間而定。電臺廣播或現場轉播均係直接播出，萬一播音員口誤，或鏡頭僅匆匆帶過商品無法看清，廣告即失效，也無法重錄更改。但節目主持人隨機廣告詞，增加廣告活潑性；鏡頭多照久些，廣告時間等於加長，爲其獨特的優點。

四、電訊廣告製作流程

　　電訊廣告片製作過程以流程圖説明如下：

(一)電台 CM 製作流程（注②）

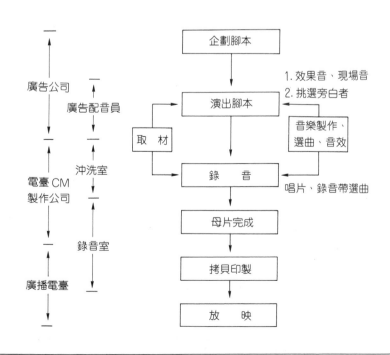

---

②電通株式會社，《CM 企劃》，p.126，臺北，朝陽堂文化事業，1990 年。

㈡V. CM 製作流程（注③）

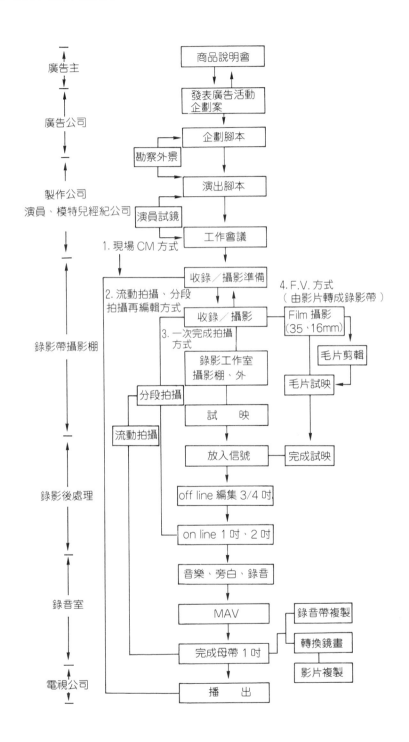

③電通株式會社，《CM 企劃》，pp.108～109，臺北，朝陽堂文化事業，
1990 年。

（三）CF 製作流程（注④）

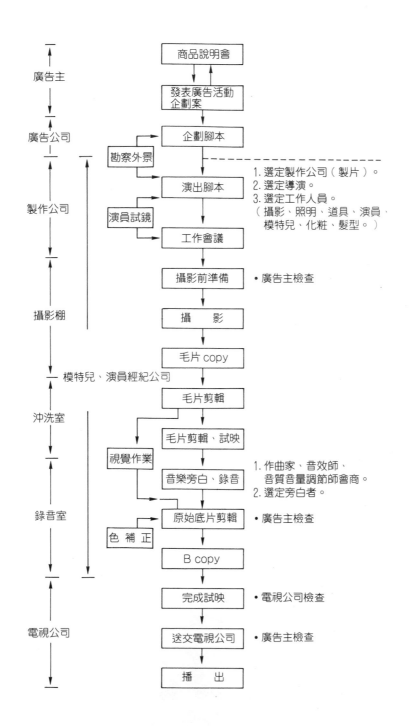

④電通株式會社，《CM 企劃》，pp.86～87，臺北，朝陽堂文化事業，
1990 年。

第四節 電訊廣告設計製作範例

一、廣告片腳本製作

電視廣告片包括動態的廣告錄影帶，與靜態的幻燈片廣告片。動態廣告片無論採用材料為影片或錄影帶，其拍攝過程均相同。

廣告片拍攝前需先製作腳本，作為拍攝廣告之依據。腳本即有圖文之拍攝說明，將欲表現之事物情景以簡要圖說方式表現出來，同時對各個畫面附上音效、旁白。腳本依製作先後及精細程度，可分成兩種型式：

㈠創意腳本

將所欲訴求故事性情節，就其中重要畫面，以手繪方式用多格漫畫方式簡單畫出，向廣告主提案，以獲得其認可，並作為討論、修訂之依據。各分格畫面旁可用文字對情境加以解說，並加註配樂曲名、音效等，使之容易了解。

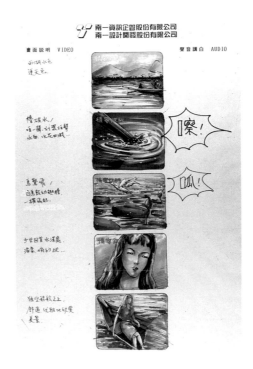

(二)製作腳本

　　廣告主同意創意腳本之後，以之為藍本重新畫出拍攝用的腳本，即製作腳本。製作腳本要畫分鏡表，畫出廣告場景中每個重要畫面，各格旁寫上對白、旁白、配樂、音效，還有各格畫面背景、秒數、運鏡角度、拍攝效果等諸般事項，將所欲完成的影片狀況清楚註明。

　　製作腳本中的的畫面，亦能以實景、真人加以模擬拍成照片，來替代手繪的分鏡圖，如此更易預知成品狀況，若仍有不滿意之處，也還可於廣告拍攝前加以修改。

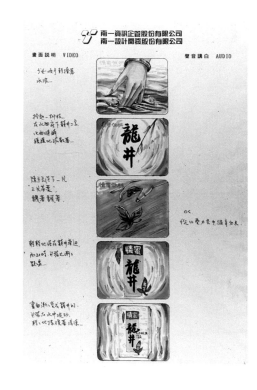

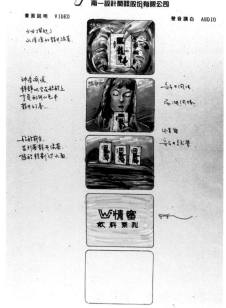

◎創意腳本案例◎

二、宣傳車廣播稿範例

廣　告　主：奇美冷凍

廣告商品：奇美冷凍食品

廣　告　稿：宣傳車廣播稿

廣告地點：臺南市、臺南市安南區、新營、麻豆、茄定

背景音樂：故鄉

主　　　唱：葉啟田

㈠國語廣告稿

口白：國語

15″　音樂～

　　　各位安南區的鄉親朋友，您好！

　　　（註：依地區改變地名。）

　　　享受衛生方便的冷凍美食，就在奇美冷凍食品專賣店。

　　　我們有冷凍水餃、冷凍包子、炒飯、冰淇淋、冰棒等等，各種冷凍食品
　　　應有盡有，更有您意想不到的便宜，是您體貼、方便的新鄰居。

　　　奇美冷凍食品專賣店正舉辦特價大贈送，享受優惠，行動要快！奇美冷
　　　凍食品專賣店位於海佃路616號。

　　　（註：1. 依地區改變地址。

　　　　　　2. 臺南市、茄定均有多家，此句改為奇美冷凍食品專賣店連鎖熱
　　　　　　　賣中。）

　　　多買多送，送完為止喔！

～15″ 音樂

㈡臺語廣告稿

口白：臺語

15″　音樂～

　　　各位安南區的父老鄉親，大家好！

　　　（註：依地區改變地名）

　　　哪要呷俗個好呷，衛生又個方便的冷凍食品，請來咱的奇美冷凍食品專
　　　賣店。

　　　阮有冷凍水餃、冷凍包子、炒飯、枝仔冰、冰淇淋，講什麼有什麼，真
　　　真正正是咱體貼又個方便的好厝邊。

　　　奇美冷凍食品專賣店，最近當得舉辦優待大贈送，真正給你大碗，俗，

個滿墘！咱奇美冷凍食品專賣店就在耶海佃路六百十六號。

（註：1. 照地區更改地址。

　　　2. 臺南市、茄定店面多，這句改作歡迎到咱的奇美冷凍食品專賣店參觀選買。）

先買先送，送完為止。多謝！多謝！

～15″音樂

三、電臺廣播稿範例

廣 告 主：慶鐘實業

廣告商品：佳味水餃

廣 告 稿：佳味水餃 CF 文字腳本

㈠熱三次篇廣告稿

篇　　名：熱三次篇

長　　度：30 秒

（新聞快報片頭音樂…）

　　　　　各位聽眾您好，我是小琴，

　　　　　您聽過水餃三溫暖嗎？

　　　　　時下有一種水餃，

　　　　　內涵豐富，配方獨特，

　　　　　下水熱三次後，皮Ｑ餡香，滋味最佳，

　　　　　它就叫佳味水餃，

　　　　　據說特別好吃，

（空一秒）

　　　　　嗯……

　　　　　果然很好吃，

　　　　　佳味水餃，

　　　　　您給我們 30 秒，

　　　　　我們給您好水餃，

　　　　　佳味水餃。

㈡幸運符篇廣告稿

篇　　名：幸運符篇

長　　度：30 秒

　　　　　您好！我是小琴

　　　　　您知道嗎？

居然有人可以贈送運氣。

市面上有個佳味水餃，

竟然將幸運當作禮物，

您說是不是很新奇呢？

佳味水餃，

送您好吃的水餃，隨包再送幸運符，

有獎品、有祝福、驚奇又有趣哦！

您給我們 30 秒，

我們給您好水餃。

佳味水餃！

Jingo　　　佳味水餃（台語）

四、電視廣告稿範例

㈠消火篇廣告稿

廣 告 主：葳豐實業

廣告商品：情蜜冬瓜王

廣 告 稿：情蜜冬瓜王電視廣告 CF 腳本

篇　　　名：消火篇

長　　　度：30 秒

背景音效畫面說明	
鏡頭開始時，畫面上烈焰衝天。	
火場一位消防員，身穿防火衣，滿身大汗並且懷抱一位小女孩，而小女孩手握一罐冬瓜王。	
火勢猛烈，消防員奮力衝出門，門板火星四射。	
衝出火場的消防員罩在防火衣中喘氣。	消防員：火氣眞大！
小女孩將手握的冬瓜王遞給消防員。	
消防員接過冬瓜王，大口大口的喝著。	男　A：情蜜冬瓜王，原汁原味，滴滴清涼。
背後火場火勢突然整個消退下來，只剩青煙陣陣。	小女孩：(臺語)火花去了。 消防員：火熄滅了。
消防員面對鏡頭高興地笑。	男　A：情蜜冬瓜王，原汁原味，滴滴清涼。

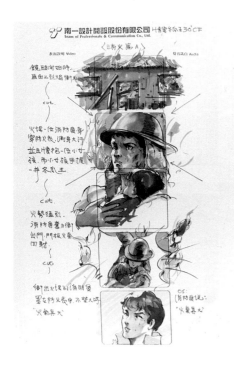

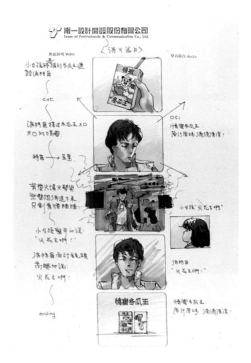

㈡二合一篇廣告稿

廣 告 主：寶僑家品
廣告商品：海倫仙度絲洗髮精
廣 告 稿：海倫仙度絲電視廣告 CF 腳本
篇　　　名：二合一篇
長　　　度：30 秒

背景音效說明	
畫面：看到頭皮屑。	男Ａ：嗯！對不起，我正要走。 女Ａ：他為什麼不理我？ 女Ｂ：也許是你的…… 女Ａ：頭皮屑！ 女Ｂ：你應該改用海倫仙度絲二合一。 女Ｂ：洗髮、護髮， 女Ｂ：雙效合一。 女Ｂ：它能有效去除頭皮屑，而且不使 　　　頭髮乾澀。 女Ｂ：沒問題吧！ 女Ａ：沒了。海倫仙度絲有效去除頭皮 　　　屑，又不使頭髮乾澀。

男A：嗯！對不起，我正要走。

女B：洗髮、護髮，

女A：他為什麼不理我？

女B：雙效合一。

女B：也許是你的……

女B：它能有效去除頭皮屑，而且不使頭髮乾澀。

女A：頭皮屑！

女B：沒問題吧！

女B：你應該改用海倫仙度絲二合一。

女A：好了。海倫仙度絲有效去除頭皮屑，又不使頭髮乾澀。

第五節　其他媒體廣告設計製作

一、郵寄廣告設計製作

㈠設計製作過程

郵寄廣告(DM)是一種特殊而具獨立性之廣告品，在設計表現上較自由，設計師應隨時注意新的廣告型式，不斷蒐集新資訊，敏銳地觀察社會現象，以掌握多變的消費心理，方能產生獨特新穎的創意，誘使收信者拆開信封，閱覽內容，以達到廣告效果。郵寄廣告設計製作應考慮重點說明如下。

1.製作型式

首先決定型式，例如信函、型錄、小冊、傳單、卡片…，選擇型式之後，決定其規格尺寸。

2.規格尺寸

郵寄廣告可大可小，尺寸較自由，可依據印刷用紙開數決定尺寸，以節省用紙。郵寄廣告必裝信封內寄出，所以廣告品本身及信封尺寸需能配合，才能方便裝寄。信封尺寸可參照標準信封規格，或常用牛皮紙袋規格訂定。廣告品除一般型態的廣告單之外，亦可採取特殊規格設計，如八卦形、多角形或其他特殊型態等。

3.材料選擇

郵寄廣告材質以輕巧為原則，以節省運費。紙張為最佳抉擇，郵寄廣告多用銅版紙以彩色印刷，如型態特殊者不妨酌用一般平面廣告較少用的紙質，如宣紙、棉紙或其他進口特殊用紙等。亦可採用其他材料如布、PVC 板、鋁箔紙等，或附上音效晶片，或添加芳香劑等。

4.製作方式

可採用單頁、摺疊、裝訂或其他特殊加工方式。

⑴摺疊與裝訂方式：例如對摺、三摺、四摺等，亦可複頁對摺、變形摺疊等。

⑵特殊加工技法：廣告品設計上可採取押型、打洞、黏貼、燙金…等加工技巧，例如立體造形設計、活動式設計、組合式設計等，其成品如匣裝廣告月曆、年節卡片，均需特別加工。

5.信封與標貼的規劃

　　許多消費者接到郵寄廣告時尚未拆開即予丟棄。如何使訴求對象拆開信封，是郵寄廣告首要任務。因此郵寄廣告之設計應包括信封與標貼，共同作整體性規劃，信封型式需與內裝之廣告品搭配，且要具親和力及吸引力，勿粗製濫造或隨便以標準信封一裝即寄出，而降低收受者拆閱的興趣。

◎廣告裁成長橢圓形◎

◎信封做成四面內折狀，內裝卡片型廣告◎

㈡郵寄廣告常見類別

由於郵寄廣告的功能為推銷商品，所以必須具備如優秀推銷員般之機智與清新外表，常採用之郵寄廣告型式，為下列幾種：

1.卡片

卡片是最經濟、簡便而有效的郵寄廣告，有單張之明信片型，與折疊成柬帖狀兩種，可作為邀請函、通知單、明星照片與優待券使用，有時只要挑選現成的卡片圖樣，將之印上廣告文案即可寄出，因此被廣為利用。

2.信函

信函係將廣告內容設計成信函型式，就製作成本與效果評估，是頗經濟而簡便的郵寄廣告。採用手寫字可使收件對象覺得親切，但讀來較不順暢；採用打字閱讀容易，但往往會失去親和力。

3.廣告單

廣告單係針對個別產品特質作介紹，為成本較低廉之短時效性宣傳品，適用於商品說明、促銷活動等，大多為單張無摺與單張摺疊兩種型式。廣告單亦可用來當傳單在廣告場所散發，但郵寄廣告使用之廣告單較精美，常以彩色印刷，用簡潔優美的畫面激發顧客購買欲。

單張無摺式廣告單之表現方式，大致以商品為正面焦點，或再加上一些襯托背景。背面則為該商品性能特點，或使用方法說明。

單張摺疊式廣告單表現方式較具彈性，在設計時應注意摺疊的方向與位置，其樣式有兩面對摺，三面兩摺或重複四摺等。基於摺疊的緣故，設計時必須注意文案、插圖的編排應合於翻閱順序。

4.商品目錄

商品目錄是針對多種產品作綜合性介紹的廣告印刷品，在廣告內容的編排設計上，偏重於將產品歸類說明。型錄宜以真實照片展現產品，並附上產品功能、價格、使用說明等，以方便消費者參考選購。

5.商品小冊

商品小冊指多頁的廣告印刷品，當傳單不能充分刊載商業訊息時，可設計成小冊。小冊規格尺寸多較小，因形式如書，比廣告單具價值感，收受者保存時間較長，也較會去看。

二、海報設計製作

海報為大開數的單面印刷廣告，是廣告中相當引人注目、時效性較長的一種訴求方式，其設計製作程序為：

㈠確立主題

先了解此海報廣告目的，及欲表現之廣告內容。

㈡紙張尺寸規格

確定海報版面尺寸及張貼方式。一般海報至少有六開大，常用者為四開與對開，若張貼處有特殊規格，如車廂外廣告、車站內廣告，其尺寸常特大，要特別注意。

㈢圖面編排重點

海報均為彩色印刷，由於路人經過時間短暫，故以結構簡單為原則，圖形為設計重點，務求搶眼特出；其文案應簡短、易懂，字體之大小以張貼處人們習慣目視距離為準，必須能輕鬆閱讀，大標題應遠遠即可看到。

㈣製版過網

大型海報之分色，由於放大之倍率很大，應注意圖片原稿之完整性，必要時應先以放大鏡查看幻燈片是否有刮傷的痕跡，以免成品有瑕疵。過網的網線數可提高到 133～150 線，對比可強些，視覺上的效果會較好。

㈤印刷設計

海報大都以平凹版彩色印刷，且常另加特別色版，用高磅數之銅版紙印刷。海報大都張貼於戶外醒目之處，因此應採用耐光性油墨以免褪色。如氣候潮濕，紙質應選韌性較強者，表面宜上膠膜。

三、月曆設計製作

月曆依內容有日曆、週曆、月曆、雙月曆、季曆、年曆、多年曆之分，一般均泛稱月曆。任何種類之月曆設計上都有其獨特性，要兼顧美觀及實用性，用作廣告且應具宣傳性。月曆設計製作要點如下：

㈠版面規格

月曆可分為曆卡、桌曆與掛曆，規格變化很大。曆卡為小卡片，以便於夾插口袋或小記事本內為原則，較長曆卡可折疊，常上膠膜，兩面印有全年或雙年日曆。桌曆常見者多為簿本式與插卡相框式，簿

本式如四六版 16 開筆記、32 開活頁週曆、42 開手冊，最小可至口袋型之 144 開。插卡相框式之月曆為多張圖片卡，常用 30 開。掛曆比桌曆大，規格多，但通常不超過 3 開。

（二）圖面設計

月曆圖面應以曆文、圖片為主，曆文日期應考慮字體特性，與圖片配合，不宜顯得過重或過輕，各月曆文日期橫排，星期日在最左邊，假日用紅色印刷。月曆上的廣告版面比例宜小而置於一側，以免破壞月曆整體之美；且月曆常用作公司贈品，屬企業形象廣告，所以月曆上的廣告內容宜簡單，甚至只印公司商標、名稱、地址、電話等基本資料，使月曆在受贈者心中較具價值感，而能留下良好印象。月曆圖片與印刷應力求精美，可藉選圖表達公司的某些理念，近年有不少企業重視本土文化，採用當地藝術家作品印製月曆，農林廳之臺灣水果月曆供不應求，月曆在廣告上應可發揮更大的潛能。

（三）印刷設計

曆卡以高磅銅版紙或卡紙印刷。日曆與簿本式月曆在印刷要求上較小，日曆通常以薄紙雙色印刷，簿本月曆如同，筆記本以單色或彩色印模造紙上。月曆印刷最講究，網線細密，圖形與色彩再現率要求極高，內頁常採用 120 磅銅版紙，甚至印在透明膠片上，比印紙上更鮮活；封面因僅具保護作用，故印刷及紙質均不及內頁，以 80 磅模造紙或 100 磅銅版紙單色印刷即可。

（四）裝釘

日曆打洞以環掛吊板上。桌曆常用線裝或活頁裝。月曆以活頁裝釘為多，打洞穿以螺旋環；或以長鐵片夾住上端，

四、銷售點廣告設計製作

銷售點廣告（POP）主要作用在於引起顧客的注意，進而產生購買意念。它最大的特色是趨向於立體化、多樣化，甚至可作成一系列之銷售點媒體，來達到促銷活動的目的。

銷售點廣告有多種設計形式與製作技術上的變化，其大小尺寸、樣式機能可以任意變化，是最能發揮設計創意與製作意念的廣告媒體。但是，由於印刷技術與各種製作材料上的限制，其設計製作必須注意下列要點：

⑴構成要素如色彩、插圖等，可取材自商品的外形、包裝的圖案或色彩，以達成整體性的效果。

⑵造形與色彩設計必須配合春夏秋冬或喜慶節日，考慮季節性與生活行事習慣等各種客觀因素。

⑶配合其他大眾傳播媒體作有系統的設計，以達整體訴求效果。

⑷成品的大小、造形、色彩、配件等，必須考慮印刷方式，如凸版、平版、網版；加工過程，如裁切、打洞、壓型；以及發送、布置、管理的可行性與功效。

⑸設計前必須查明展示場所的高度、寬度、深度等空間關係，以及色調、光線、照明等店面環境的狀況，配合陳列商品的高度與展示情形，設計出最適當的樣式。

⑹避免浪費材料，如紙板式 POP 必須依據紙張的規格與開數設計，以充分利用紙張，減少不必要的紙張浪費爲原則，調整設計尺寸。

要製作一分效果良好的銷售點廣告，除了要有好的廣告企劃之外，印刷及材料的加工等問題都必須詳加考慮。例如紙板製的懸掛式圖形 POP，一般都設計爲如商品實體左右側視圖般兩面對稱；因此，印刷時務必要作成兩套相反圖形版，分別作正、反面的印刷。將正、反面之紙張黏合時，其兩面規位的誤差應減至最小，才不會在成形加工時失敗。

目前因銷售型態多變，手繪式 POP 日益盛行，設計人員宜加強插畫及手寫字體技巧的訓練，以順應客戶需求。

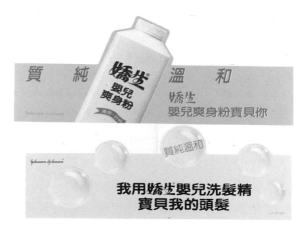

◎插置貨架上的 POP，常設計成不規則型◎

五、外包裝設計製作

消費性產品銷售的成功與否，並非完全依靠價格及產品品質，外表包裝的好壞亦具有絕對的影響力。優良的產品包裝不但可提高產品的價值感，更是促進銷售的一大利器。

產品包裝設計包括外觀紋樣設計及結構設計兩種。

㈠外觀圖樣設計

外觀圖樣設計可分為包裝紙圖樣設計及包裝體圖樣設計，均屬於平面設計。

1.包裝紙圖樣設計

包裝紙如用手抄紙，其花紋常為染色之不規則花紋。絕大多數紙面採用連續花紋，此花紋如為開放式的圖樣，整組之花紋印在紙上時，將紙兩端捲合相接，兩端紙接合處之線條要能銜接順暢，如同無接縫，而可無限延伸印下去。若採用密閉式花紋設計，在接續印時，不會有需要對準接合的線條，可避免設計線條要遷就連續印刷的麻煩。許多公司喜歡將自己的商標、地址設計在包裝紙上，成為花紋的一部分在設計前應先問明。

2.包裝體圖樣設計

包裝體種類包括袋、盒，有密封，也有開口者，一般為單面印刷，需針對包裝後的外形，在適當位置設計公司名稱及相關資料，注意要避開開口處。如為盒體，要取得盒身展開之詳細尺寸圖，圖樣邊

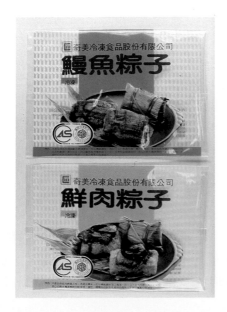

◎包裝袋若為透明，設計時應考慮到裝物後的外觀效果◎

緣應略超出印至黏合處，折好後才不會露出白邊。

　　包裝體材料主要為紙張及塑膠，紙張印刷適性如前述，塑膠需考慮，用透明袋體時，內容物可否成為包裝體表面圖樣適當的背景，不會太雜亂以致不便於看清圖文？如成本許可，宜為重要圖文部分加印不透明底色，以遮蔽內容物，使之不會干擾畫面。

㈡包裝結構設計

　　包裝結構設計的目的為：
　　⑴保護產品不受損壞。
　　⑵增加產品外表美觀。
　　目前由於環保因素，用到大量包裝材料以防震的包裝體，設計時應利用紙張的強度，盡量經由折疊、切割之設計，取代內填之保麗龍、塑膠等不易自然分解的材質，而達到一樣的包裝目的。由於這牽涉到材料力學等原理，包裝結構設計已成為一專門的學問。

　　一般較輕巧的產品，如糕餅盒、玩偶盒、小家電包裝、服飾盒、花卉盒等，其盒體結構較簡單，且為紙製，只要能把握一些設計上的要點，廣告人員應可作出好的設計。包裝盒設計過程及重點如下：

1.盒型構想

　　構想盒型時，可參考現有之其他盒型，加以修改。先在紙上畫出立面圖，再以紙張試作，不滿意的地方直接修剪，或貼補上去，不必一再重作，可節省時間，也能立即看出修改後的情況。使用雙面膠帶及不傷紙面膠帶，在設計時比膠水便利許多。覺得可以後，再重新作出完整的盒體。

2.產品測量

　　盒型尺寸決定的依據為內裝物品大小。測量內裝物品的大小，可利用兩支三角板，邊靠邊成垂直，如同以身高架量身高般，為物體測量其長、寬、高。盒身內側大小應密合內容物，不可過大或過小，因為裝好東西的盒子常相疊置，而支持它們疊在一起的主要力量，通常並非來自盒子本身，而是盒內產品。因此即使盒身僅大了一點點，許多裝好商品的紙盒疊置時，產品因本身的重量下沈，而使盒體變形，變形的盒體，其強度大減，也容易破裂。但如能讓產品隔著盒壁相抵，就能由產品本身去受力，盒體不必單獨承受產品重量，便不致變形。

3.決定折分

　　紙盒設計時，需考慮到折疊時各紙邊所用去的折分，因此每遇折線，便應視情況為盒子之邊長再加一張紙或兩張紙厚之寬度，所以盒體每面之寬度及高度，在展開時並不相同，但折好後則變成相同。僅

這一點點誤差，就會使盒蓋蓋不緊密，或盒身鬆垮。

4. 盒型繪製

畫盒樣尺寸時以鉛筆在繪圖桌上繪稿，先在紙下端畫出水平線，作為基準，因盒體尺寸關鍵皆為微釐之差，要特別注意每一邊的尺寸是否正確，以免因些微誤差而造成鉅大的損失。桌面及雙手、繪圖尺規事前均應擦拭乾淨，做出的紙盒才能完美無瑕，給予客戶很好的印象。

5. 截角設計

盒側上膠的地方，及盒底、盒蓋，都會切出斜角，此因斬刀裁切一次均切極厚的一疊紙，斬完後退料，即將不用的紙邊與盒身分離，這需要斬時即分切為多塊，再用錘才能逐塊打掉，若截角角度不夠，則紙會卡住，不易退料。每邊需留 5° 至 45° 角，即展開時相鄰的兩襟之斜角，合為至少 10° 角，視裁切位置而調整。但截角也不必太大，因為這意味盒身材料的減少，也就是盒身強度相對減弱。

6. 製作樣盒

要以與未來包裝盒材質同樣的紙張製作樣盒，如此日後製作、包裝時所會產生的種種問題，才能在事前即發現、解決。作樣盒時可以雙面膠帶黏合盒身，畫線一面向內，完成的盒體外側沒有筆跡。設計師應練習徒手切割，動作才快，一個純熟的設計師，由繪完稿、切割至折成盒子，應在半小時內完成。

7. 壓印折痕

紙盒用材均係高磅數的卡紙或紙板，折線不可採用以美工刀淺淺畫破紙面的方式，應採用與真正大量製作時相同的方式，以長木條上嵌比鐵尺略薄的窄長鐵條，另用電木或木材做一合於手握大小之短棒，棒端切一道較鐵條厚度略寬之凹痕，把紙放木架鐵條上，折線兩端與鐵條口對準，以棒痕壓鐵條上，延鐵條在紙上用力滑過去，紙上即出現漂亮的折痕。

8. 斬切齒痕

有些折線位置紙張重疊黏合，或由同點延伸出多道折線，為了便於折疊，在線上可不只壓折痕，還能加斬齒刀痕，以虛線方式切出連續的小洞。可準備不同齒痕距離及長度的齒刀，刀長在三公分以內即可，如遇較大的齒痕，可以連續斬切，斬法為以手扶齒刀壓置線上，用木槌在刀背使勁一捶，紙上即留下齒痕。

9. 繪製完稿

完稿也要使用與盒體同樣的紙張，切下盒身後，週邊廢紙不可丟棄，應以不傷紙面膠帶與完稿黏合，一起交付工廠，以方便製盒人員決定從何處退料。

10.疊合盒體

　　完成的盒子，必須可以疊成扁平，才能將收藏體積減至最小；也要能迅速就可打開或折成立體盒狀，務必將售貨員花在折紙盒上的時間減至最少。所以最常見的盒底爲自動底，即把扁平的盒子一打開，底紙就自動張開交叉卡住，成爲牢固的盒底。自動底的盒子打開後就不易再收成扁平狀，但設計師要學會如何技巧地使盒子回復扁平，以便於攜帶，向客戶再三展示。

11.加工要點

(1)紙張特性：包裝盒在印刷完後通常須經過上光、上糊、成形……等加工手續，所以在材料的選擇上要格外小心。一般的紙盒加工最要注意的是紙張的絲流問題，紙盒的長邊最好能與絲流垂直，如此，不但可以避免盒邊的破裂，更可加強盒子的硬度。若需用底紙作雙層的黏合，也要注意底紙的絲流方向應與面紙一致，才不致造成面紙的龜裂。若需要糊瓦楞紙，則應注意瓦楞紙的厚度以及方向，以免紙盒的內徑太小無法包裝，或降低紙盒的硬度。

(2)用料多寡：組版時以最省紙的方式排列，在設計時也應就用紙多寡加以考慮，往往只要稍作尺寸上的調整，或盒型的修改，即可達到完滿結果。

(3)機器性能：盒體不需上膠者，應考慮折疊的方便性；需以機器上膠折疊者，要考慮機器性能，設計型式需便於利用機器製作。

　　紙盒製作一次動輒成千上萬，設計上稍有失誤，損失巨大，設計人員應多與工廠溝通，必要時爲之說明製作上要點，以使成品完善。

　　設計特殊的盒體結構可以申請專利。

六、戶外廣告設計製作

　　戶外廣告現已成爲重要平面媒體之一，其製作要點如下：

(1)位置要適當：其地點的選擇大都是在商業中心、交通中心、重要住宅區、公路幹線旁、車站、碼頭、工廠區、娛樂中心區等。要注意其四週無其他物件妨礙視覺，以便過往行人容易看到。

(2)大小要適中：戶外廣告之尺寸要適應其背景，才能顯示出力量，以增加其效果。

(3)創意要獨特：色彩繪圖要美觀大方，才能在瞬間內抓住行人注意力，留下印象。

(4)要經濟耐久：戶外廣告因長期揭露於外，故其所用材料，製作方法，須要充分研究。

習　　題

1. 報紙廣告的尺寸大小計算單位為何？試說明報紙廣告面積計算方式。
2. 設計報紙廣告時，在印刷上應注意之設計要項為何？
3. 雜誌廣告設計要點為何？試申述之。
4. 電訊廣告片有那幾種？試說明之。
5. 腳本的種類有那些？試說明之。
6. 幻燈片廣告片製作要點如何？試說明之。
7. 試說明 V. CM 製作流程。
8. 任擇一家家電廠商，為其產品寫作一分電臺廣播稿。
9. 任擇一家食品廠商，為其產品編繪一分電視廣告稿。
10. 常見的郵寄廣告型式有那五種？試說明之。
11. 銷售點廣告設計製作要點為何？試申述之。
12. 包裝紙盒結構設計過程及製作要點為何？試申述之。

廣告企劃製作實例

第一節 實例一：奇美冷凍食品

壹、前言

5月8日宋董事長於會議中指示，針對全省統一超商所販賣的奇美包子，要我們研究擬訂全省性的廣告造勢活動，一來增加奇美包子的銷售量，促進通路上的權益與關係，進而建立屬於奇美本身的品牌形象，並為今後奇美冷凍食品專賣店預作鋪路。我們分成三個部分進行報告。

本企劃案乃就目前奇美包子在通路上的現況，及未來奇美冷凍系列商品和專賣店的發展，作一個整體性、長期性、策略性的規劃，提供奇美公司整體行銷與廣告作業一個完整的發展輪廓。

今年3月2日，本公司已經針對整體冷凍食品市場，提出一分完整的市場情境分析報告，所以本企劃案乃綜合此一市場分析報告，加上實際通路抽樣調查，作為參考依據，而提出奇美冷凍食品行銷廣告之策略如下：

貳、問題點與機會點

目前公司機會點及問題點如下：

一、問題點

(1)國內一般企業界對「奇美」的認知仍僅止於壓克力原料、樹脂等產品，消費者對奇美冷凍食品的認知仍十分模糊，甚至不知。

(2)奇美冷凍食品廠本身過去一向以外銷為主。

(3)奇美的蒸包子在統一超商每個月可賣到120萬粒，但消費者並不知道包子是奇美做的。

(4)在國內市場的銷售通路，仍以統一超商為主，目前雖嘗試建立新的通路，但仍在起步階段。

(5)統一超商中的蒸包子與蒸包子機上都未打上奇美的商標和字樣，且20粒裝之大包裝商標識別亦不顯著，消費者難以識

別，而統一超商強勢通路型態，主導整個商品識別，目前統一亦有自己生產包子的企圖，欲加強奇美包子的包裝識別並不容易。

(6)一般消費者，搞不清楚在統一超商中的蒸包子和微波包子是不同的。

(7)專賣店缺乏制度化規劃和形象識別系統，不利於日後連鎖店之整體發展。

二、 機 會 點

奇美冷凍機會點如下：

(1)蒸包子在統一超商中每個月可以賣出 120 萬粒，而且是 7-11 統一超商第二大邊際貢獻產品，事實證明奇美蒸包子，已受到消費者和統一超商的肯定。

(2)目前消費市場中，尚無非常知名的包子類品牌，建立第一品牌的知名度較無競爭上的阻礙。

(3)奇美包子是傳統的中國口味，在統一超商中可以 24 小時都買得到，價位與一般傳統早餐包子差異不大，且配方獨特，皮Q餡佳。

(4)奇美冷凍有多樣現有產品，品質優良，公司研發與生產能力均佳。

(5)奇美有大規模發展冷凍食品的計畫、投資設廠及建立自有專賣店通路系統之構想。

(6)奇美文化基金會積極投入社會文化事業，且漸具知名度，對整體企業形象頗有正面助益。

參、行銷建議

根據奇美冷凍目前問題點機會點，我們擬訂行銷建議如下：

一、行銷目標

㈠第一階段目標

　　⑴時間：80 年 8 月～80 年 11 月。

　　⑵品牌認知：聯結統一超商通路力量，建立奇美包子品牌認知。

　　⑶通路促銷：促銷奇美包子，創造三贏效益，鞏固三者關係。

　　⑷通路識別：強化商品結構，規劃建立通路識別系統，建立完善且富效率的專賣店加盟管理制度。

```
                    奇美（供應者）
                    ╱        ╲
                  ╱            ╲
                ╱                ╲
        統一（通　路）——————————————消費者（使用者）
```

㈡第二階段目標

　　⑴時間：80 年 11 月～81 年 3 月。

　　⑵擴大商品認知：擴大奇美冷凍食品系列產品認知。

　　⑶擴大市場佔有率：強化通路力量，擴大市場佔有率，提供更多、更好、更便宜、更便利的產品與服務，建立顧客偏好。

二、廣告目標

　　依據行銷目標，擬定兩個階段的廣告目標如下：

㈠第一階段

　　⑴時間：80 年 8 月～80 年 11 月。

　　⑵告知期目標：

　　　⒜提升知名度：迅速提昇奇美的知名度，並讓消費者認知，他們每天在 7-11 享受到的蒸包子就是奇美製造的。

　　　⒝提高銷售量：藉由促銷活動的配合，提高奇美蒸包子的銷售量。

⑶認知期目標：建立品牌形象。

建立奇美包子的商品偏好，進而提昇奇美冷凍品牌形象。

㈡第二階段目標

⑴時間：80 年 11 月～81 年 3 月。

⑵目標：建立企業品牌形象。

(a)建立奇美冷凍食品系列商品認知。

(b)建立奇美冷凍食品爲最體貼的美食專家之品牌形象。

三、定位

㈠企業及商品定位

⑴企業定位：塑造奇美冷凍爲最體貼的美食專家。

⑵商品定位：奇美包子可以滿足現代人的溫情需求。

㈡定位支持點

⑴奇美冷凍是專門生產冷凍食品的公司，且有大量投資、擴廠生產的計畫。

⑵有改變傳統通路型態的計畫，準備成立 1000 家左右的社區型冷凍食品專賣量販店，提供價廉量豐的冷凍系列食品。

⑶冷凍食品有方便、衛生、快速、乾淨等特性，符合目前社會趨勢。

⑷消費者一天 24 小時均可隨時在統一超商中，買到熱呼呼的奇美包子。

⑸社會趨勢逐漸改變，人情、親情、愛情逐漸淡薄，人們對於溫情的渴望和需求遂日益迫切，奇美包子是傳統的中國美食，雖以現代化技術製造，但熟悉的口味、熟悉的樣子，皮薄餡豐，有內容有溫度，隨時可滿足現代人對溫情的需求。

四、目標訴求群

目標市場訴求對象在第一階段及第二階段不大相同。

㈠第一階段

⑴早餐經常需要外食的學生或上班族。

⑵有吃點心或宵夜習慣的一般大眾。

㈡第二階段

　　⑴一般消費大眾

　　⑵依據第二階段公司商品發展情況，再針對重點商品制定訴求顧
　　　客群之特性。

五、競爭情況

　　目前市面上競爭情況如下：

　　⑴目前較具知名度的品牌是義美包子、龍鳳華品包子，但尚未非
　　　常具有威脅性。

　　⑵桂冠、龍鳳、金吉利、統一、味全、味之素等知名品牌各有部
　　　分產品與奇美競爭。

　　⑶一些專門製造冷凍包子的本土廠商，也是我們的競爭對手。

六、消費者知覺

㈠目前消費者知覺

　　⑴在 7-11 統一超商所賣的蒸包子真是好吃，是統一公司自己生
　　　產的吧？

　　⑵如果告訴他們蒸包子是奇美冷凍生產的，反應是：奇美？沒什
　　　麼印象耶！

㈡第一階段廣告活動

　　進行第一階段廣告活動。

㈢廣告後消費者反應

　　經過第一階段廣告活動後，希望消費者能產生的知覺如下：

　　⑴哦！原來 7-11 統一超商所賣的蒸包子是奇美冷凍製造的，吃
　　　起來還蠻好吃的！

　　⑵原來奇美還有這麼多冷凍系列產品，除了 7-11 以外，還可以
　　　在其它地方買得到，對我來說真是方便，而且品質好，價格也
　　　公道。

七、消費者利益

消費者希望獲得的利益如下：

㈠第一階段

⑴消費者利益：隨時隨地都能享受到好吃的熱包子。

⑵支持點：

(a)消費者可以 24 小時隨時在 7-11 內買到熱呼呼的奇美包子。

(b)奇美的蒸包子在 7-11 每個月能銷售 120 萬個，就是品質出眾的最佳保證。

㈡第二階段

消費者利益：滿足消費者多樣性的選擇，方便購買又經濟實惠。

支持點：

⑴有計畫準備成立 1000 家左右的冷凍食品專賣店。

⑵奇美將陸續推出一系列的冷凍食品。

八、廣告創意策略

根據以上探討，我們擬定以下廣告創意策略：

㈠基本策略理念

⑴廣告策略應符合消費者行為模式才是有效的策略。

⑵基本上包子類屬於習慣型購買商品，從策略矩陣檢核表中，可以看出包子是一種理性購買而低關心度的產品，其主要的特色為：

(a)消費者在購買決策過程中，並不需要大量的情報，也不會歷經繁複審慎的比較評估過程，通常會憑過去的使用經驗，來研判品牌的優劣。

(b)包子雖是一種理性產品，但由於價格便宜、風險不高、複雜性低，而購買頻率相當高，因此是低關心度產品。

(c)如果產品間趨向同質化時，消費者往往會對某一些品牌同時產生偏好，而最後的抉擇關鍵，往往在於銷售時間與地點的普遍性。

(d)包子這一類型的產品之間差異不大，彼此間替代性很高，所以會形成多重品牌忠誠度（Multi-brand loyalty）。消費者會同時忠於某些品牌，而非某一品牌，購買時視當時的陳列位置、舖貨狀況及品牌印象，再決定購買那一品牌。

(e)消費者的購買決策迅速而明快，甚至不假思索，其過程爲行動—學習—感受（Do-Learn-Feel）。

(f)對這一類型的產品而言，廣告的目的在於強調產品的使用經驗，加強品牌印象及企業地位。由於廣告內容宜溫馨親切，令人信賴，一般咸認爲不宜用名氣過高的人擔任廣告模特兒，以免搶去產品風采，因爲奇美包子已具有『產品明星』的特質。

(二)創意目標

根據以上廣告基本策略理念，擬訂創意目標如下：

1.第一階段

(1)時間：80 年 8 月至 80 年 11 月。

(2)告知期：聯結 7-11 印象，告知奇美包子品牌。

(3)認知期：建立奇美包子爲「傳遞有溫度的人情味」之冠軍產品印象。

2.第二階段

(1)時間：80 年 11 月至 81 年 3 月。

(2)塑造奇美冷凍之品牌形象。

(3)建立奇美冷凍爲「最體貼的的美食專家」之冠軍產品印象。

3.廣告基調與手法

根據以上廣告策略及目標之分析，建議廣告基調與手法如下：

(1)基調：採用溫馨、有親和力、可以引起情緒共鳴的調子。

(2)手法：採用幽默，而且落實在現實生活中的手法。

4.促銷活動建議

(1)目的

　(a)促銷奇美包子，拓展潛在消費者，增加包子銷售量。

　(b)藉由促銷活動之 POP 與贈獎活動，來區分 7-11 中的「奇美蒸包子」與「統一微波包子」，並藉以彌補包裝無法告知消費者吃的是奇美包子的弱點。

(2)方式

　(a)奇美包子促銷贈品可行性方案分析表

奇美包子促銷贈品可行性方案分析表

項次	項 目	價格	特 性 分 析	建議
1	奇美冰棒	15	1. 皆為公司產品，協調與配送容易、單純。 2. 可為奇美冰棒作宣傳促銷。 3. 有違健康飲食習性，冰熱合吃有拉肚子之擔憂。	方案 3
2	小杯可樂	15	1. 符合吃包子需要飲料的習性。 2. 7-11 的現有商品，提高合辦可能性。 3. 經濟合宜議價空間大，有吃有喝，且易吸引其他商品(如熱狗)之潛在消費群。	方案 1
3	咖啡隨身包	10	1. 符合吃包子需要飲料的習性。 2. 7-11 的現有商品，提高合辦可能性。 3. 經濟合宜議價空間大，有吃有喝，且易吸引其他商品(如熱狗)之潛在消費羣。 4. 攜帶方便，提供大包裝(20 粒)與外帶型者，便利攜帶保有的價值。	方案 2
4 5 6	牛乳 果汁 其他飲料	約 15	1. 成本高不易談低，合辦性較複雜。 2. 符合吃包子需要飲料的習性。	
7	報紙	10	1. 針對早餐看報之族群頗為適合。 2. 可與報社合辦促銷宣傳。 3. 學生與小孩較受局限。	方案 4
8	折價		1. 單純、舉辦容易。 2. 對原有吃包子族群較具吸引力，但難擴充其他潛在消費群。 3. 如以折價券方式舉行，麻煩複雜，7-11 意願較低。	
9	茶葉蛋	5	1. 便宜，但與包子同為熱食，較不合適作搭配。	
10	熱狗	20	1. 昂貴，但與包子同為熱食，較不合適作搭配。	
11	面紙	5	1. 便宜，有二次廣告效果。 2. 吸引力並不大，且通路配合麻煩。	
12	玩具類	不等	1. 對小孩子吸引力大、影響大人購買，但大人族群受限。 2. 不適合作日常性贈品，且不適合包子屬性。 3. 合適玩具不易找尋。	

(b)建議促銷方案：買兩個包子送咖啡隨身包或小杯可口可樂一杯。

(c)原因爲：

①搭配包子，有吃有喝，合乎飲食需求，單價亦合於成本。

②單純方便，與 7-11 中的現有商品配合，作聯合性促銷，7-11 合辦意願較大，有助於增加來店率與單客消費額。

③配合通路增加奇美包子在通路上之曝光率，在 POP 和 SP 海報上皆可打上「奇美包子」字樣。

④本建議案可依奇美和統一超商協調結果再做修正，或用替代方案，以送奇美冰棒或送報紙爲優先考慮。

5. 公益活動發展方案

此次提案另一特色是，我們依據奇美冷凍之企業文化及形象，提出一個較具特色之建議案，即公益活動發展方案。

(1)目的：落實對公司所下的「最體貼的美食專家」的企業定位，真正以行動和活動來證實，造成社會大衆正面的積極評價，和新聞傳播報導話題，幫助強化商品定位，並能塑造企業良好形象。

(2)時機：

(a)消極性：當天災人禍之事件發生時，採用性質符合「需求有溫情的關懷」，如颱風、水災、離島災變等事件發生時。

(b)積極性：主動舉辦公益、教育性活動、吃的文化競賽、社區烹調教室、冷凍食品推廣會，塑造奇美公司關懷社會大衆，有人情味，體貼的冷凍食品專業形象。

(3)方式：

(a)原則：須富彈性、隨時機視情況而決定什麼時機、以什麼事件來參與、參與的程度和規模等，可視需要加以考慮。

(b)可採行的方案：例如送奇美包子到災區。

①提供熱呼呼的包子，溫暖真實的人情味，真心傳送給最急切需求的人。

②可符合第一階段奇美包子「傳遞有溫度的人情味」之促銷活動產品形象。

③提供話題性事件，媒體新聞性報導可強化傳播效益，落實企業形象定位。

九、廣告創意表現

因第二階段策略實施期間尚未確認，所以本企劃案乃先就第一階段的廣告創意策略，提出整體上的創意表現方案。

(一)創意表現方案摘要表

第一階段	告知期	1. 電視	2. 報紙	3. 雜誌	4. 廣播	5. 促銷稿	6. CIS
		A.分包子篇 B.猜拳篇 C.吃相篇 D.生活情境篇	A.編輯稿 B.專輯稿	A.分包子篇 B.時鐘篇 C.吃包子篇 D.與眾不同篇	A.問答篇 B.早餐篇 C.豐富篇	大吃大喝 飽餐一頓 篇	通路識 別系統
	認知期	A.修車篇 B.兩小無猜篇 C.生活片斷篇	A.編輯稿 B.專輯稿	A.傳遞有溫度 的人情味篇			

以上創意表現方案，創意小組人員會再詳細說明。

(二)創意表現

(1)電視：分包子篇、猜拳篇、吃相篇、生活情境篇、修車篇、兩小無猜篇、生活片斷篇。

(2)報紙：編輯稿、專輯稿。

(3)雜誌：分包子篇、時鐘篇、吃包子篇、與眾不同篇、傳遞有溫度的人情味篇。

(4)廣播：問答篇、早餐篇、豐富篇。

　(a)問答篇：長度 30 秒。

　　男甲：考你一個數學題目

　　男乙：盡管問吧

　　男甲：注意聽！一個奇美包子，加一個奇美包子，再加一杯可樂或咖啡等於多少？

　　男乙：嗯！等於多少？

　　男甲：等於二個奇美包子

　　男乙：什麼意思？

　　男甲：現在到 7-11 買兩個奇美包子，免費送你一杯可樂或咖啡耶！

　　男乙：哇！夠讓我大吃大喝、飽餐一頓了。

　　男甲：你要去那裡啊！

　　男乙：7-11 買奇美包子。

　(b)早餐篇

　　男甲：嗨！小陳，你要去買早點，順便幫我買一下。

　　男乙：好啊！你想買什麼

男甲：兩個奇美包子

男乙：要咖啡，還是可樂？

男甲：啊！

男乙：現在到 7-11 買兩個奇美包子免費送咖啡或可樂啊！

男甲：這麼好，那我喝可樂。

女甲：那我要買兩個奇美包子，加咖啡。

男乙：自己去買。

女甲：等我一下啦。

（女聲）OS：7-11 奇美包子讓你大吃大喝、飽餐一頓。

(c)豐富篇：

女甲：你吃兩個奇美包子，再一杯咖啡，

你吃兩個奇美包子，再一杯可樂

你們的早餐，也太豐富了吧？

男甲：不但豐富，而且經濟划算。

女甲：怎麼說？

男乙：現在到 7-11 買兩個奇美包子，免費送可樂或咖啡。

女甲：這麼便宜的事，也不會吃好道相報（臺語發音）。

OS ：即日起到全省 7-11 買兩個奇美包子，免費喝可樂或咖啡，讓您大吃大喝、飽餐一頓。

(5)促銷稿：大吃大喝篇、飽餐一頓篇。

(6)通路識別系統：提袋、制服、店面招牌設計、平面廣告標準格式。

十、媒體建議：

(一)媒體策略

(1)本年度我們所建議的"奇美"的廣告，在第一階段主要是要把「奇美」個品牌介紹給消費者，第二階段主要是要建立「奇美」的品牌形象；為了要強化第一階段的效果，又規劃有促銷活動來配合；針對這樣的一個年度廣告活動組合，我們建議：

(a)透過電視廣告來建立即效的訊息告知。

(b)以報紙廣告來促進消費者對活動或廣告訊息內容的理解。

(c)以雜誌廣告來累積「奇美」的品牌形象。

(d)以電台廣告來延續廣告的殘餘效果。

(2)在 80 年 8 到 11 月這段期間，將以「品牌告知」的廣告為主；從 8 月到 9 月，我們將上一波「告知」主題的電視廣告，以提

昇消費者對奇美包子的認知；而後 9 月分再以促銷廣告來提高奇美蒸包子的銷售量。在這波的廣告活動中，8 月分跟 9 月分將會以報紙廣告支援，9 月分以電台廣告強化促銷訊息的告知。

(3)在 80 年 11 月到 81 年 3 月間，將以「品牌形象」的廣告為主，在 11 月到 12 月間，我們將先強打一波「形象」主題的電視廣告，讓消費者對奇美的品牌形象產生認知，而後再繼之以「跳躍式」的媒體排期形態，間歇提醒消費者。

在這波的廣告活動中，11 月到 12 月分將會以報紙廣告支援，12 月起將以有雜誌廣告來輔助累積品牌形象，而以電台廣告來延續廣告的殘餘效果。

(4)電視廣告部分，由於我們進行廣告的期間拉得相當長，如果考慮到預算，我們的媒體排期型態（Media Pattern），比較不適宜用持續方式（Continuous Pattern），建議採用脈搏方式（Pulsing Pattern）和跳躍方式（Flighting Pattern）混合運用，以較少的預算來獲取較大的效果。

我們建議把每週所分配到的廣告檔次儘量集中在週一到週四這一段時間，以期能產生最大的立即集客效果。

(5)在報紙、雜誌及電臺部分，我們將以涵蓋率為選擇媒體工具時的主要考量。報紙廣告我們將採用專版編輯稿配合六百字專輯報導廣告，一方面可以將廣告加以新聞化，一方面亦較經濟實惠雜誌廣告將採用連續三個三分之一頁或三分之二自連頁的方式來增加消費者的注意力。

(6)我們將以 1990 SRT Media Index 及 Rainmaker ACS 為選擇媒體工具時的主要參考資料。

(二)媒體選擇建議：

1.媒體組合

電視——迅速提昇知名度、塑造商品印象。

報紙——促進對商品特點的理解。

雜誌——塑造品牌形象。

電臺——延續廣告的殘餘效果。

2.媒體工具

電視——屆時將依據個人收視率資料選擇高收視率、高媒體效益的節目。

報紙——《中國時報》（閱讀率為 31.0％）

《聯合報》（閱讀率為 36.0％）

雜誌——《時報週刊》（閱讀率為 18.0％）

電臺——ICRT　FM B.A.T. ROTATION PACKAGE 30
　　　　SPOTS PER MONTH BCC 10：10——12：00
　　　　美的世界跳播
　　　　21：00——22：00　知音時間跳播

3. 媒體單位

電視——主題廣告　告知　20″ TVC
　　　　促銷廣告　　　　20″ TVC
　　　　　　　形象　30″ TVC

報紙——全版編輯稿、全十批的六分之一

雜誌——1/3 頁×3
　　　　2/3 頁×2

電臺——促銷廣告　　　30″
　　　　形象主題廣告　30″

(三)媒體計畫表

第二節 實例二：媽媽樂大布丁

一、基本資料

(一)商品基本情報

 (1)商品名稱：媽媽樂大布丁
 (2)目標對象：家庭主婦
 (3)價格：40 元
 (4)容量：單粒
 (5)重量：600 公克（一臺斤）
 (6)商品特性：600 公克大布丁，不同於一般市面上三粒一組的小布丁。
 (7)銷售情況：旺季爲 1 月至 5 月，淡季爲 6 月至 8 月。
 (8)通路：超級市場佔 60％，傳統菜市場佔 40％。

(二)市場

 (1)果凍：休閒食品
 (2)布丁：點心食品
 (3)優格：健康食品

(三)競爭者

 (1)布丁：統一、味全、桂冠、銀波、望安鄉、加美。
 (2)果凍：國信小甜甜、森永畢寶、七美晶果凍等。
 (3)優格：統一、福樂、味全、菲仕蘭。

(四)問題點

 後發之地方性品牌，商品與消費者之間缺乏溝通，知名度低。

(五)廣告目的

 擠下銀波、望安鄉、加美等地方性品牌，居地方性之領導地位。

（六）目標預算

(1)目標：藉由廣告活動擠下銀波、望安鄉、加美等地方性品牌，屬於地方性之領導地位。

(2)預算：300 萬至 600 萬。

（七）執行時間

81 年 1 月至 5 月

二、市場大小

(1)布丁：12 億元，預估將持續呈穩定性成長，各大企業看好其發展前景，紛紛介入，顯見未來的市場潛力雄厚

(2)優格：2 億元，優格屬健康食品，於近二、三年才導入臺灣市場，產品特性強，預估將來是市場的主流，發展空間相當寬廣，陸續會有許多品牌投入競爭。

(3)果凍：2 億 5 千萬元，休閒食品市場的成長商品，市場潛力亦看好。

三、市場特性

(1)全國性大品牌：依序為統一、味全、桂冠、福樂、中法乳品……等，據有大部分的市場佔有率，偏重於都市化地區。

(2)地方性品牌：佔有少部分的市場佔有率，偏向於鄉鎮地區。

(3)布丁市場：

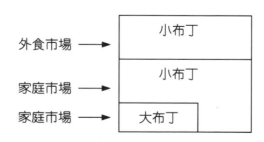

布丁屬成長期商品，在還未進入成熟期的市場生命週期之前，市場空間仍大，媽媽樂大布丁搶攻或擴大市場佔有率，仍存在著很好的契機。

(4)市場策略：搶佔大布丁之家庭市場，瓜分小布丁的家庭市場。

四、消費者特性

(1)家庭市場購買決策者特性：
　(a)年齡：25 至 49 歲。
　(b)階層：有小孩家庭主婦、職業婦女。
　(c)購買數量：多量。
　(d)用途：餐後點心。
　(e)購買原因：家庭休閒食用。
(2)外食市場購買決策者特性：
　(a)年齡：8 至 24 歲。
　(b)階層：兒童、青少年。
　(c)購買數量：單粒。
　(d)用途：休閒零嘴食用。
　(e)購買原因：想吃就自己去買來吃。
(3)目標對象：有小孩家庭主婦、職業婦女。

五、通路特性

(1)家庭主婦、職業婦女：以超級市場、菜市場、雜貨店、軍公教福利中心爲其主要通路。
(2)兒童、青少年：以便利商店、學校福利社爲其主要通路。

六、競爭品牌分析

㈠容量、重量、價格

(1)各品牌多爲單一口味：雞蛋布丁。
(2)大包裝僅有望安鄉的安泉大布丁。

品　　　　牌	容量（粒）	重　量（公克）	價格（元）	平均每粒重量及價格（公克／元）
銀波小布丁	6	420	30	70／5
味全布丁	3	300	24	100／8
優沛蕾布丁	3	300	25	100／8.3
莎點布丁	3	300	36	100／12
統一布丁	3	300	25	100／8.3
安泉大布丁	1	960	59	－
媽媽樂大布丁	1	600	40	－

(二)廣告投資量

(1)79 年 1 月至 12 月及 80 年 1 月至 10 月果凍布丁類廣告量統計
曲線圖：

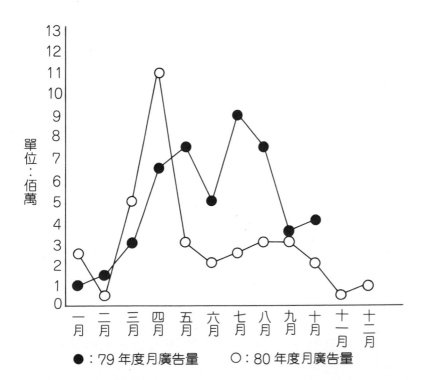

●：79 年度月廣告量　　○：80 年度月廣告量

1. 79 年度的廣告高峯帶出現在三月、四月、五月，起伏相當大。

2. 80 年的廣告峯帶則出現在四月、五月、六月、七月、八月，最高峯在七月
分。

(2)79 年 1 月至 12 月及 80 年 1 月至 10 月各競爭品牌廣告投資量
統計表（僅列出前十名品牌）：

79 年 1 月至 12 月			媒體分配(100%)		80 年 1 月至 10 月			媒體分配(100%)	
排名	品　　　牌	總金額(元)			排名	品　　　牌	總金額(元)		
1	統一布丁	10,385,000	TV NP MG	100 — —	1	高岡屋 高纖椰果	11,758,000	TV NP MG	75.5 15.7 8.8
2	桂冠布丁	4,687,000	TV NP MG	84.1 8.4 7.5	2	統一布丁	8,906,000	TV NP MG	99.2 0.8 —
3	中華豆花 甜愛玉	4,202,000	TV NP MG	100 — —	3	味全布丁	7,384,000	TV NP MG	92.5 — 7.5
4	養樂多布丁	4,171,000	TV NP MG	89.1 — 10.9	4	乖乖條果凍 果	4,769,000	TV NP MG	100 — —
5	大漢愛玉凍	2,509,000	TV NP MG	100 — —	5	啾啾冰果凍 果	4,668,000	TV NP MG	100 — —
6	味全布丁	2,409,000	TV NP MG	79.0 2.7 18.3	6	中華豆花 甜愛玉	3,440,000	TV NP MG	100 — —
7	國信金甜甜 布丁	2,241,000	TV NP MG	100 — —	7	中華甜愛玉	2,554,000	TV NP MG	100 — —
8	典發仙草 愛玉	1,687,000	TV NP MG	100 — —	8	統一莎點	2,039,000	TV NP MG	93.6 — 6.4
9	森永啤寶 果凍	1,639,000	TV NP MG	100 — —	9	大漢豆花 愛玉凍	1,848,000	TV NP MG	91.6 — 8.4
10	大漢愛玉凍 豆花	883,000	TV NP MG	100 — —	10	國信金甜甜 布丁	1,826,000	TV NP MG	69.7 30.3 —

(3)79 年 1 月至 12 月及 80 年 1 月至 10 月各競爭品牌廣告投資量
分析
①79 年度總共 12 家品牌投入廣告戰，80 年 1 至 10 月同樣是
12家品牌投入廣告戰。
②79 年度所有品牌的廣告投資金額爲 3 仟 5 佰萬元，80 年 1

至 10 月的總金額是 5 仟 2 佰萬元，較去年同期成長 53％，顯示各家品牌對於廣告投資金額有愈來愈加重比例的趨勢。

③79 年度統一布丁以 1003 萬元的廣告投資量排名第一，桂冠布丁以 468 萬元居次。統一布丁是目前市場佔有率最高的領導品牌，其次為味全及桂冠，統一投資鉅額廣告費鞏固其市場領導地位之心理是可以預知的。

④80 年度 1 至 10 月廣告投資量高岡屋高纖椰果異軍突起，以 1175 萬元高踞榜首，統一布丁以 890 萬元落至第二，味全以 798 萬元居第三。

⑤各家品牌媒體運用以電視為主力，廣告媒體金額分配如下表：

79 年度		80（年 1 至 10 月）	
媒　體	百分比	媒　體	百分比
電　視	94.9％	電　視	90.1％
報　紙	1.6％	報　紙	4.7％
雜　誌	3.6％	雜　誌	5.2％

由上表可明顯的看出，電視廣告是各家品牌決勝市場不可或缺的主要宣傳媒體工具。

七、市場切入點：

㈠商品本身

⑴問題點：單一口味，消費者較無選擇性，在賣場上的陳列面積較無競爭力。

⑵機會點：600 公克大包裝目前在市場上少見。

⑶戰略課題：宜發展系列產品、口味多樣化，增加賣場陳列的競爭力及消費者選購機率。

㈡品牌

⑴問題點：屬地方性品牌，知名度低。

⑵機會點：新品牌易在消費者腦中塑造新的品牌印象。

⑶戰略課題：塑造突出、易記的品牌印象。

(三)市場

(1)問題點：成長期商品，市場潛力看好，大企業競相介入，競爭
　　將愈演愈烈。
(2)機會點：必須在短期內整合有效的行銷策略，掌握先機切入市
　　場，否則大企業介入，機會將微。
(3)戰略課題：市場空間仍大，要擴大佔有率仍有很好的契機。

(四)消費者

(1)問題點：品牌忠誠度及購買知名度低。
(2)戰略課題：增強全省通路網，配合口味多樣化的系列產品結
　　構，在銷售據點上形成強大的陳列陣容。

(五)通路

(1)問題點：南部地區的超市及菜市場。
(2)戰略課題：同四，增強全省通路網，配合口味多樣化的系列產
　　品結構，在銷售據點上形成強大的陳列陣容。

八、廣告創意策略

(一)行銷目標

進佔大布丁之家庭市場並瓜分小布丁之家庭市場佔有率。

(二)廣告目標

塑造媽媽樂大布丁的高知名度，以促使目標對象於選購布丁時，
棄小布丁，改選擇媽媽樂大布丁。

(三)目標對象

(1)年齡：25～49 歲婦女。
(2)主要對象：有小孩家庭主婦。
(3)次要對象：有小孩職業婦女。

(四)商品定位

媽媽樂大布丁是一種大家一起享受，凝聚溫馨可愛的家庭點心。

㈤創意概念

    ⑴以滿足媽媽對家庭的美滿感受爲創意概念來發展廣告表現，藉溫馨可愛的格調與手法強調本產品與其他競爭品牌的差異，由於媽媽樂大布丁是新品牌、小品牌，因此必須特別強調商品及品牌的認知。

    ⑵配合 SP 活動，將活動訊息帶出。

九、廣告表現

㈠20 秒 CF 腳本

背景音效說明	

音樂：小蜜蜂兒歌單音鋼琴曲
音效：全片從頭至尾，小孩子的笑聲彷彿飄盪於空氣中一般。
    嘻～
    哈～
	小孩子的笑聲

畫面中以布丁及布丁包裝、品牌名稱的特寫片斷組成主架構。 穿插小動物和媽媽一起嬉戲的幸福畫面，以經營出家庭溫馨的氣氛，而打動主婦的心。	
音樂：小蜜蜂兒歌單音鋼琴曲	小孩子快樂的笑聲
媽媽	全家一起的感覺眞好 全家一起享受的媽媽樂大布丁
兒童聲音	媽媽樂大布丁

畫面說明 Video

發音旁白 Audio

背景音樂：小蜜蜂兒歌之
單音鋼琴

小孩子的笑聲

音效：全片至尾小孩子
的笑聲彷彿飄
溫於空氣中
一般.

唉～

～哈～

畫面中以布丁.及布丁
包裝.品牌名稱
的特寫片斷組成
主架構.
並穿插小動物和媽
媽一起嬉戲的幸
福畫面.以經營出
家庭溫馨的氛務而
打動主婦的心。

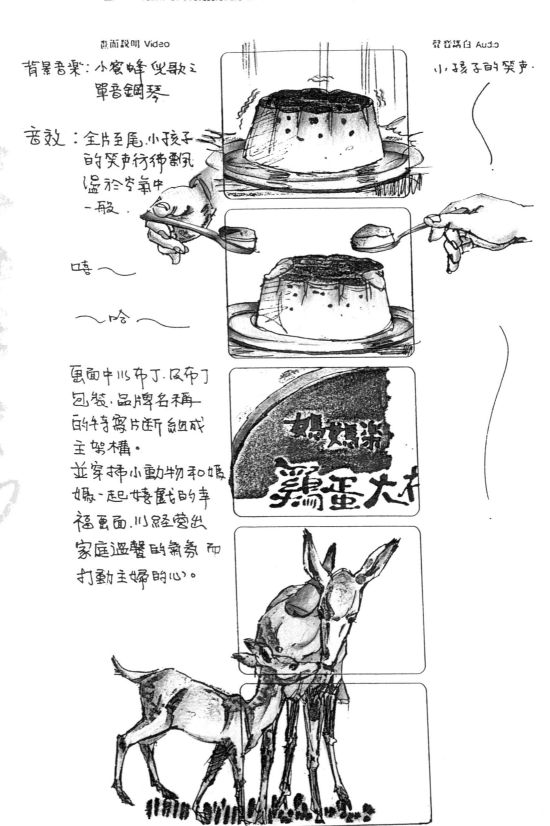

Ch.
14
廣告企劃製作實例 ■ 440

畫面說明 Video

發音講白 Audio

小蜜蜂軍音鋼琴曲.

小孩子快樂的笑聲

媽媽:

全家一起的感覺真好.

"全家一起享受的"
媽媽樂大布丁

旁白解音:

媽媽樂大布丁.

(二)30 秒電臺播稿

背景音效說明		
音樂：（兒歌單音鋼琴曲）	媽媽：	每天我們全家一起像這樣吃一個大布丁（空二秒）
音效：（彷彿空氣中飄盪著全是兒童快樂而純真的笑聲）		爸爸一口、我一口 媽媽一口、我一口 哥哥一口、我一口 姊姊一口、我一口
	打嗝聲 音效 媽媽	呃！ 笑聲放肆奔放快樂 噢！全家在一起的感覺真好 媽媽樂大布丁 全家一起享受的布丁
	小女兒、小兒子	媽媽樂大布丁

十、媒體計畫

(一)媒體目標

(1)塑造媽媽樂大布丁的高知名度，並強調產品及品牌的認知。
(2)SP 訊息傳達。

(二)目標對象

(1)年齡：25～49 歲。
(2)階層：家庭主婦、職業婦女。

(三)媒體組合預算分配

(1)預算分配

電視製作	60 萬	13.3%
電視媒體	300 萬	66.7%
廣播媒體	90 萬	20.0%
合　計	450 萬	100.0%

(2)81 年度 1 月至 6 月廣告預算

	1 月	2 月	3 月	4 月	5 月	6 月	合計
電視	100 萬	200 萬					300 萬
廣播	30 萬	30 萬		30 萬			90 萬

㈣媒體上檔計畫

(1)媽媽樂大布丁為新品牌，上市期間為達到快速建立知名度，選擇在 1 月～2 月農曆春節前後，以密集強打的方式播出。

(2)20 秒長度的 CF 在電視媒體上，1 月份約播出 21 檔次，2 月份約播出 42 檔。

(3)30 秒長度的廣播媒體，以中廣音樂網為主，選擇二個收聽率高的時段，以跳播方式播出。

(4)1 月～2 月及 4 月每月平均約播出 26 檔。

附錄 廣告企劃架構圖

廣告企劃時，可依循以下表格，作一個摘要性的重點分析與記錄，將有助於廣告案的進行。

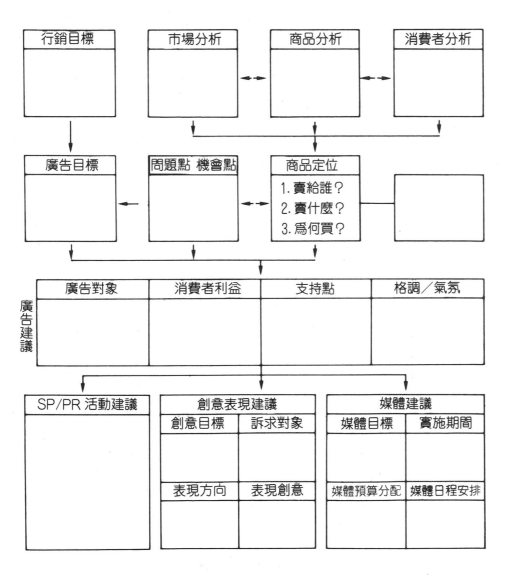

廣告企劃架構圖

参考書目

1. 大智浩原著，王秀雄譯，《美術設計的基礎》，大陸書店，臺北，1968。

2. 馬場雄二原著，王秀雄譯，《美術設計的點、線、面》，大陸書店，臺北，1968。

3. 大智浩原著，陳曉冏譯，《設計的色彩計畫》，大陸書店，臺北，1969。

4. 萱場修、織田博哉著，王秀雄譯，《廣告設計的技法》，大陸書店，臺北，1970。

5. 陳敦化，《印刷設計》，陳敦化出版，臺北，1972。

6. 帆足實生、稻坦竹一郎原著，呂清夫譯，《廣告製作技術》、《企業與美術設計》，大陸書店，臺北，1972。

7. 魏朝宏，《文字造形》，一文出版社，臺北，1973。

8. 蘇茂生，《商業美術設計視覺語言幌子、標誌、商標》，愛樂書店，高雄，1974。

9. 何耀宗，《平面廣告設計》，雄獅圖書公司，臺北，1975。

10. 川勝久原著，王志龍、施錦標合譯，《廣告心理》巨浪出版社，臺北，1975。

11. 劉毅志，《中日廣告比較研究 1945～1975》，國際工商傳播公司，臺北，1976。

12. 箱崎總一著，《廣告心理の分析》，技報堂出版株式會社，東京，1977。

13. Philip Ward Burton、Robert Miller，"*Advertising Fundamentals*"，臺北，中央圖書供應社，1977。

14. 樊志育，《廣播電視廣告學》，三民書局，臺北，1978。

15. 陳高唐譯，《廣告原理與實務》，徐氏基金會，臺北，1978。

16. 王德馨，《廣告學》，三民書局，臺北，1979。

17. 王無邪，《平面設計原理》，雄獅圖書公司，臺北，1979。

18. 蘇宗雄，《POP 的理論與實際》，北屋出版公司，1979。

19. 藍三印、羅文坤編著，《廣告心理學》，天馬出版社，1979。

20. 林書堯，《色彩概論》，三民書局，臺北，1980。

21. 樊志育，《廣告學新論》，三民書局，臺北，1980。

22. 哈佛企業管理叢書編纂委員會，《行銷企劃與市場戰範例》，哈佛企業管理顧問公司出版部，臺北，1980。

23. 北原守夫發行，《廣告表現とカラー印刷》，株式會社玄光社，東京，1980。

24. 顏伯勤編著，《廣告學》，三民書局，臺北，1981。

25. 林書堯，《色彩認識論》，三民書局，臺北，1981。

26. 楊朝陽著，劉興武編譯，《廣告的科學》，中國革新出版社，臺北，1981。

27. 柳下秀雄原著，王秀雄編譯，《商業設計編排與構成》，天同出版社，臺北，1981。

28. 太田昭雄、河原英介原著，北屋出版編譯，《色彩與配色》，北屋出版公司，臺北，1981。

29. 何耀宗編，《商業設計入門——傳達與平面藝術》，雄獅圖書，臺北，1982。

30. 顏伯勤，《20年來臺灣廣告量研究》，臺北市廣告代理公會出版，臺北，1982。

31. 大日本印刷CDC事業部，《ダラフイシク・マテリアル》，株式會社バニー・ユーボレーシヨソ，東京，1982。

32. 樊志育，《廣告設計學》，三民書局，臺北，1983。

33. 林啟昌編，《廣告・設計名詞辭典》，東亞圖書公司，香港，1983。

34. 黃天慶，《5・5・10資訊廣告學》，現代科技出版社，臺北，1983。

35. Philip Ward Burton、J. Robert Miller原著，黃慧真編譯，《廣告學——理論與實務》，桂冠圖書公司，臺北，1983。

36. Johm Caples原著，聯廣公司蜜蜂小組翻譯，《銷售達19倍的廣告創意法》，臺視文化公司出版，臺北，1983。

37. 米勒等著，黃慧真譯，《廣告學》，桂冠圖書，臺北，1983。

38. 樊志育著，《廣告效果研究》，三民書局，臺北，1984。

39. 馬驥伸，《雜誌》，允晨文化實業公司，臺北，1984。

40. 歐陽醇，《報紙》，允晨文化實業公司，臺北，1984。

41. 顏伯勤，《廣告》，允晨文化實業公司，臺北，1984。

42. 李廣仁，《實用廣告學》，臺北商業專科學校財稅科，臺北，1984。

43. 何耀宗編著，《平面廣告設計》，雄獅圖書，臺北，1984。

44. 鍾錦榮，《平面廣告設計》，喜年來出版社，中和市，1984。

45. 視覺デザイソ研究所編集室，《CI計畫とマーク・ロゴ》，株式會社視覺デザイソ研究所，東京，1984。

46. 林磐聳，《企業識別系統》，藝風堂出版社，臺北，1985。

47. 林瑞蕉，《戶外廣告設計與設置之研究》，藝風堂出版社，臺北，1985。

48. 畢子融、黃炎鈴、鄭偉宗編著，《草圖與正稿》，教育出版社，香港，1985。

49. 楊文玉、楊家輝編，《廣告英日漢辭典》，全坤實業公司，臺北，1985。

50. Hames Webb Young 原著，劉毅志編譯，《廣告人與創意》，廣告時代雜誌社，臺北，1985。

51. 千マ岩英彰監修，《調和配色ブツク》，株式會社永岡書店，東京，1985。

52. 虞舜華，《廣告企劃與設計》，雄獅圖書，臺北，1986。

53. 林品章，《商業設計》，藝術家出版社，臺北，1986。

54. John T. Molloy 著，李文英譯，《塑造成功者形象》，尖端出版公司，臺北，1986。

55. 鄧成連，《現代商品包裝設計》，北星出版事業，臺北，1987。

56. 陳偉賢，《商品包裝設計》，新形象出版事業，永和市，1987。

57. 劉毅志，《廣告人與創意》，著者出版，臺北，1987。

58. Den E. Schultz，Dennis Martin，William P. Brown 合著，劉毅志編譯，《廣告：執行／媒體／評估》，編譯者出版，臺北，1988。

58. 劉毅志編譯，《廣告：創意／預算／SP》，編譯者出版，臺北，1987。

59. 劉毅志編譯，《廣告：調查／企劃／行銷》，編譯者出版，臺北，1987。

60. 八卷俊雄著，曾淑慧編譯，《廣告戰略》故鄉出版社，1987。

61. Den E. Schultz，Dennis Martin，William P. Brown 合著，劉毅志編譯，《廣告：執行／媒體／評估》，編譯者出版，臺北，1988。

62. 突破叢書編譯小組編，《超級市場經營規劃與策略》，哈佛企業管理顧問公司，臺北，1988。

63. Don E. Schultz 著，林隆儀、羅文坤、鄭英傑同譯，《廣告策略精論》，清華管理科學圖書中心，臺北，1988。

64. 陳孝銘，《商業廣告與製作》，星狐出版社，臺北，1989。

65. 高俊茂，《草圖設計完稿技法》，星狐出版社，臺北，1989。

66. 高俊茂，《美工廣告印刷技法》，星狐出版社，臺北，1989。

67. 紀文鳳，《進入廣告天地》，經濟與生活出版事業，臺北，1989。

68. 樊志育，《中外廣告史》，著者出版，臺北，1989。

69. 楊中芳，《廣告的心理原理》，遠流出版事業，臺北，1989。

70. 賴東明，《十年來的廣告與經濟，廣告十年(1978～1987)，時報文化出版公司，1989。

71. Jan V. White 著，沈怡譯，《創意編輯》，美群文化公司，臺北，1989。

72. Jim Surmanek 著，劉毅志譯，《MEDIA 媒體計劃》，朝陽堂文化事業，臺北，1989。

73. Don E. Schultz & Willian A. Robinson 著，謝朝明譯，1989，

《Sp 促銷企劃》，朝陽堂文化事業股份有限公司，臺北，1989。

74.電通株式會社著，朝陽堂文化事業譯，《CM》，朝陽堂文化事業股份有限公司，1989。

75.多比羅孝著，莊惠琴譯，《Copy 文案企劃》，朝陽堂文化事業股份有限公司，1989。

76.伊藤友雄，《デザイソ印刷知識集》，株式會社誠文堂新光社，1989。

77.河野鷹思，《コマーシヤル・デザイン》，株式會社美術出版社，1989。

78.林榮觀，《商業廣告設計》，藝術圖書公司，1990。

79.張輝明，《平面廣告設計編排與構成》，藝風堂出版社，臺北，1990。

80.何貽謀，《廣播與電視》，三民書局，臺北，1990。

81.黃深勳，《廣告在行銷中的定位》，中華民國廣告年鑑（78～79），p.113-117，1990。

82.賴東明，《我們廣告事業如何因應國際化的衝擊》，中華民國廣告年鑑（78-79），p.125-126，1990。

83.林榮觀，《商業廣告設計》，藝術圖書公司，臺北，1990。

84.藝風堂出版社編輯部，《手繪 POP 廣告專輯》，藝風堂出版社，臺北，1990。

85.Ron Kaatz 著，王綱譯，《廣告與行銷核對清單》，授學出版社，臺北，1990。

86.佐口七朗著，藝風堂編輯部譯，《設計概論》，藝風堂出版社，臺北，1990。

87.電通株式會社，《POP 廣告》，朝陽堂文化事業，臺北，1990。

88.電通株式會社，《CM 企劃》，朝陽堂文化事業，臺北，1990。

89.多比羅孝著，莊惠琴譯，《COPY 文案企劃》，朝陽堂文化事業，臺北，1990。

90.日經廣告研究社，《AR 廣告效果測定》，朝陽堂文化事業，臺北，1990。

91.Jordan Goldman 著，利基行銷顧問公司譯，《PR公共關係》，朝陽堂文化事業，臺北，1990。

92.阪上肇著，葉行譯，《掌握人心的說話技巧》，尖端出版公司，臺北，1990。

93.Don E. Schultz、William A. Robinson 同著，謝朝明譯，《SP 促銷企劃》，臺灣英文雜誌社，臺北，1990。

94.朱麗安・布魯克斯著，劉世惠譯，《如何寫成功的創業及事業計劃

書》，授學出版社，臺北，1990。

95.楊朝陽，《廣告的科學》，朝陽堂文化事業，臺北，1991。

96.陳邦杰，《新產品行銷》，遠流出版事業，臺北，1991。

97.張永誠，《事件行銷 100》，遠流出版事業，臺北，1991。

98.郭泰，《創意 66 點》，遠流出版事業，臺北，1991。

99.林陽助，《如何建立 CIS》，遠流出版事業，臺北，1991。

100莊麗卿，《如何進行廣告》，遠流出版事業，臺北，1991。

101蕭富峯，《廣告行銷讀本》，遠流出版事業，臺北，1991。

102張柏煙，《商業廣告設計》，藝風堂出版社，臺北，1991。

103黃昭泰，《實用廣告學》，美國教育出版社，臺北，1991。

104吳江山，《CI 與展示》，新形象出版事業，永和市，1991。

105高俊茂編，《完稿標色用演色表》，星狐出版社，臺北，1991。

106印刷與設計雜誌社編，《1991 廣告創作年鑑》，設計家文化出版事業，臺北，1991。

107富士全錄，《PRESENTATION 如何提案》，朝陽堂文化事業，臺北，1991。

108高橋憲行，賴明珠譯，《企劃書》，遠流出版事業，臺北，1991。

109William Parkhurst 著，施寄青譯，《公關手册》，遠流出版事業，臺北，1991。